高等职业教育精品工程规划教材

可编程控制器基础及应用

王　静　主　编
谢　斌　陈志红　副主编
孟祥忠　参　编
殷建国　主　审

電子工業出版社
Publishing House of Electronics Industry
北京・BEIJING

内容简介

本书共 8 章：第 1 章，可编程序控制器简介；第 2 章，可编程序控制器的结构、原理和编程语言；第 3 章，三菱 FX 系列 PLC 简介；第 4 章，三菱 FX 系列 PLC 的基本指令及其编程；第 5 章，功能指令；第 6 章，顺序控制设计法及步进指令的应用；第 7 章，PLC 的编程器与编程软件的使用方法；第 8 章，工厂应用项目实例。

本书结合高职院校教学的特点，列举了大量的应用实例，将理论知识与实际应用尽量多地联系在一起，更注重知识的实用性。

本书可作为高职高专院校电气类、机械类专业的教材，也可以供工程人员参考使用。

图书在版编目（CIP）数据

可编程控制器基础及应用 / 王静主编. —北京：电子工业出版社，2013.5
高等职业教育精品工程规划教材

ISBN 978-7-121-20306-0

Ⅰ. ①可… Ⅱ. ①王… Ⅲ. ①可编程序控制器—高等职业教育—教材 Ⅳ. ①TP332.3

中国版本图书馆 CIP 数据核字（2013）第 092234 号

策划编辑：郭乃明
责任编辑：郝黎明
印　　刷：北京丰源印刷厂
装　　订：三河市鹏成印业有限公司
出版发行：电子工业出版社
　　　　　北京市海淀区万寿路 173 信箱　邮编　100036
开　　本：787×1 092　1/16　印张：13.25　　字数：339 千字
印　　次：2013 年 5 月第 1 次印刷
印　　数：3 000 册　　定价：27.00 元

凡所购买电子工业出版社图书有缺损问题，请向购买书店调换。若书店售缺，请与本社发行部联系，联系及邮购电话：（010）88254888。

质量投诉请发邮件至 zlts@phei.com.cn，盗版侵权举报请发邮件至 dbqq@phei.com.cn。

服务热线：（010）88258888。

前　言

随着电子技术和计算机技术的发展，以可编程序控制器为主体的新型电气控制系统正在逐渐取代传统的继电器电气控制系统。

PLC 技术是综合了继电器接触器控制、自动控制技术、通信技术及计算机技术的一门新兴技术，广泛应用于各行各业。可编程控制器应用技术已被很多高职高专院校作为一门专业课程来开设，同时，也是电气和机电专业的核心课程。

本书编写时将能力培养作为重点。为了使本书更具实用性，更适合高职高专院校的教学特点和学生的学习特点，我们在编写过程中，打破了传统的学科式教学模式，精心选取了许多具有代表性的、能够满足课程知识点要求的实例，将其融入理论的讲解中。这样，在任务的驱动下，将枯燥的理论学习与生动的实际应用结合起来，使教师使用本书时更方便，学生学习起来也能更加感兴趣。

本书实用性强、内容通俗易懂、易于教学，适合高职高专院校作为机电、电气及机械类等专业的教材，也可作为应用型本科、成人教育、电视大学、自学考试、中职学校、培训班的教材和工程技术人员的自学参考书。

参加本书编写的有高等职业院校的教师，也有相关企业具有丰富经验的工程师，充分体现了高等职业教育工学结合的特色，也是为培养符合社会和企业需要的高技能应用型人才进行探索。

本书由大连职业技术学院王静担任主编，由大连职业技术学院谢斌、陈志红（原辽无二厂工程师）担任副主编。第 1 章由谢斌编写，第 2 章由孟祥忠编写，第 3～7 章由王静编写，第 8 章由陈志红编写。参加编写的还有大连职业技术学院孟祥忠。

大连职业技术学院殷建国教授担任本书的主审，并为此书的编写工作提出了宝贵的建议。在本书的编写过程中，得到了编者所在学院领导、老师及合作企业的大力支持，在此一并表示感谢。

编者

2013 年 3 月

目　录

第 1 章　可编程序控制器简介

可编程序控制器原名为可编程逻辑控制器，简称 PLC（Programmable Logic Controller）。20 世纪 70 年代后期，随着微电子技术和计算机技术的迅猛发展，其称谓演变为可编程序控制器，简称 PC（Programmable Controller）。但由于 PC 容易和个人计算机（Personal Computer）相混淆，故人们仍习惯地用 PLC 作为可编程序控制器的缩写。1982 年 7 月，国际电工委员会（IEC）将可编程序控制器定义为“一种专为在工业环境下应用而设计的基于数字运算操作的电子系统。它采用了可编程序的存储器，用来在其内部存储执行逻辑运算、顺序控制、定时、计数和算术运算等操作的指令，并通过数字的、模拟的输入和输出，控制各种类型的机械或生产过程。可编程序控制器及其相关设备都按易于与工业控制系统连成一个整体，易于扩充其功能的原则而设计”。

1969 年，美国数字设备公司（DEC）研制出了世界上第一台可编程控制器（其型号为 PDP-14 型）并在美国最大的汽车制造公司——通用汽车公司（GM）装配线上试用成功。

20 世纪 60 年代以前，自动控制的最先进的装置就是继电控制盘，其对当时的生产力发展确实发挥了很大的作用，但是有以下许多固有的缺陷。

（1）这种系统利用布线逻辑来实现各种控制，需要使用大量的机械触点，系统运行的可靠性差。

（2）当生产的工艺流程改变时要改变大量的硬件接线，为此要耗费许多人力、物力和时间。

（3）功能局限性大。

（4）体积大、功耗多。

为了适应生产批量小、品种多、低成本和高质量产品的市场需求，增强市场竞争力，美国通用公司提出了一种新的设计理念，即著名的“GM 10 条技术标准”，并在社会上公开招标。这 10 条技术标准如下。

（1）编程简单，可在现场修改程序。

（2）维护方便，最好采用插件式。

（3）可靠性高于继电器控制柜。

（4）体积小于继电器控制柜。

（5）可将数据直接送入管理计算机。

（6）在成本上可与继电器控制柜竞争。

（7）输入电压可以在 AC 115V 以上。

（8）输出能力为交流 115V/2A 以上，能直接驱动电磁阀。

（9）在扩展时，原有系统只要很小变更。

（10）用户程序存储器容量至少能扩展到 4KB。

随着电子技术和计算机技术的迅猛发展，集成电路体积越来越小，功能越来越强。20 世纪 70 年代初，微处理机问世，20 世纪 70 年代后期，微处理机被运用到 PLC 中，使 PLC 的体积大大缩小，功能大大加强。其发展经历了以下几个阶段。

第一代：从第一台可编程控制器诞生到20世纪70年代初期。其特点是：CPU由中小规模集成电路组成，存储器为磁芯存储器。

第二代：20世纪70年代初期到20世纪70年代末期。其特点是：CPU采用微处理器，存储器采用EPROM。

第三代：20世纪70年代末期到20世纪80年代中期。其特点是：CPU采用8位和16位微处理器，有些还采用多微处理器结构，存储器采用EPROM、EAROM、CMOSRAM等。

第四代：20世纪80年代中期到20世纪90年代中期。PLC全面使用8位、16位微处理芯片的位片式芯片，处理速度也达到1μs/步。

第五代：20世纪90年代中期至今。PLC使用16位和32位的微处理器芯片，有的已使用RISC芯片。

继日本、德国之后，我国于1974年开始研制可编程序控制器。目前全世界有数百家生产PLC的厂家，种类达300多种。PLC无论在应用范围还是控制功能上，其发展都是人们始料未及的，远远超出了当时的设想和要求。

目前，PLC的发展方向有两个：

（1）朝着小型、简易、价格低廉的方向发展。单片机技术的发展，促进了PLC向紧凑型发展，体积小，价格降低，可靠性不断提高。这种小型的PLC可以广泛取代继电器控制系统，应用于单片机控制和小型生产线的控制，如三菱的FX1S、FX1N、FX2N、FX2NC系列。

（2）朝着大型、高速、多功能的方向发展。大型的PLC一般为多微机处理系统，有较大的存储能力和功能强劲的输入/输出接口。通过丰富的智能外设接口，可以实现流量、温度、压力、位置等闭环控制；通过网络接口，可级联不同类型的PLC和计算机，从而组成控制范围很大的局域网络，适用于大型的自动化控制系统。

1.1 可编程序控制器的主要特点、分类

1. 可编程序控制器的特点

可编程序控制器被认为是真正的工业控制计算机，在工业自动控制系统中占有极其重要的地位，最重要的原因是它具有以下独特的优点。

（1）可靠性和可维护性高：PLC采用微电子技术，大量的开关动作由无触点的半导体电路来完成，PLC体积小、寿命长、可靠性高，可连续工作30多年不出故障。PLC还配有自检和监督功能，能检查出自身的故障，并随时显示给操作人员，还能动态监视控制程序的执行情况，为现场调试和维护提供了方便。目前尚没有一种工业控制设备有如此高的可靠性。在PLC控制系统中一般出故障的是传感器、执行器等外围部件。

（2）编程方便：PLC提供给用户的编程语句数量少，逻辑简单，一般采用梯形图编程，梯形图与继电器控制线路原理图非常接近，容易掌握。

（3）对环境要求低：可在较大的温度、湿度变化范围内工作，抗震、抗冲击的性能好，对电源电压的稳定性要求较低，抗电磁干扰能力强。

（4）与其他装置配置连接方便：与其他装置配置的连接都是直接利用专用拔插式接口进行的。

（5）功能强、价格低：PLC 有很强的功能，可以完成非常复杂的系统控制。与继电—接触器控制系统相比，具有很高的性能价格比。另外，PLC 可以通过通信联网，实现分散控制，集中管理。

（6）系统设计、安装、调试工作量少：PLC 用软件功能取代了继电—接触器控制系统中的大量继电器、定时器、计数器等，使控制柜的设计、安装、调速等工作量大大减少。在生产工艺改变后，如果要改变控制工艺过程，可以改变控制程序，而基本上不需要改变硬件接线。

（7）体积小、能耗低：小型 PLC 的体积仅相当于几个继电器的大小，因此控制柜的体积大大缩小。另外 PLC 的耗能量非常低。

表 1-1 和表 1-2 为 PLC 与计算机和继电器控制系统的比较。通过对比，更能清楚地看出可编程序控制器系统的特点。

表 1-1　PLC 与计算机的比较

比 较 项 目	PLC	计　算　机
工作目的	用于机械及过程自动化	科学计算、数据管理、工业控制
工作环境	工业现场	计算机房、办公室、实验室
工作方式	顺序扫描方式	中断处理方式
表现形态	编程器和执行主机共两套计算机	没有专门的编程器
输入设备	控制开关、传感器、编程器、通信接口、其他计算机等	键盘、磁带机、磁盘机、卡片机、通信接口
输出设备	电磁开关、电动机、电磁阀、电磁继电器、报警显示器、灯、加热器，也可接 CRT、打印机	CRT、打印机、穿孔机、磁带机、磁盘机
特殊措施	抗扰措施、各种动态监测、停电保护、监控功能、更换 I/O 模块不会影响主机工作、易维护的结构等	掉电保护等一般措施
使用的软件	一般多用梯形图符号语言、操作系统等	汇编语言、BASIC 语言、FORTRAN 语言、Pascal 语言、C 语言等通用语言
对操作人员的要求	一般不用学习专门的语言、操作系统等	软件工作者、计算机工作者或有一定计算机专业基础的工程技术人员
其他	① 机种多，I/O 模块种类多，各种配件齐全，很容易构成系统 ② 设计人员不用再去考虑软件问题，因此工程上的应用快、收益高 ③ 系统稳定可靠	

表 1-2　PLC 与继电器控制系统的比较

比 较 项 目	PLC	继电器控制系统
逻辑控制	软逻辑，体积小，接线少，控制灵活	硬接线多，体积大，连线多
速度控制	由半导体电路实现控制、指令执行时间短，一般为微秒级	通过触点开关实现控制，动作受继电器硬件限制，通常超过 10ms
定时控制	由集成电路的定时器完成，精度高	由时间继电器控制，精度差
设计与施工	系统设计完成后，施工与程序设计同时进行，周期短	设计、施工、调试必须按照顺序进行，周期长
可靠性与维护	无触点，寿命长，可靠性高，有自诊断功能	触点电寿命短，可靠性和维护性查
价格	昂贵	低廉

2. 可编程序控制器的分类

随着各项技术的发展，PLC 的种类也越来越多，其功能、内存容量、控制规模、外形等方面差异较大，因此分类标准也不统一，大致可分为以下三类。

（1）按 I/O 点数分类

可编程序控制器按 I/O 点数的分类如表 1-3 所示。

表 1-3 PLC 按 I/O 点数分类表

类　型	I/O 点数（单位：点）	内存容量（单位：KB）
微型机	小于 64	256B～1
小型机	65～128	1～3.6
中型机	129～512	3.6～13
大型机	513～896	13 以上
超大型机	896 以上	13 以上

（2）按结构形式分类

PLC 按硬件结构形式可分为整体式 PLC 和模块式 PLC。

整体式 PLC 又称为单元式或箱体式。整体式 PLC 是将电源、CPU、I/O 接口部件都集中装在一个机箱中，其结构紧凑、体积小、价格低，一般小型 PLC 采用这种结构。

模块式 PLC 由框架或基板和各种模块组成，模块装在框架或基板的插座上。这种模块式 PLC 的特点是配置灵活，可根据需要选配不同规模的系统，而且装配方便，便于扩展和维修。大、中型 PLC 一般采用模块式结构。

（3）按功能分类

根据 PLC 所具有的功能不同，可将 PLC 分为低档、中档、高档三类。

低档 PLC 具有逻辑运算、定时、计数、移位以及自诊断、监控等基本功能，还可有少量模拟量输入/输出、算术运算、数据传送和比较、通信等功能。主要用于逻辑控制、顺序控制或少量模拟量控制的单机控制系统。

中档 PLC 除具有低档 PLC 的功能外，还具有较强的模拟量输入/输出、算术运算、数据传送和比较、数制转换、远程 I/O、子程序、通信联网等功能。有些还可增设中断控制、PID 控制等功能，适用于复杂控制系统。

高档 PLC 除具有中档机的功能外，还增加了带符号算术运算、矩阵运算、位逻辑运算、平方根运算及其他特殊功能函数的运算、制表及表格传送功能等。高档 PLC 具有更强的通信联网功能，可用于大规模过程控制或构成分布式网络控制系统，实现工厂自动化。

1.2 可编程序控制器的应用场合

PLC 主要应用于如下几个方面。

（1）用于数据采集

随着 PLC 技术的发展，其数据存储区越来越大。数据采集可以用计数器，累计记录采集到的脉冲数。数据采集也可用 A/D 单元，将模拟量转换成数字量。PLC 还可配置上小型打印机，也可与计算机通信。由计算机把数据读出，并由计算机再对这些数据作处理，这时 PLC 即成为计算机的数据终端。电业部门曾这样使用 PLC 实时记录用户用电情况，以实现不同用电时间、不同计价的收费办法，鼓励用户在用电低谷时多用电，达到合理用电与节约用电的目的。

（2）用于开关量控制

PLC 控制开关量的能力是很强的。所控制的出入点数，少的十几点、几十点，多的可达几百、几千甚至几万点。由于它能联网，点数几乎不受限制，不管多少点都能控制。所控制的逻辑问题可以是多种多样的，组合的、时序的、即时的、延时的、不需计数的、需要计数的、固定顺序的、随机工作的等，都可进行。 PLC 的硬件结构是可变的，软件程序是可编的，用于控制非常灵活。必要时，可编写多套或多组程序，依需要调用。它很适应于工业现场多工况、多状态变换的需要。 用 PLC 进行开关量控制实例是很多的，冶金、机械、轻工、化工、纺织等，几乎所有工业行业都需要用到它。目前，PLC 能方便并可靠地用于开关量的控制，这一特点是其他控制器无法与其比拟的。

（3）用于模拟量控制

模拟量如电流、电压、温度、压力等，它的大小是连续变化的。工业生产特别是连续型生产过程，常要对这些物理量进行控制。作为一种工业控制电子装置，PLC 若不能对这些量进行控制那是一大不足。为此，各 PLC 厂家都在这方面进行大量的研究。目前，不仅大型、中型机可以进行模拟量控制，就是小型机也能进行这样的控制。

（4）用于数字量控制

实际的物理量除了开关量、模拟量还有数字量，如机床部件的位移，常以数字量表示。对于数字量的控制，有效的办法是 NC，即数字控制技术。这是 20 世纪 50 年代诞生于美国的基于计算机的控制技术，当今已很普及，并也很完善。目前，先进国家的金属切削机床数控化的比率已超过 40%～80%，有的甚至更高。

（5）用于进行监控 PLC

自检信号很多，内部器件也很多，多数使用者未充分发挥其作用。 对一个复杂的控制系统，特别是自动控制系统，监控、自诊断是非常必要的。它可减少系统的故障，出了故障也好查找。可提高累计平均无故障运行时间，降低故障修复时间，提高系统的可靠性。

（6）用于联网、通信

可编程控制器联网、通信能力很强，不断有新的联网的结构推出。PLC 可与个人计算机相连接进行通信，可用计算机参与编程及对 PLC 进行控制的管理，使 PLC 用起来更方便。可组成局部网，不仅是 PLC，高档计算机、各种智能装置都可以进网。可用总线网，也可用环形网，网还可套网，网与网还可桥接。联网可把成千上万的 PLC、计算机、智能装置组织在一个网中。联网、通信正适应了当今计算机集成制造系统（CIMS）及智能化工厂发展的需要。它可使工业控制从点（Point）到线（Line）再到面（Aero），使设备级的控制、生产线的控制、工厂管理层的控制连成一个整体，进而可创造更高的效益。这个无限美好的前景，已越来越清楚地展现在人们的面前。

事实上，可编程控制器已广泛应用于工业生产的各个领域。从行业看，冶金、机械、化工、轻工、食品、建材等，几乎没有不用到它的。不仅工业生产用它，一些非工业过程如楼宇自动化、电梯控制、农业的大棚环境参数调控及水利灌溉也用到它。

第 2 章　PLC 的结构、原理和编程语言

2.1　PLC 的基本结构

根据硬件结构的不同，可以将 PLC 分为整体式 PLC 和模块式 PLC。

1．整体式 PLC 的结构

其主机由 CPU、存储器、I/O 接口、电源、通信接口等几大部分组成。此外根据用户需要而配备的各种外部设备（如编程器、图形显示器、微型计算机等）都可以通过通信接口与主机相连。图 2-1 为整体式 PLC 的外形示意图，图 2-2 为整体式 PLC 的硬件结构示意图。整体式 PLC 其 CPU、I/O 接口电路、电源等装在一个箱状机壳内，结构紧凑、体积小、价格低。基本单元内有 CPU 模块、I/O 模块和电源，扩展单元内只有 I/O 模块和电源，基本单元和扩展单元之间用扁平电缆连接。整体式 PLC 一般配备有许多专用的特殊功能单元，如模拟量 I/O 单元、位置控制单元和通信单元等。

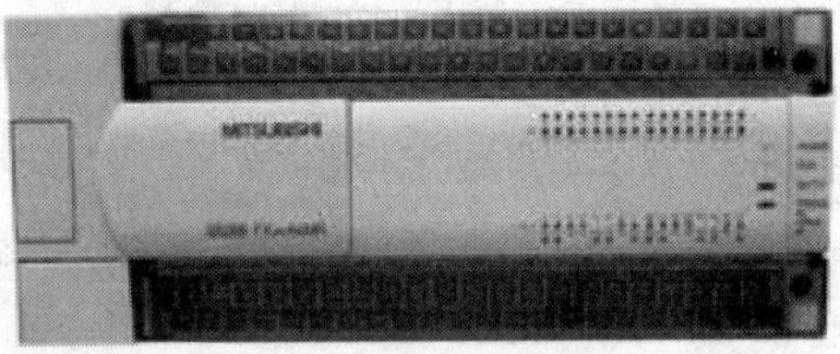

（a）FX2N 系列

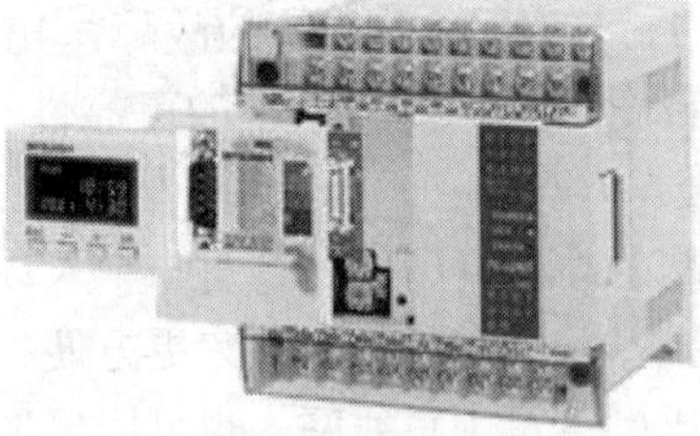

（b）FX1N 系列

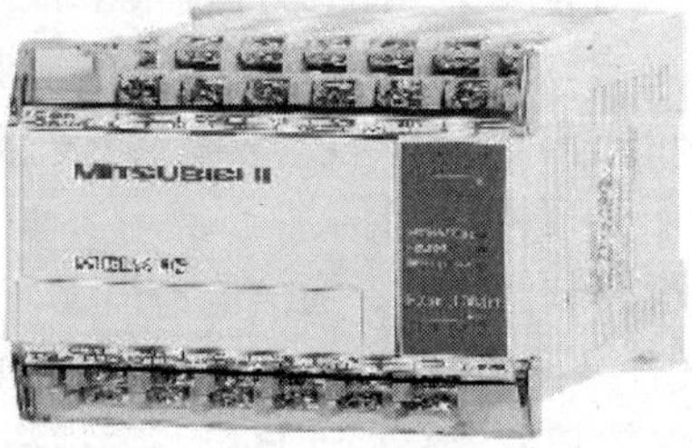

（c）FX1SN 系列

图 2-1　整体式 PLC 的外形示意图

2．模块式 PLC 的结构

大、中型 PLC 一般采用模块式结构。模块式 PLC 采用搭积木的方式组成系统，它由机架和模块组成。模块插在模块插座上，后者焊在机架的总线连接板上。机架有不同的槽数供用户选用。如果一个机架容纳不下所选用的模块，可以增加扩展机架。各机架之间用 I/O 扩展电缆连接。

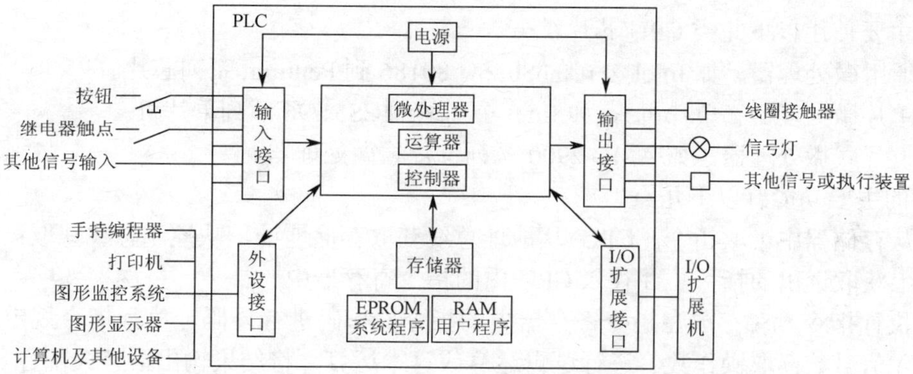

图 2-2　整体式 PLC 的硬件结构示意图

用户可以选用不同档次的 CPU 及按需求选用 I/O 模块。除电源模块和 CPU 模块插在固定的位置外，其他槽可以按需要插上输入或输出模块。所插槽位不同，输入或输出点的地址也不同，不同型号的 PLC 及不同点数的 I/O 模块，其地址号也不同，这要参考相应的用户使用手册。

机架：用于固定各种模块，并完成模块间通信。

CPU 模块：由微处理器和存储器组成，是 PLC 的核心部件，用于整机的控制。

电源模块：供 PLC 内部各模块工作，并可为输入电路和外部现场传感器提供电源。

输入模块：用于采集输入信号，分为开关量和模拟量输入模块。

输出模块：用于控制动作执行元件，分为开关量和模拟量输出模块。输出有三种形式：继电器输出、晶闸管输出、晶体管输出。

功能模块：用于完成各种特殊功能的模块，如运动控制模块、高速计数器模块、通信模块等。图 2-3 为模块式 PLC 外形示意图。

图 2-3　模块式 PLC 外形示意图

2.1.1　中央处理器（CPU）

中央处理器是 PLC 的“大脑”，它一般由控制电路、运算器和寄存器组成，这些电路一般都集成在一块芯片上。CPU 通过地址总线、数据总线和控制总线与存储单元、输入/输出（I/O）接口电路连接。

不同型号的 PLC 可能使用不同的 CPU 部件，制造厂家使用 CPU 的指令系统编写系统程序，并固化在只读存储器（RAM）中。CPU 按系统程序赋予的功能，接收用户程序和数据，存入随机存储器（RAM）中。CPU 按扫描方式工作，从 0000 首地址存放的第一条用户程序开始，到用户程序的最后一个地址，不停地周期性扫描，每扫描一次，用户程序执行一次。

目前大多数 PLC 都用 8 位或 16 位单片机作为 CPU。单片机在 PLC 中的功能分为两部分：一部分是对系统进行管理，如自诊断、查错、信息传送、时钟、计数刷新等；另一部分是读取用户程序、解释指令、执行输入/输出操作等。

PLC 主要使用以下几类 CPU 芯片。

（1）通用微处理器，如 Intel 公司的 8086，80186 到 Pentium 系列芯片。

（2）单片微处理器（单片机），如 Intel 公司的 MCS51/96 系列单片机。

（3）位片式微处理器，如 AMD 2900 系列位片式微处理器。

CPU 的主要功能有以下几点。

（1）从存储器中读取指令。CPU 从地址总线获取存储地址，从控制总线获取读命令，从数据总线上获取读出的指令，并存入 CPU 内的指令寄存器中。

（2）执行指令。对存放在指令寄存器中的指令操作码进行译码，执行指令规定的操作，如读取输入信号、读取操作数、进行逻辑运算或算术运算，将结果输出给有关部件。

（3）准备取下一条指令。CPU 执行完一条指令后，根据条件可产生下一条指令的地址，以便取出和执行下一条指令。在 CPU 的控制下，程序的指令既可以顺序执行，也可以分支或跳转。

2.1.2 存储器（MEMORY）

存储器是具有记忆功能的半导体电路，用来存放系统程序、用户程序、逻辑变量和其他一些信息。PLC 的存储器分为系统程序存储器和用户程序存储器两种。

1．系统程序存储器

用来存放制造商为用户提供的监控程序、模块化应用功能子程序、命令解释程序、故障诊断程序及其他各种管理程序。程序固化在 ROM 中，用户无法改变。

2．用户程序存储器

专门提供给用户存放程序和数据，可通过编程进行修改或增删。它决定了 PLC 的输入信号与输出信号之间的具体关系。其容量一般以字（每个字由 16 位二进制数组成）为单位。

3．PLC 程序存储器的种类

（1）随机存储器（RAM）

一般为用户存储器。读出时，RAM 中的内容不被破坏；写入时，刚写入的信息就会覆盖原有的信息。为防止断电后 RAM 中的内容丢失，PLC 使用了专用电池对部分 RAM 供电，这样在 PLC 断电后，它仍可由电池供电，使 RAM 中的部分信息保持不变。RAM 中一般存放以下内容。

① 用户程序。在编程时，通过编程设备输入的程序经过预处理后，存放在 RAM 的从 0000 开始的地址区。

② 逻辑变量。在 RAM 中有若干个存储单元用来存放逻辑变量，用 PLC 的术语来说，这些逻辑变量就是指输入继电器、输出继电器、内部辅助继电器、保持继电器、定时器、计数器和位移继电器等。

③ 供内部程序使用的工作单元。不同型号的 PLC 存储器的容量是不相同的，在技术说明书中，一般都给出与用户编程和使用有关的指标，如输入继电器和输出继电器的数量、内部

辅助继电器的数量、定时器和计数器的数量、允许用户程序的最大长度等。这些指标都间接地反映了 RAM 的容量，而 ROM 的容量与 PLC 的复杂程度有关。

（2）只读存储器（ROM）

一般为系统存储器。系统程序一般包括以下几个部分。

① 检查程序：PLC 加电后，首先由检查程序检查 PLC 各部件操作是否正常，并将检查结果显示给操作人员。

② 翻译程序：将用户输入的控制程序变换成由微机指令组成的程序，然后再执行，还可以对用户程序进行语法检查。

③ 监控程序：相当于总控程序。根据用户的需要调用相应的内部程序，如用手持编程器 PROGRAM 编程工作方式，则总控程序就调用“键盘输入处理程序”，将用户输入的程序送到 RAM 中。若选择 RUN 运行工作方式，则总控程序将启动程序。

（3）可电擦除的存储器（EPROM、E^2PROM）：用于存放用户程序，存储时间远远大于 RAM，一般作为 PLC 的可选部件。图 2-4 为存储器之间的存储关系。

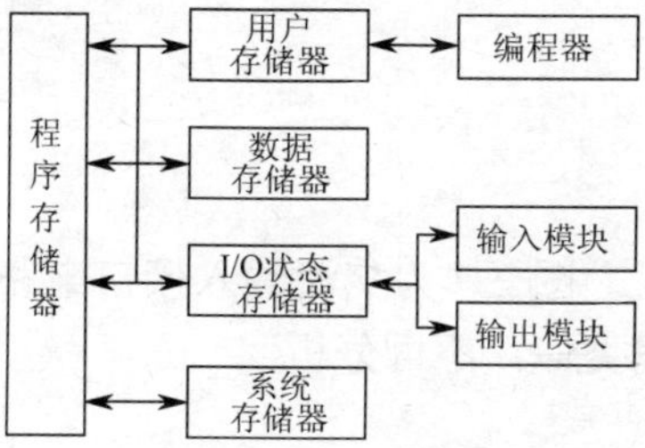

图 2-4　存储器之间的存储关系

2.1.3　输入/输出接口电路

输入和输出接口电路是 PLC 内弱电（Low Power）信号和工业现场强电（High Power）信号联系的桥梁。输入和输出接口主要有两个作用：一是利用内部的电隔离电路将工业现场 PLC 内部进行隔离，起保护作用；二是调理信号，可以将不同的信号（如强电、弱电信号）调理成 CPU 可以处理的信号（5V、3.3V 或 2.7V 等），如图 2-5 所示。

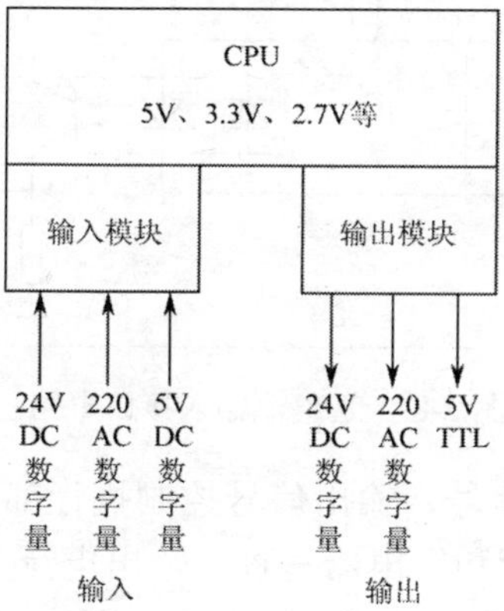

图 2-5　输入/输出接口电路信号示意图

（1）输入接口电路用于采集输入信号。图 2-6 为采用光电耦合的直流输入接口电路原理图。图 2-6 中，当现场开关 S（信号的输入部件）闭合时，通过接线端子，将信号传送给光电耦合器 T（电隔离电路），T 中的发光二极管因有足够的电流流过而发光，输出端的光敏三极管导通，A 点为高电平，经滤波电路输入到 PLC 的内部电路。R_1、R_2 起分压作用，R_1 且起限流作用，R_2 和 C

构成滤波电路（R_1、R_2和 C 共同构成了信号调理和转换电路）。所有的输入信号都是经过光电耦合并经 RC 电路滤波后才送入 PLC 内部放大器。采用光电耦合并经 RC 电路滤波的措施后能有效地消除环境中杂散电磁波等造成的干扰。LED 为信号指示灯，也可用寿命较长的氖灯。

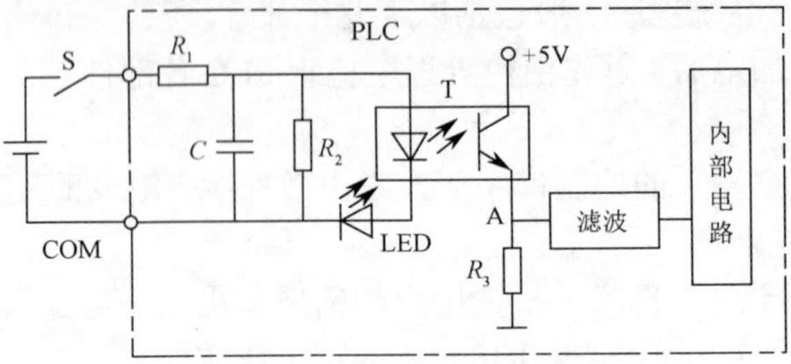

图 2-6　直流输入接口电路

图 2-7 为交流输入接口电路，图 2-8 为交/直流输入接口电路，原理与直流输入接口电路原理类似，不再分析。

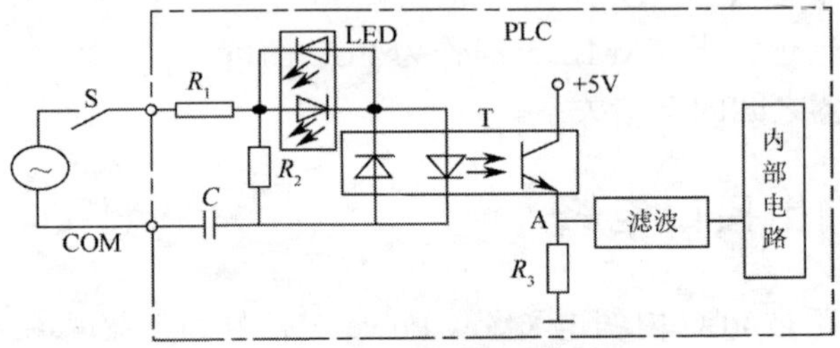

图 2-7　交流输入接口电路

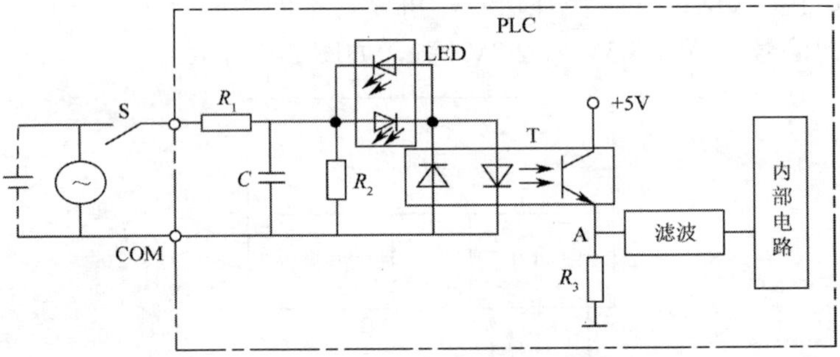

图 2-8　交/直流输入接口电路

（2）输出接口电路用于输出信号，输出信号控制执行部件完成各种动作。输出接口电路的功率放大元件有晶体管、晶闸管和继电器三种。输出电流为 0.3～2A。

继电器输出形式的 PLC 的负载电源可以是直流电源或交流电源，但其输出频率较低。晶体管输出的 PLC 负载电源是直流电源，其输出频率较高。晶闸管输出的 PLC 的负载电源是交流电源。选型时要特别注意 PLC 的输出形式。

图 2-9 为继电器输出接口电路原理图。图中继电器 KA 既是输出开关器件，又是隔离器件；电阻 R_1 和 LED 组成了输出状态显示器；电阻 R_2 和电容 C 组成了 RC 灭弧电路。在程序运行过程中，当某一输出点有输出信号时，通过内部电路使得相应的输出继电器线圈接通，继电器触点闭

合，使外部负载电路接通，同时输出指示灯点亮，指示该路输出端有输出。负载电源由外部提供。

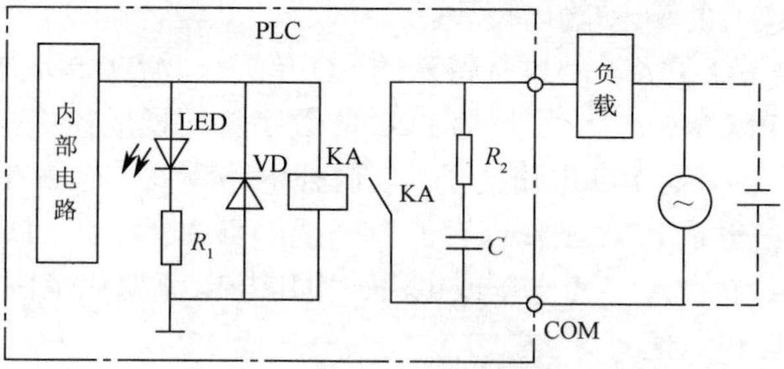

图 2-9　继电器输出接口电路

图 2-10 为晶体管输出接口电路，图 2-11 为晶闸管输出接口电路，原理与继电器输出接口电路的原理类似，不再分析。

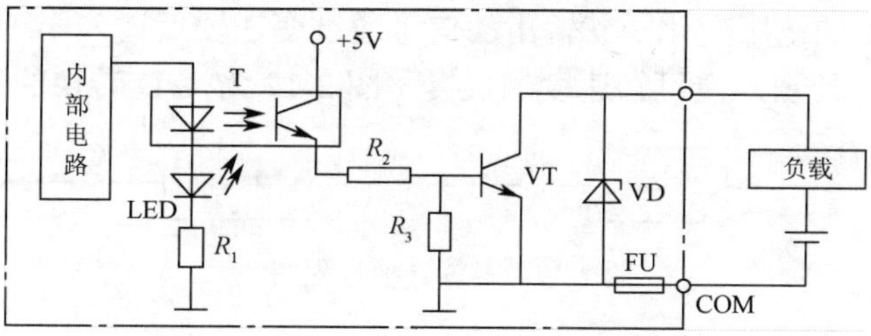

图 2-10　晶体管输出接口电路

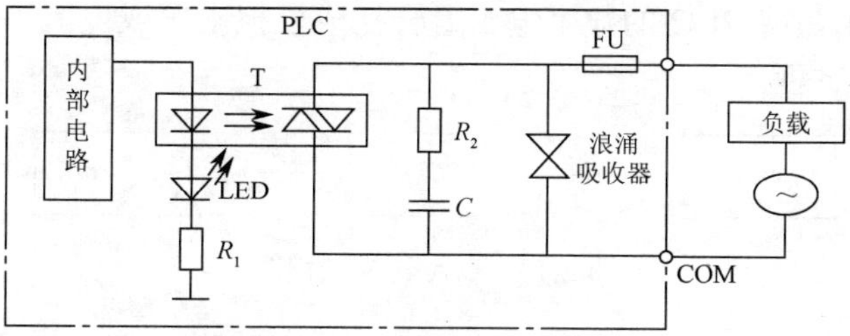

图 2-11　晶闸管输出接口电路

2.1.4　A/D 转换和 D/A 转换

可编程序控制器的输入和输出信号可以是离散信号或模拟信号。

当输入信号是离散信号时，输入端的设备类型可以是限位开关、按钮、压力继电器、继电器触点、接近开关、选择开关、光电开关等。当输入信号为模拟量时，输入设备的类型可以是压力传感器、温度传感器、流量传感器、电压传感器、电流传感器、力传感器等。

当输出信号是离散信号时，输出端的设备类型可以是电磁阀的线圈、电动机的启动器、控制柜的指示器、接触器的线圈、LED 灯、指示灯、继电器的线圈、报警器和蜂鸣器等。当输出信号为模拟量时，输出设备的类型可以是流量阀、AC 驱动器（如交流伺服驱动器）、DC 驱动器、模拟量仪表、温度控制器和流量控制器。

某些输入量是连续变化的模拟量，而某些执行机构要求 PLC 输出模拟信号，而 PLC 的

CPU 只能处理数字量，这就产生了将模拟信号转换成数字信号（A/D 转换）及将数字信号转换成模拟信号（D/A 转换）的输入/输出模块。

A/D、D/A 单元也是 I/O 单元，不过是特殊的 I/O 单元。A/D 单元是把外电路的模拟量转换成数字量，然后送入 PLC。D/A 单元是把 PLC 的数字量转换成模拟量再送给外电路。作为一种特殊的 I/O 单元，它仍具有 I/O 电路抗干扰、内外电路隔离、与输入/输出继电器或内部继电器交换信息等特点。它也是 PLC 工作内存的一个区，可读/写。A/D 中的 A 多为电流或电压，也有的为温度。D/A 中的 A 多为电压或电流。电压与电流变化范围为 0～5V、0～10V 与 4～20mA，有的还可处理正负值。

1. A/D 转换器

模拟量首先被传感器和变送器转换为标准的电流或电压，通过 A/D 转换器将模拟量变成数字量送入 PLC，PLC 根据数字量的大小便能判断模拟量的大小。例如，测速发电机随着电动机速度的变化其输出的电压变化，其输出的信号通过变送器后送入 A/D 转换器，变成数字量，PLC 对此信号进行处理，便可知速度的快慢。图 2-12 为 A/D 转换的过程。

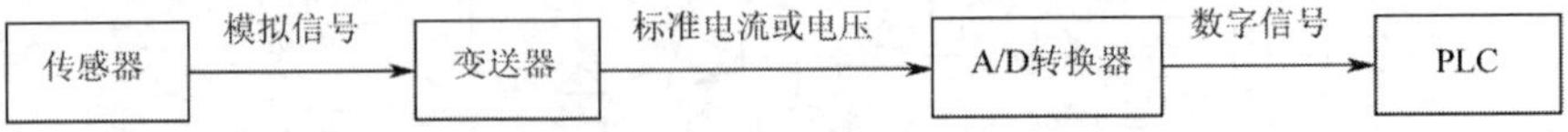

图 2-12　A/D 转换过程图

2. D/A 转换器

D/A 转换器的作用是将 PLC 的数字输出量转换成模拟电压或电流，再去控制执行机构。图 2-13 为 D/A 转换的过程。

图 2-13　D/A 转换过程图

可编程序控制器也可接收计数脉冲，频率可高达几千到几万赫兹。可用多种方式接收这种脉冲，还可多路接收。有的 PLC 还有脉冲输出功能，脉冲频率也可达几万赫兹。有了这两种功能，加上 PLC 有数据处理及运算能力，若再配备相应的传感器，如旋转编码器或脉冲伺服装置，如环形分配器、功放、步进电动机，则完全可以依照 NC（数字控制技术）的原理实现各种控制。高、中档的 PLC，还开发有 NC 单元，或运动单元，可实现点位控制。运动单元还可实现曲线插补，可控制曲线运动。所以，若 PLC 配置了这种单元，则完全可以用 NC 的办法进行数字量的控制。新开发的运动单元甚至还发行了 NC 技术的编程语言，为更好地用 PLC 进行数字控制提供了方便。

2.1.5　高速计数模块

PLC 梯形图程序中的计数器的最高工作频率受扫描周期的限制，一般仅为几十赫兹。在工业控制中，有时要求 PLC 有快速计数功能，计数脉冲可能来自旋转编码器、机械开关或电子开关。高速计数模块可以对几万赫兹甚至几十万赫兹的脉冲计数，它们大多有一个或几个开关量输出点，计数器的当前值等于或大于预置值时，可通过中断程序及时地改变开关量输出的状态。这一过程与 PLC 的扫描过程无关，可以保证负载被及时驱动。

FX2N 的高速计数模块 FX2N-1HC 有一个高速计数器，可以单相/双相 50kHz 的高速计数，用外部输入或通过 PLC 的程序，可使计数器复位或启动计数过程，它可与编码器连接。

2.1.6　运动控制模块

这类模块一般带有微处理器，用来控制运动物体的位置、速度和加速度，它可以控制直线运动或旋转运动、单轴或多轴运动。它们使运动控制与 PLC 的顺序控制功能有机地结合在一起，被广泛地应用在机床、装配机械等场合。

位置控制一般采用闭环控制，用伺服电动机作驱动装置。如果用步进电动机作驱动装置，既可以采用开环控制，也可以采用闭环控制。模块用存储器来存储给定的运动曲线。

2.1.7　通信模块

通信模块是通信网络的窗口。通信模块用来完成与别的 PLC、其他智能控制设备或主计算机之间的通信。远程 I/O 系统也必须配备相应的通信接口模块。

2.1.8　人机接口

随着科学技术的不断发展，以及自动化控制的需要，PLC 的控制日趋完美。许多品牌的 PLC 配备了种类繁多的显示模块和图形操作终端（人机界面）作为人机接口。

1. 显示模块

以三菱 FX-10DM-E 显示模块为例。

FX-10DM-E 显示模块可安装在面板上，用电缆与 PLC 连接，有 5 个键和带背光的 LED 显示器，可显示两行数据，每行 16 个字符，可用于各种型号的 FX 系列 PLC。可监视和修改 T、C 的当前值，监视和修改 D 的当前值。

2. 图形操作终端（人机界面）

图形操作终端（人机界面），在液晶画面中可以显示各种信息、图形，还可以自由显示指示灯、PLC 内部数据、棒图、时钟等内容。同时，可以配备设备的状态，使设备的运行状况一目了然。图形操作终端（人机界面），配置有触摸屏，可以在画面中设置开关键盘，只需触按屏幕即可完成操作。画面的内容可以通过专用的画面制作软件，非常简便地创建。制作过程是从库中调用、配置所需部件的设计过程。

2.2　可编程序控制器控制工作原理

对 PLC 来说，用户程序是通过编程器进行输入，并存储于用户存储器。顺序执行用户程序是PLC的基本工作方式，每一时刻只能执行一个指令，由于PLC有足够快的执行速度，以使外部结果从客观上看似乎是同时执行的。PLC工作过程周期需要三个阶段：输入采样阶段、程序执行阶段、输出刷新阶段。对用户程序的循环执行过程称为扫描。这种工作方式称为扫描工作方式。PLC程序执行过程如图2-14所示。

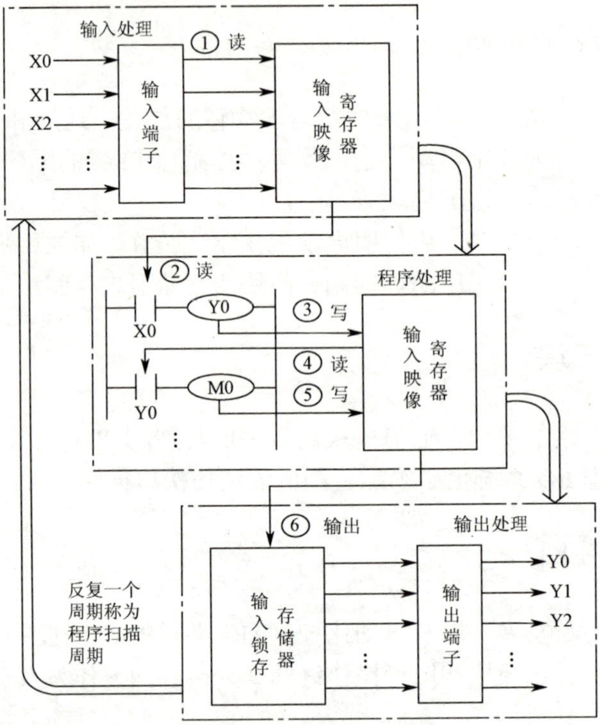

图2-14　PLC的扫描工作过程

1．输入采样阶段

CPU将全部现场输入信号，如按钮、限位开关、速度继电器等的状态通/断（ON/OFF）在输入采样阶段以扫描方式顺序读入，并将此状态存入输入映像寄存器，这一过程称为输入采样或扫描阶段。接着转入程序执行阶段。在程序执行期间，即使外部输入信号的状态变化，输入映像寄存器的状态也不会改变，这些变化只能在下一个工作周期的输入采样阶段才被读入。

2．程序执行阶段

CPU从0000地址的第一条指令开始，依次逐条执行各指令，直到执行最后一条指令。CPU执行指令时，先从输入映像寄存器中读入所有输入端子的状态。若程序中规定要读入某输出状态，则也在此时，从元件映像寄存器读入，然后进行逻辑运算，由输出指令将运算结果存入元件映像寄存器。也就是说，元件映像寄存器中所寄存的内容，会随着程序的执行过程而变化。

3．输出刷新阶段

在所有指令执行完毕后即执行程序结束指令时，元件映像寄存器中所有输出继电器的通/断（ON/OFF）状态，在输出刷新阶段转存到输出锁存电路，因而元件映像寄存器也称为输出映像寄存器。输出锁存电路的状态，由上一个刷新阶段输出映像寄存器的状态来确定。输出锁存电路的状态，决定了 PLC 输出继电器线圈的状态，这才是 PLC 的实际输出。

PLC 重复执行上述三个阶段构成的工作周期也称为扫描周期。扫描周期因 PLC 机型而异，一般执行 1000 条指令约 20ms。工作完一个工作周期后，PLC 在第二个工作周期输入采样阶段进行输入刷新，因而输入映像寄存器的数据，由上一个刷新时间 PLC 输入端子的通/断状态决定。

由以上分析可知，PLC 与继电-接触器控制的重要区别之一就是工作方式不同。继电器—接触器控制是按“并行”方式工作的，即同时执行方式工作的。只要形成电流通路，就可能有几个电器同时动作。而 PLC 采用循环扫描的工作方式，这种工作方式是在系统软件控制下，依次扫描各输入点的状态，按用户程序进行运算处理，然后依次向各输出点发出相应的控制信号，任一时刻它只能执行一条指令，也就是 PLC 是以“串行”方式工作的，由彼此串行的三个阶段可构成一个扫描周期，输入处理和输出处理阶段采用集中扫描方式。只要 CPU 置于“运行（RUN）状态”，完成一个扫描周期之后，将自动转入下一个扫描周期，反复循环地工作，这与继电器控制是大不相同的。PLC 能有效地避免继电-接触器控制系统中易出现的触点竞争和时序失配的问题。

2.3　可编程序控制器的编程语言

PLC 具有丰富的编程语言，如顺序功能图、梯形图、功能块图、指令表、结构文本，以及与计算机兼容的高级语言（如 BASIC 语言、C 语言及汇编语言等）。还有一些型号的 PLC 有专用的高级语言。各种语言都有各自的特点，一般来说，功能越强，语言就越高级，但掌握这种语言就越困难。对于绝大多数从事电气安装或维修的技术工人及电气设计人员来说，最常用到的编程语言是梯形图和指令表。

1. 梯形图（LD）

梯形图是在继电-接触器控制系统的电路图基础上简化了符号而变化来的，是最直观、最简单的一种编程语言。在简化的同时还加进了许多功能强而又使用灵活的指令，将微机的特点结合进去，使编程容易，而实现的功能却大大超过了传统的电气控制电路图。由于一般的电气技术人员对继电控制线路较熟悉，而再学习梯形图编程语言就很简单了。图 2-15 是三种不同机种的梯形图。

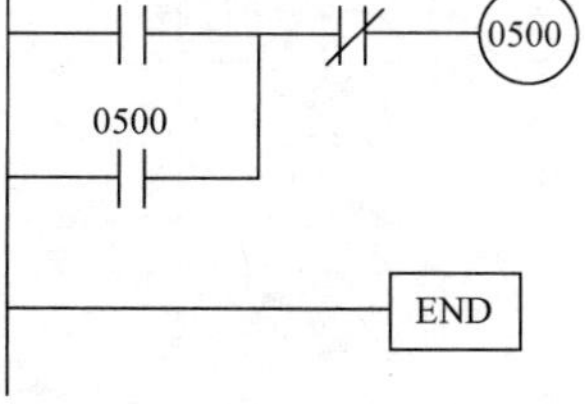

（a）欧姆龙系列可编程序控制器梯形图

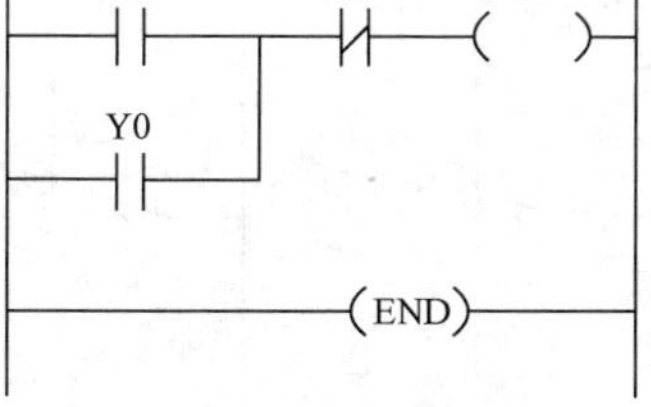

（b）松下系列可编程序控制器梯形图

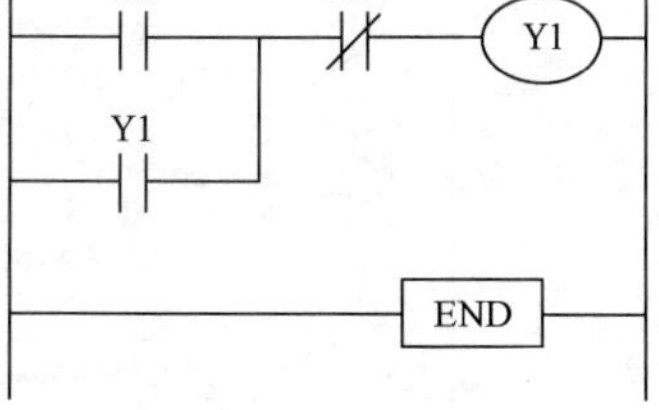

（c）三菱系列可编程序控制器梯形图

图 2-15　三种不同机种的梯形图

就梯形图的结构和使用符号来看，三个厂家的基本类似，所以只要掌握一种厂家的编程方法，就可以举一反三了。表 2-1 是不同厂家的可编程控制器部分符号的含义。

表 2-1　不同厂家的可编程控制器部分符号的含义

名称 / 公司	输入端		输出端	
	动合触点	动断触点	继电器	继电器动合触点
三菱	X0 —| |—	X1 —|/|—	Y1 —( )—	Y1 —| |—
松下	X0 —| |—	X1 —|/|—	Y0 —[ ]—	Y0 —| |—
欧姆龙	0000 —| |—	0001 —|/|—	0500 —○	0500 —| |—
解释说明	三菱：X□表示输入触点 松下：X□表示输入触点 欧姆龙：00□□表示输入触点		三菱：Y□表示输出触点（或线圈） 松下：Y□表示输出触点（或线圈） 欧姆龙：05□□表示输出触点（或线圈）	

梯形图编程语言特别适用于开关逻辑控制。梯形图由触点、线圈和应用指令组成。触点代表逻辑输入条件，如外部的输入信号和内部参与逻辑运算的条件等。线圈一般代表逻辑输出结果，它既可以是输出软继电器的线圈，也可以是 PLC 内部辅助软继电器或定时器、计数器的线圈等。

例如，图 2-16（a）是一个具有自锁功能的继电控制电路，图 2-16（b）是与其对应的梯形图程序。

图 2-16（b）中，X1、X2、X3、Y1，可称为逻辑元素或编程元素，每个软继电器线圈及所连各逻辑元素构成一个逻辑梯级或称梯级，每个逻辑梯级内可安排若干个逻辑行连到一个软继电器线圈上。左右侧分别有一条竖直母线（有时省略了右侧的母线）。

（1）梯形图绘制原则

① 梯形图按从上到下、从左到右的顺序绘制。每个逻辑元件起于左母线，终于右母线。继电器线圈与右母线直接连接，不能在继电器线圈与右母线之间连接其他元素，整个逻辑图形成阶梯形。

② 对电路各元件分配编号。用户输入设备按输入点的地址编号，如启动按钮 SB2 的编号为 X1。用户输出设备都按输出地址编号，如接触器 KM 的编号为 Y1。如果梯形图中还有其他内部继电器，则同样按各自分配的地址来编号。

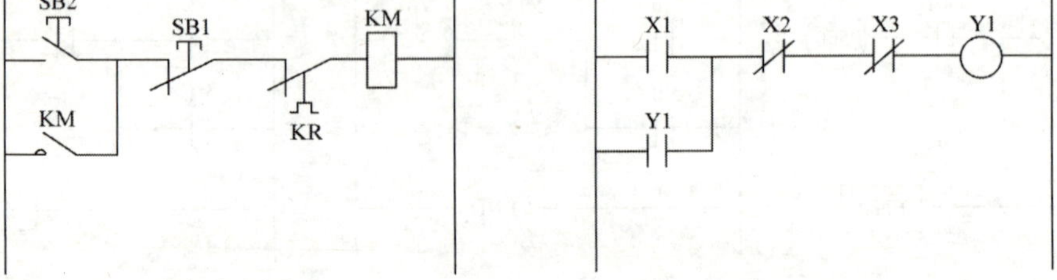

（a）具有自锁功能的继电控制电路　　（b）对应的梯形图

图 2-16　具有自锁功能的继电控制电路及其梯形图

③ 在梯形图中，输入触点用以表示用户输入设备的输入信号。当输入设备的触点接通时，对应的输入继电器动作，其常开触点接通，常闭触点断开。当输入设备的触点断开时，对应的输入继电器不动作，其常开触点恢复断开，常闭触点恢复闭合。

④ 在梯形图中，同一继电器的常开、常闭触点可以多次使用，不受限制，但同一继电器的线圈只能使用一次。

⑤ 输入继电器的状态取决于外部输入信号的状态，因此在梯形图中不能出现输入继电器的线圈。

（2）软继电器与能流

① 软继电器（又称为内部线圈）。PLC 的梯形图中，主要利用软继电器的线圈的吸/放功能以及触点的通/断功能来进行。PLC 内部并没有继电器那样的实体，只有内部寄存器中的每位触发器，它根据计算机对信息的存取原理，来读出触发器的状态，或在一定条件下改变它的状态。

② 能流。想象左右两侧竖直母线之间有一个左正右负的直流电源电压（有时省略了右侧的竖直母线），电流从母线的左侧流向母线的右侧，这就是能流。

实际上，并没有真实的电流流动，而是为了分析 PLC 的周期扫描原理以及信息存储空间分布的规律。能流在梯形图中只能作单方向流动，即从左向右流动，层次的改变只能先上后下。

（3）梯形图与继电控制电路比较

① 相同之处如下。

a. 电路结构形式大致相同。

b. 梯形图大都沿用继电控制电路元件符号，有的有些不同。

c. 信号输入、信息处理以及输出控制的功能均相同。

② 不同之处如下。

a. 组成器件不同。继电控制电路由真正的继电器组成，梯形图由所谓软继电器组成。

b. 工作方式不同。当电源接通时，继电控制电路各继电器都处于该吸合的都应吸合，不吸合的继电器都因条件限制不能吸合。而在梯形图中，各继电器都处于周期性循环扫描接通之中。

c. 触点数量不同。继电控制电路中的继电器触点有限，梯形图中，软继电器触点数无限。因为在存储器中的触发器状态可取任意次。

d. 编程方式不同。继电控制电路中，其程序已包含在电路中，功能专一、不灵活，而梯形图的设计和编程灵活多变。

e. 联锁方式不同。继电控制电路中，设置了许多制约关系的联锁电路，而在梯形图中，因为它是扫描工作方式，不存在几个并列支路同时动作的因素，因此简化了电路设计。

2. 指令表

PLC 的指令是一种与微机的汇编语言中的指令相似的助记符表达式，由指令组成的程序称为指令表程序。指令表与梯形图有着完全的对应关系，两者之间可以相互转换。指令表程序较难阅读，其中的逻辑关系很难一眼看出，所以在程序设计时一般使用梯形图语言。当用手持编程器输入梯形图程序时，必须将梯形图程序转换为指令表程序，因为手持编程器不具备梯形图程序编辑功能。在用户程序存储器中，指令按序号顺序排列。

如果用便携式图形编程器或微型计算机进行编程，既可以用梯形图又可以用指令表，而且梯形图与指令表可以相互自动转换，程序写入 PLC 时，只需按“Download”（下载）即可。

当然，PLC 专用编程软件是必备的。表 2-2 是不同厂家的 PLC 的指令语句表的对比。

表 2-2　不同厂家的可编程序控制器指令语句对比

厂　家	步　序	操 作 码	操 作 数	指 令 说 明
三菱	1	LD	X0	逻辑行开始，输入继电器 X0 的常开触点接左母线
	2	OR	Y0	并输出继电器 Y0 的常开触点
	3	ANI	X1	串输入继电器 X1 的常闭触点
	4	OUT	Y0	输出继电器 Y0 输出
	5	END		程序结束
松下	1	ST	X0	逻辑行开始，输入继电器 X0 的常开触点接左母线
	2	OR	Y0	并输出继电器 Y0 的常开触点
	3	AN	X1	串输入继电器 X1 的常闭触点
	4	OT	Y0	输出继电器 Y0 输出
	5	ED		程序结束
欧姆龙	1	LD	0000	逻辑行开始，输入继电器 X0 的常开触点接左母线
	2	OR	0500	并输出继电器 Y0 的常开触点
	3	AND-NOT	0001	串输入继电器 X1 的常闭触点
	4	OUT	0500	输出继电器 Y0 输出
	5	END	—	程序结束

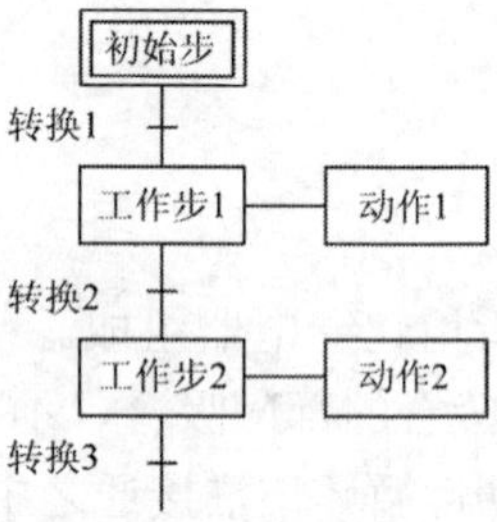

图 2-17　顺序功能图

3. 顺序功能图（SFC）

这是一种位于其他编程语言之上的图形语言，用来编制顺序控制程序，顺序功能图提供了一种组织程序的图形方法。步、转换和动作是顺序功能图的三种主要元件。顺序功能图用来描述开关量控制系统的功能，根据它可以很容易地画出顺序控制梯形图程序。图 2-17 所示为顺序功能图的简单示意图。

4. 功能块图（FBD）

这是一种类似于数字逻辑门电路的编程语言。该编程语言用类似与门、或门的方框来表示逻辑运算关系，方框的左侧为逻辑运算的输入变量，右侧为输出变量，输入、输出端的小圆圈表示“非”运算，方框被“导线”连接在一起，信号自左向右运动。图 2-18（b）为西门子 PLC 功能块图与语句表，它与图 2-16（a）梯形图的控制逻辑相同。

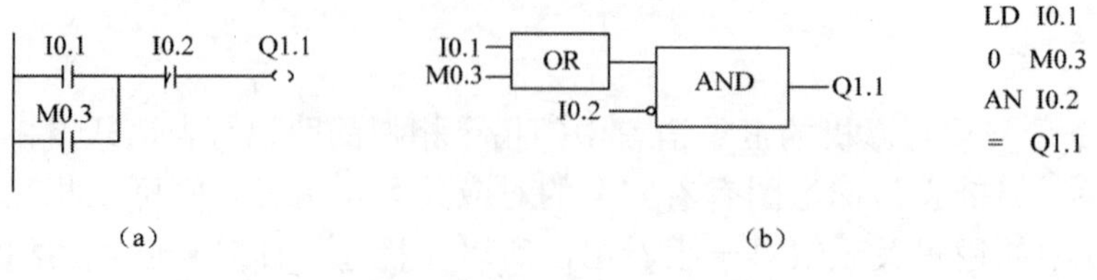

图 2-18　西门子 PLC 功能块图与梯形图

5. 结构文本

结构文本是一种专用的高级编程语言。与梯形图相比，它能完成复杂的数学运算，编写的程序非常简洁和紧凑。

综上所述，可总结出 PLC 的主要性能指标有以下几条。

（1）输入/输出点数（点数）。I/O 点数是指可编程序控制器的外部输入端子和输出端子的总数，是衡量 PLC 硬件性能的一项重要指标。点数越多，可连接的外部设备就越多，相对能实现的功能也就越复杂。

（2）指令条数。指令条数是衡量可编程控制器软件性能的主要指标。可编程序控制器具有的指令种类越多，说明它的软件功能越强大。

（3）内存容量。内存容量是指可编程序控制器内能存储的用户程序的容量。程序指令是按“步”存放的，而一条指令往往包含多步，每一步占用一个地址单元，一个地址单元一般占用两个字节。

（4）扫描速度。扫描速度以执行 1000 步指令所需的时间来衡量，单位为 ms/千步，也有以执行一步指令的时间计算的，单位为 μs/步。

（5）高功能模块

PLC 除可配置上述介绍的高速计数模块和运动模块外，还可配置温度模块、位移模块轴定位模块、高级语言编辑模块等。配接高功能模块的多少是衡量可编程序控制器产品水平高低的主要指标。表 2-3 为常见可编程序控制器基本技术指标。

表 2-3　常见可编程序控制器基本技术指标一览表

厂　家	型　号	开关量 I/O 点数	模拟量 I/O 点数	扫描速度（ms/千步）	程序存储容量	数据存储容量	高级语言	运动控制	PID 功能
三菱	F1	120		12	1KB			√	
	FX2	256		0.74	8KB	128B		√	
	AIS	256		1	8KB	3308B		√	
	A2C	512		1.25	8KB			√	
	A3M	2048		0.2	30KB			√	√
	A3A	2048		0.15	60KB		√	√	√
西门子	S7-200	64	20	0.8	4KB	2KB	√		√
	S7-303	512	64	0.3	24KB		√		√
	S5-100U	256	32	1.6	20KB	20KB	√		√
	S5-115U	2048	128	18	42KB	42KB	√	√	√
	S5-135U	2048	192	1.1	64KB	64KB	√	√	√
	S5-155U	10000	384	1.4	2MB	2MB	√	√	√
欧姆龙	C20H	140	36	0.75	2.8KB	2KB		√	√
	C40H	160	36	0.75	2.8KB	2KB		√	√
	C200H	384	40	0.75	6.9KB	2KB		√	√
	C500	512	64	5	6.6KB	512B		√	√
	C1000H	1024	64	0.4	32KB	4KB		√	√
	C2000H	2048	64	0.4	32KB	22KB		√	√
GE	GE ONE/E	112	24	12	1.7KB		√		
	GE-90 20/211	28		18	1KB	256B			

续表

厂　家	型　号	开关量 I/O 点数	模拟量 I/O 点数	扫描速度（ms/千步）	程序存储容量	数据存储容量	高级语言	运动控制	PID 功能
GE	GE-90 30/311	80	96	18	3KB	512B			√
	GE-90 30/331	512	192	0.4	8KB	2KB	√		√
	GE-90 90/771	2048	1024	0.4	256KB	16KB	√	√	√
	GE-90 90/781	12K	4K	0.4	256KB	16KB	√	√	√
TE	TSX 47-30	512	32	0.4	56KB		√	√	√
	TSX 47-40	1042	32	0.5	112KB		√	√	√
	TSX 67-40	2048	128	0.5	224KB		√	√	√
	TSX 87-40	2048	256	0.32	352KB		√	√	√
	TSX 107-40	2048	256	0.32	352KB		√	√	√
西屋	PC-1100	128	16	7	3.5KB	1796B			√
	PC-503	256	32	2	10KB	2KB	√		√
	PC-700	512	64	7	8KB	1796B			√
	HPPC-1700	8192	512	1	224KB	32KB			√
说明：“√”表示具有相应的功能。									

2.4　可编程序控制器控制系统的组成

以可编程序控制器为控制核心单元的控制系统称为可编程序控制器控制系统。此控制系统由 PLC、编程器、信号输入部件和输出执行部件等组成。图 2-19 为 PLC 控制系统组成图。

1. PLC 控制系统的组成

（1）控制器（PLC）

控制器是控制系统的核心，它将逻辑运算、算术运算、顺序控制、定时、计数等控制功能以一系列指令形式存放在存储器中，然后根据检测到的输入条件按存储的程序，通过输出部件对生产过程进行控制。

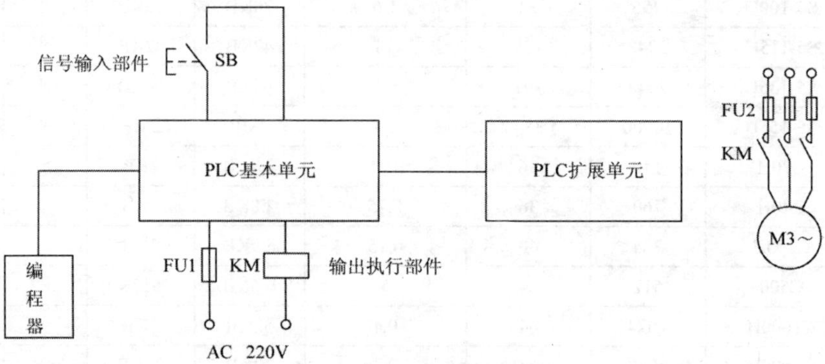

图 2-19　PLC 控制系统的组成

（2）编程器

编程器用来对 PLC 进行编程、发出命令和监视 PLC 的工作状态等。它通过通信端口与 PLC 的 CPU 连接，完成人机对话连接。

编程器的工作方式有下列三种：

① 编程方式。编程器在这种方式下可以把用户程序送入 PLC 的内存，也可对原有的程序进行显示、修改、插入、删除等编辑操作。

② 命令方式。此方式可对 PLC 发出各种命令，如向 PLC 发出运行、暂停、出错复位等命令。

③ 监视方式。此方式可对 PLC 进行检索，观察各个输入、输出点的通、断状态和内部线圈、计数器、定时器、寄存器的工作状态及当前值，也可跟踪程序的运行过程，对故障进行监测等。

目前常用的编程器有手持式简易编程器、便携式图形编程器和微型计算机等。

① 手持式简易编程器。不同品牌的 PLC 配备不同型号的专用手持编程器，相互之间互不通用。它们不能直接输入和编辑梯形图程序，只能输入和编辑指令表程序。

手持编程器的体积小，价格便宜，一般用电缆与 PLC 连接，常用来给小型 PLC 编程，用于系统的现场调试和维修比较方便。

MITSUBISHI FX 系列 PLC 的手持编程器为 FX-10P-E 或为 FX-20P-E。

OMRON C 系列 PLC 的手持编程器为 PRO15。

SIEMENS U 系列 S5PLC 的手持编程器为 PG615。

NAIS FP 系列 PLC 的手持编程器为 FP PROGRAMMER Ⅱ。

② 便携式图形编程器。便携式图形编程器可直接进行梯形图程序的编制。不同品牌的 PLC 其图形编程器相互之间不通用。它较手持式简易编程器体积大，其优点是显示屏大，一屏可显示多行梯形图，但由于性价比不高，使它的发展和应用受到了很大的限制。

SIEMENS PG720 可对 SIMATIC S5 和 SIMATIC S7 系列 PLC 进行编程。可使用软件 STEP 7。

③ 微型计算机编程。用微型计算机编程是最直观、功能最强大的一种编程方式。在微型计算机上可以直接用梯形图编程或指令编程，以及依据机械动作的流程进行程序设计的 SFC（顺序功能图）方式进行编程。而且，这些程序可相互变换。

这种方式的主要优点是用户可以使用现有的计算机，笔记本计算机配上编程软件，也很适合于在现场调试程序。对于不同厂家和型号的 PLC，只需要使用相应的编程软件就可以了。MITSUBISHI FX 系列 PLC 的常用编程软件为 SWOPC-FXGP/WIN-C；OMRON C 系列 PLC 的常用编程软件为 SYSMAC-CPT；NAIS FP 系列 PLC 的常用编程软件为 FPWIN GR；SIEMENS S7 系列 PLC 的常用编程软件为 STEP 7 等。

（3）信号输入部件

信号输入部件用于接收系统的运行条件，并将这些条件传送给 PLC，如安装在现场的按钮、行程开关、接近开关，以及各种传感器等。工程中用的最多的是上述部件，现在已有许多 PLC 能够接收温度、压力等传感器送出的模拟量，这也是 PLC 在自动控制领域迅速发展的重要因素之一。

（4）输出执行部件

输出执行部件是在 PLC 输出驱动下控制设备的运行的部件。输出执行部件是 PLC 的直接控制对象，如安装在现场的接触器、电磁阀、继电器、指示灯、报警器等。

2. PLC 控制系统的特点

PLC 作为一种通用的自动控制装置，它在控制系统中具有一些独特的优点。例如，在不改变系统硬件接线的情况下，通过改变程序的办法，可改变被控对象的运行方式，这在继电—接触器控制系统中是无法实现的。PLC 所具有的这一特点大大提高了控制系统的灵活性，特别对那些需要经常改变生产工艺的自动生产线有着重大的实际意义。

第 3 章　三菱 FX 系列 PLC 简介

3.1　三菱 FX 系列 PLC 简介及型号说明

FX 系列 PLC 是由三菱公司近年来推出的高性能小型可编程控制器，以逐步替代三菱公司原 F、F1、F2 系列 PLC 产品。其中 FX2 是 1991 年推出的产品，FX0 是在 FX2 之后推出的超小型 PLC，近几年来又连续推出了将众多功能凝集在超小型机壳内的 FX0S、FX1S、FX0N、FX1N、FX2N、FX2NC 等系列 PLC，具有较高的性能价格比，应用广泛。

1. FX 系列 PLC 的特点

（1）外形美观

基本单元、扩展单元和扩展模块的高度、深度相同，宽度不同。它们之间用扁平电缆连接，紧密拼装后组成一个整齐的长方体。

（2）体积小

FX1S、FX1N 系列高度 90mm，深度 75mm，FX2N、FX2NC 系列高度 90mm，深度 87mm。内置的 24V DC 电源可作为输入回路的电源和传感器的电源。

（3）多个子系列

FX1S、FX1N、FX2N、FX2NC 子系列。

FX1S 子系列最多 30 个 I/O 点，有通信功能，用于小型开关量控制系统。

FX1N 子系列最多 128 个 I/O 点。有较强的通信功能，用于要求较高的中小型控制系统。

FX2N、FX2NC 子系列最多 256 个 I/O 点，有很强的通信功能，用于要求很高的中小型控制系统。

（4）系统配置灵活

用户除了可选不同的子系列外，还可以选用多种基本单元、扩展单元和扩展模块，组成不同 I/O 点和不同功能的控制系统。

（5）功能强，使用方便

内置高速计数器、有输入/输出刷新、中断、输入滤波时间调整、恒定扫描时间等功能，有高速计数器的专用比较指令。使用脉冲列输出功能，可直接控制步进电动机或伺服电动机。脉冲宽度调整功能可用于温度控制或照明等的调光控制。可设置 8 位数字密码。表 3-1 为 FX 系列常用的几种 PLC 的基本性能指标对比。

2. FX 系列型号名称的含义

FX 系列 PLC 型号名称的含义如下：

FX□□—□□ □ □—□
　(1)　(2)(3)(4)(5)

（1）子系列名称，如 0、2、0S、1S、0N、1N、2N、2NC 等。

（2）I/O 的总点数，如 16、32、48、128 等。

（3）单元类型：M——基本单元，E——输入/输出混合扩展单元与扩展模块，EX——输入专用扩展模块，EY——输出专用扩展模块。

表 3-1　FX 系列基本性能指标对比

项　目		FX1S	FX1N	FX2N 和 FX2
运算控制方式		存储程序，反复运算		
I/O 控制方式		批处理方式（在执行 END 指令时），可以使用 I/O 刷新指令		
运算处理速度	基本指令	0.55μs/指令～0.7μs//指令		0.08μs//指令
	应用指令	3.7μs//指令～数百微秒/指令		1.52μs//指令～数百微秒/指令
程序语言		逻辑梯形图和指令表，可以用步进梯形指令来生成顺序控制指令		
程序容量（EEPROM）		内置 2KB 步	内置 8KB 步	内置 8KB 步，用存储盒可达 16KB 步
指令数量	基本进步	基本指令 27 条，进步指令 2 条		
	应用指令	85 条	89 条	128 条
I/O 设置		最多 30 点	最多 128 点	最多 256 点

（4）输出形式：R——继电器输出，T——晶体管输出，S——双相晶闸管输出。

（5）电源和输入、输出类型等特征。D、DS——DC 24V 电源；DSS——DC 24V 电源，源晶体管输出；ES——交流电源；ESS——交流电源，源晶体管输出；UA1——AC 电源，AC 输入。H——大电流输出扩展模块；V——立式端子排的扩展模块；C——接插口输入/输出方式；F——输入滤波时间常数为 1ms 的扩展模块。如果此项无符号，为 AC 电源、DC 输入、横式端子排、标准输出。

例如，FX2N-64MR-D 属于 FX2N 系列，有 64 个 I/O 点的基本单元，继电器输出，使用 DC 24V 电源；FX2N-48ER-D 属于 FX2N 系列，有 48 个 I/O 点的扩展单元，继电器输出，使用 DC 24V 电源；FX2N-32MT-D 表示 FX2N 系列，有 32 个 I/O 点基本单位，晶体管输出，使用直流电源，24V 直流输出型。

FX1N 系列 PLC 有 12 种基本单元，如表 3-2 所示。

表 3-2　FX1N 系列的基本单元

AC 电源，24V 直流输入		DC 电源，24V 直流输入		输入点数	输出点数
继电器输出	晶体管输出	继电器输出	晶体管输出		
FX1N-24MR-001	FX1N-24MT-001	FX1N-24MR-D	FX1N-24MT-D	14	10
FX1N-40MR-001	FX1N-40MT-001	FX1N-40MR-D	FX1N-40MT-D	24	16
FX1N-60MR-001	FX1N-60MT-001	FX1N-60MR-D	FX1N-60MT-D	36	24

FX2N 系列 PLC 有 20 种基本单元，功能强、速度快，每条指令执行时间仅为 0.08μs，内置用户存储器为 8KB 步，可扩展到 16KB 步，I/O 点最多可扩展到 256 点。有多种特殊功能模块或功能扩展板，可实现多轴定位控制。机内有实时时钟，PID 指令可实现模拟量闭环控制。有很强的数学指令集，如浮点数运算、开平方和三角函数等。每个 FX2N 基本单元可扩展 8 个特殊单元。基本单元如表 3-3 所示。

表 3-3　FX2N 系列的基本单元

AC 电源，24V 直流输入		DC 电源，24V 直流输入		输入点数	输出点数
继电器输出	晶体管输出	继电器输出	晶体管输出		
FX2N-16MR-001	FX2N-16MT-001	—	—	8	8
FX2N-32MR-001	FX2N-32MT-001	FX2N-32MR-D	FX2N-32MT-D	16	16
FX2N-48MR-001	FX2N-48MT-001	FX2N-48MR-D	FX2N-48MT-D	24	24
FX2N-64MR-001	FX2N-64MT-001	FX2N-64MR-D	FX2N-64MT-D	32	32
FX2N-80MR-001	FX2N-80MT-001	FX2N-80MR-D	FX2N-80MT-D	40	40
FX2N-128MR-001	FX2N-128MT-001	—	—	64	64

3．三菱 FX 系列 PLC 数据简介

在 PLC 内部结构和用户应用程序中使用着大量的数据。这些数据从结构或数制上具有以下几种形式。

（1）十进制数

十进制数在 PLC 中又称为字数据。它主要存在于定时器和计数器的设定值 K，辅助继电器、定时器、计数器、状态继电器等的编号，定时器和计数器当前值等方面。

（2）二进制数

十进制数、八进制数、十六进制数、BCD 码在 PLC 内部均是以二进制数的形态存在。但使用外围设备进行系统运行监控显示时，会还原成原来的数制。1 位二进制数在 PLC 中又称为位数据。它主要存在于各类继电器、定时器、计数器的触点及线圈。

（3）八进制数

FX 系列 PLC 的输入继电器、输出继电器的地址编号采用八进制。

（4）十六进制数

十六进制数用于指定应用指令中的操作数或指定动作。用 H 来表示十六进制数，包括 0～9 和 A～F 这 16 个数字。

（5）BCD 码

BCD 码是以 4 位二进制数表示与其对应的 1 位十进制数的方法。PLC 中的十进制数常以 BCD 码的形态出现，它还常用于 BCD 输出形式的数字式开关或七段码的显示器控制等方面。

3.2　硬件简介

下面以三菱 FX2N-64MR 为例进行介绍。

1．三菱 FX2N-64MR 的结构

图 3-1 为 FX2N-64MR 型 PLC 结构示意图。

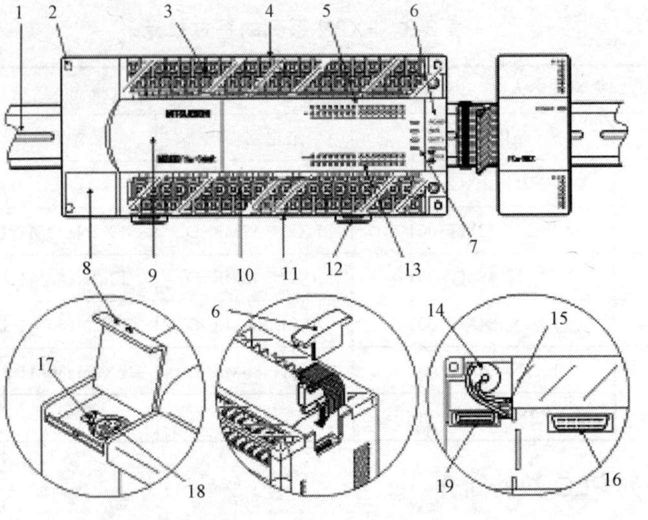

图 3-1 FX2N-64MR 型 PLC 结构示意图

1—35mm 宽 DIN 导轨；2—安装孔 4 个（ϕ4.5）；3—输入端子；4—输入端子盖板；5—输入指示灯；6—I/O 扩展单元接口盖板；7—状态指示灯；8—编程器接口；9—面板盖；10—输出端子；11—输出端子盖板；12—DIN 导轨装卸用卡子；13—输出指示灯；14—后备电池；15—后备电池连接插座；16—另选存储器滤波器接口；17—内置运行/停止开关；18—编程器接口；19—功能扩展板接口

2．输入、输出信号接线示例

图 3-2 为三菱 FX2N-64MR 型 PLC 基本单元端子排列图。X 为输入端子，Y 为输出端子。图中输出部分有 COM1、COM2，…，COM6，共 6 个公共点，构成 6 组输出，各组公共端间相互隔离。对共用一个公共端的同一组输出，必须用同一电压类型和同一电压等级，不同的公共端组，可以使用不同的电压类型和电压等级。例如，Y0～Y3 共用 COM1、Y4～Y7 共用 COM2，Y0～Y3 使用的电压可以是 AC 220V，Y4～Y7 使用的电压可以是 DC 24V。这为不同电压类型和等级的负载驱动提供了方便。

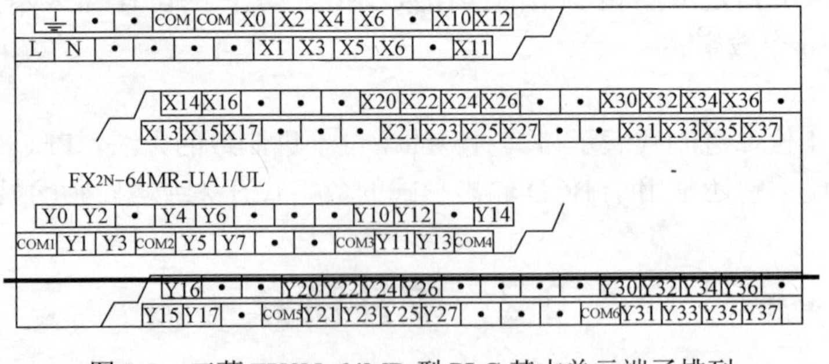

图 3-2 三菱 FX2N-64MR 型 PLC 基本单元端子排列

图 3-3 为三菱 FX2N PLC 输入信号接线示意图，输入端子和 COM 端子之间用无电压接点或 NPN 开路集电极晶体管连接，就进入输入状态。这时表示输入的 LED 亮灯。

图 3-4 为三菱 FX2N PLC 输出信号接线示意图。图中继电器 KA1、KA2 和接触器 KM1、KM2 线圈为 AC 220V，电磁阀 YV1、YV2 为 DC 24V，这样电磁阀与继电器、接触器便不能分在一组。而继电器、接触器为相同电压类型和等级，可以分在一组，如果一组安排不下，

可以分在两组或多组，但这些组的公共点要连在一起。

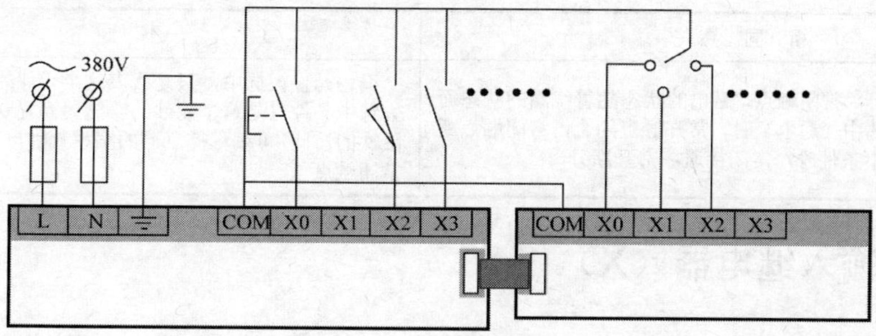

图 3-3　三菱 FX2N PLC 输入信号接线示意图

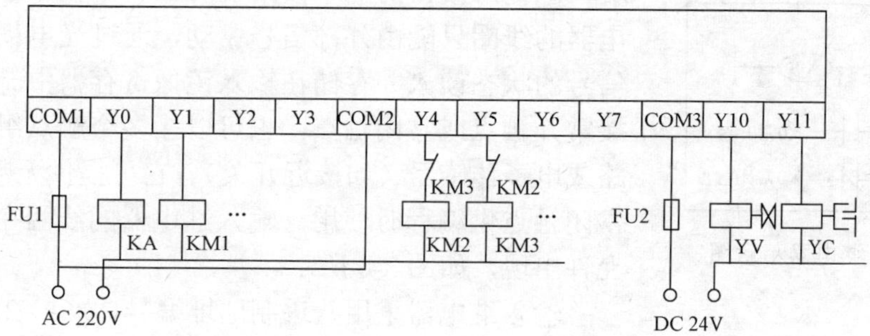

图 3-4　三菱 FX2N PLC 输出信号接线示意图

3.3　三菱 FX 系列 PLC 梯形图中的编程元件

PLC 提供给用户使用的每个输入/输出继电器、状态继电器、辅助继电器、计数器、定时器及每个存储单元统称为元件，由于这些元件都可以用程序（即软件）来指定，故又称为软元件或编程元件。各个元件有其各自的功能，有其固定的地址，元件的多少决定了 PLC 整个系统的规模及数据处理能力。

编程元件的名称由字母和数字组成，它们分别代表元件的类型和元件号，如图 3-5 所示。表 3-4 为编程元件列表。表 3-5 为编程元件与继电—接触器元件的比较。

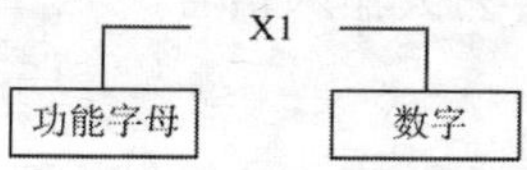

图 3-5　编程元件的名称示意图

表 3-4　可编程控制器的编程元件列表

输入继电器 X	计数器 C
输出继电器 Y	数据寄存器 D
辅助继电器 M	变址寄存器 V/Z
状态继电器 S	指针 P/I

表 3-5 编程元件与继电—接触器元件比较表

相 同 点	不 同 点
都具有线圈和常开、常闭触点，触电的状态随着线圈的状态而变化，即当线圈被选中（通电）时，常开触点闭合，常闭触点断开，当线圈失去选中条件时，常闭接通，常开断开	编程元件被选中，只是代表这个元件的存储单元置 1，失去选中条件只是这个元件的存储单元置 0；编程元件可以无限次的访问，可编程控制器的编程元件可以有无数多个常开、常闭触点

3.3.1 输入继电器（X）

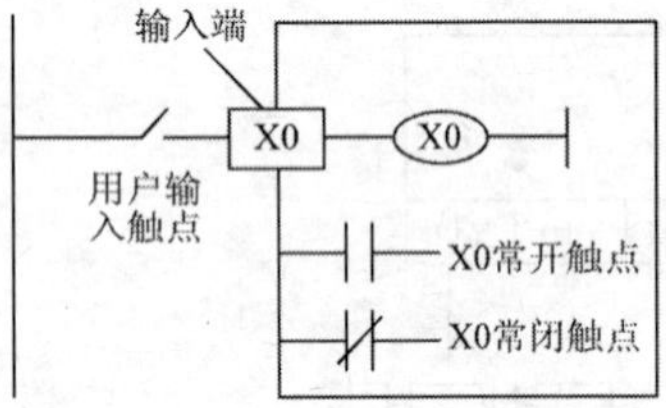

图 3-6 输入继电器示意图

可编程控制器的输入继电器是 PLC 接收外部输入信号的端口。输入接口的一个接线端对应一个输入继电器。输入继电器的线圈只能由外部信号驱动，通过光电耦合器，将外部信号的状态读入并存储在输入镜像寄存器中。输入端可以外接常开触点或常闭触点，也可以接多个触点组成的串并联电路或电子传感器（如接近开关）。它可提供无数个常开触点、常闭触点供编程时使用。输入继电器的线圈在程序设计时不允许出现，如图 3-6 所示。

输入继电器采用八进制地址编号，如 FX2N-32M 型 PLC 共有 16 个输入点，编号分别为 X0、X1、X2、X3、X4、X5、X6、X7，X10、X11、X12、X13、X14、X15、X16、X17。表 3-6 为 FX1N、FX2N 系列 PLC 主机输入继电器元件编号。

表 3-6 FX1N、FX2N 系列 PLC 主机输入继电器元件编号

PLC 型号	FX1N-14M	FX1N-24M	FX1N-40M	FX1N-60M		
输入继电器	X0～X7 8 点	X0～X15 14 点	X0～X27 24 点	X0～X43 36 点		
PLC 型号	FX2N-16M	FX2N-32M	FX2N-48M	FX2N-64M	FX2N-80M	FX2N-128M
输入继电器	X0～X7 8 点	X0～X17 16 点	X0～X27 24 点	X0～X37 32 点	X0～X47 40 点	X0～X267 184 点

PLC 在每一个周期开始时读取输入信号，输入信号的通、断持续时间应大于 PLC 的扫描周期。如果不满足这一条件，可能会丢失输入信号。

3.3.2 输出继电器（Y）

PLC 的输出继电器是向外部负载发送信号的端口，用来将 PLC 的输出信号通过输出电路硬件驱动外部负载。输出接口的一个接线端对应一个输出继电器。

输出继电器的线圈在程序设计时只能使用一次，由程序来驱动，不可重复使用。但触点可以多次使用。每个输出继电器除了为内部控制电路提供编程用的常开、常闭触点外，还为输出电路提供一个硬件输出继电器，其常开触点与输出接线端连接。输出继电器的线圈“通电”后，硬件继电器型输出模块中对应的常开触点闭合，使外部负载工作。

驱动外部负载的电源由用户提供，如图 3-7 为输出继电器的等效电路。输出继电器的地址

编号也是八进制，Y0～Y267，最多可达 184 点。

表 3-7 为 FX1N、FX2N 系列 PLC 主机输出继电器元件编号。

表 3-7　FX1N、FX2N 系列 PLC 主机输出继电器元件编号

PLC 型号	FX1N-14M	FX1N-24M	FX1N-40M	FX1N-60M		
输出继电器	Y0～Y5 6 点	Y0～Y11 10 点	Y0～Y27 16 点	Y0～Y27 24 点		
PLC 型号	FX2N-16M	FX2N-32M	FX2N-48M	FX2N-64M	FX2N-80M	FX2N-128M
输出继电器	Y0～Y7 8 点	Y0～Y17 16 点	Y0～Y27 24 点	Y0～Y37 32 点	Y0～Y47 40 点	Y0～Y267 184 点

输出继电器的元件地址编号为八进制，如 FX2N-32M 型 PLC 共有 16 个输出点，编号分别为 Y0、Y1、Y2、Y3、Y4、Y5、Y6、Y7，Y10、Y11、Y12、Y13、Y14、Y15、Y16、Y17。

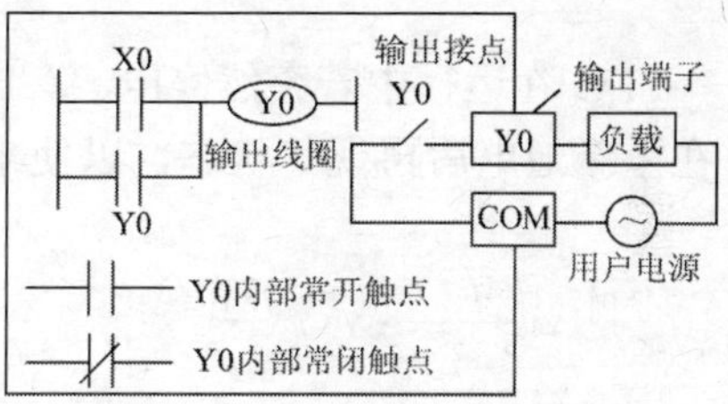

图 3-7　输出继电器示意图

3.3.3　辅助继电器（M）

PLC 内有很多辅助继电器，和输出继电器一样，只能由程序驱动，每个辅助继电器也有无数对常开、常闭触点。辅助继电器的线圈，可以由 PLC 内部各软继电器的触点驱动，它们不能像输入继电器那样接收外部的输入信号，也不能像输出继电器那样直接驱动外部负载，而是一种内部的状态标志，都是用软件来实现的，起到相当于继电器控制系统中的中间继电器的作用。表 3-8 是 FX 系列 PLC 辅助继电器的分类及编号。

表 3-8　FX 系列 PLC 辅助继电器元件编号

PLC 机型	通　用	失 电 保 持	特　殊
FX1S 系列	M0～M383 共 384 点	M384～M511 共 128 点	M8000～M8255 共 256 点
FX1N 系列	M0～M383 共 384 点	M384～M1535 共 1152 点	M8000～M8255 共 256 点
FX2N 和 FX2NC 系列	M0～M499 共 500 点	M500～M3071 共 2572 点	M8000～M8255 共 256 点

1. 通用辅助继电器

在 FX 系列 PLC 中，除了输入继电器和输出继电器的元件编号采用八进制外，其他编程元件的元件编号都采用十进制，因此，通用辅助继电器的元件编号采用十进制编排。这些通用辅助继电器只能在 PLC 内部起辅助作用，在使用时，除了它不能驱动外部元件外，其他功能与输出继电器非常类似。

通用辅助继电器在 PLC 运行时，如果电源突然断电，则全部线圈均 OFF。当电再次接通时，除了因外部输入信号而变为 ON 的以外，其余的仍将保持 OFF 状态，它们没有断电保护功能。通用辅助继电器常在逻辑运算中作为辅助运算、状态暂存、移位等。根据需要可通过程序设定，将通用辅助继电器变为断电保持辅助继电器。

不同型号的 PLC 其通用辅助继电器的数量是不同的，其编号范围也不同。使用时，必须参照其编程手册。例如，FX1N 型 PLC 通用辅助继电器点数为 384 点，元件编号从 M0 到 M383；FX2N 型 PLC 通用辅助继电器点数为 500 点，元件编号从 M0 到 M499。图 3-8 为含有通用辅助继电器的梯形图。

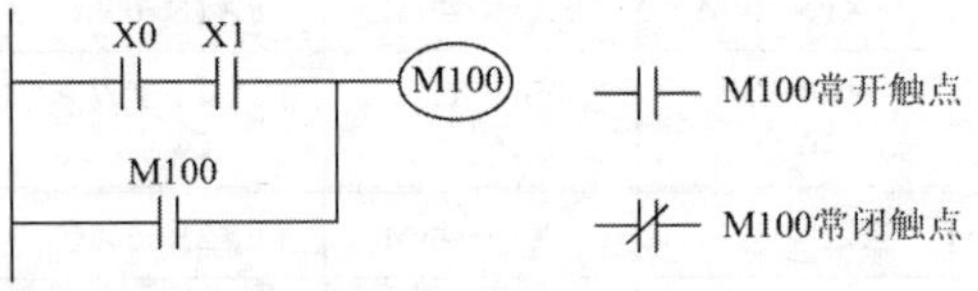

图 3-8　含有通用辅助继电器的梯形图

2．失电保持辅助继电器

PLC 在运行中若突然停电，有时需要保持失电前的状态，即能记忆电源中断瞬时的状态，并在重新通电后再现其状态，以使来电后继续进行断电前的工作，这靠输出继电器和通用辅助继电器是无能为力的。这时就需要一种能保存失电前状态的辅助继电器，即失电保持辅助继电器，也称为断电保持继电器。失电保持辅助继电器并非断电后真正能在自身电源也切断的条件下保存原工作状态，而是靠 PLC 内部的备用电池供电而已。电源中断时，PLC 中的锂电池将保持映像寄存器中的内容。

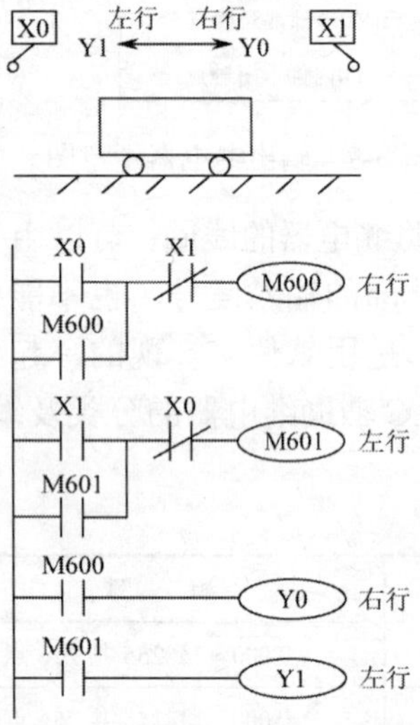

图 3-9　断电保持辅助继电器的作用

下面通过小车往复运动控制来说明断电保持辅助继电器的应用，如图 3-9 所示。小车的正反向运动中，用 M600、M601 控制输出继电器驱动小车运动。X1、X0 为限位输入信号。运行的过程是 X0= ON→M600=ON→Y0=ON→小车右行→停电→小车中途停止→上电（M600=ON→Y0=ON）再右行→X1=ON→M600=OFF、M601=ON→Y1=ON（左行）。可见由于 M600 和 M601 具有断电保持，所以在小车中途因停电停止后，一旦电源恢复，M600 或 M601 仍记忆原来的状态，将由它们控制相应输出继电器，小车继续原方向运动。若不用断电保护辅助继电器，当小车中途断电后，再次得电小车也不能运动。

3．特殊辅助继电器

PLC 内有 256 个特殊辅助继电器，这些特殊辅助继电器各自具有特定的功能，可分为两大类：只能利用触点型、可驱动线圈型。

（1）只能利用触点型

这类特殊辅助继电器的线圈由 PLC 自动驱动，用户只能利用其触点。例如：

M8000——运行监控（PLC 运行时自动接通，停止时断开）。

M8002——初始脉冲（仅在 PLC 运行开始时接通一个扫描周期）。

M8005——PLC 后备锂电池电压过低时接通。

M8011——10ms 时钟脉冲。

M8012——100ms 时钟脉冲。

M8013——1s 时钟脉冲。

M8014——1min 时钟脉冲。

图 3-10 为只能利用触点型特殊辅助继电器在 PLC 运行（RUN）和停止（STOP）时的时序图。

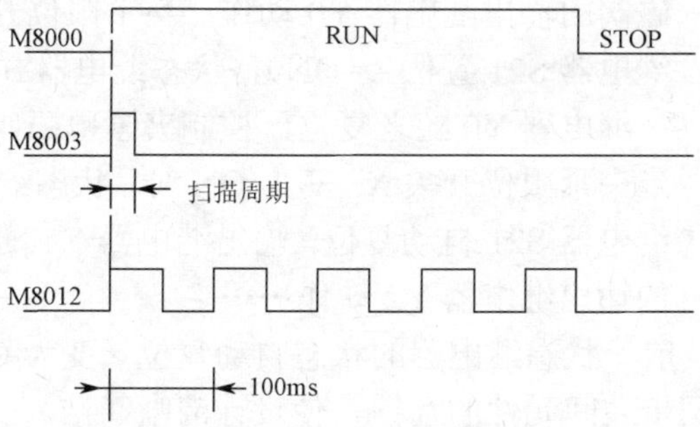

图 3-10　特殊辅助继电器时序图

（2）可驱动线圈型

这类特殊辅助继电器的线圈可由用户驱动，而线圈被驱动后，PLC 将做特定动作。

M8030——线圈被驱动后使后备锂电池欠电压指示灯熄灭。

M8033——线圈被驱动后 PLC 停止运行时输出保持。

M8034——线圈被驱动后禁止所有的输出。

M8039——线圈被驱动后 PLC 以 D8039 中指定的扫描时间工作。

应注意，没有定义的特殊辅助继电器不可在用户程序中出现。

3.3.4　状态继电器（S）

状态继电器用来记录系统运行中的状态，是步进顺控程序编程中一类非常重要的软元件，它与后述的步进顺控指令 STL 组合使用。

状态继电器有以下五种类型。

（1）初始状态 S～S9 共 10 点。

（2）回零 S10～S19 共 10 点。

（3）通用 S20～S499 共 480 点。

（4）失电保持 S500～S899 共 400 点。

（5）报警器 S900～S999 共 100 点。

通用状态继电器没有失电保持功能。在使用 IST（初始化状态功能）指令时，S0～S9 供初始状态使用。失电保持状态继电器 S500～S899 在断电时依靠后备锂电池供电保持。在使用应用指令 ANS（信号报警器置位）和 ANR（信号报警器复位）时，报警器 S900～S999 可用做外部故障诊断输出。报警器为失电保持型。

示例：图 3-11 为机械手抓取物体动作顺序功能图。

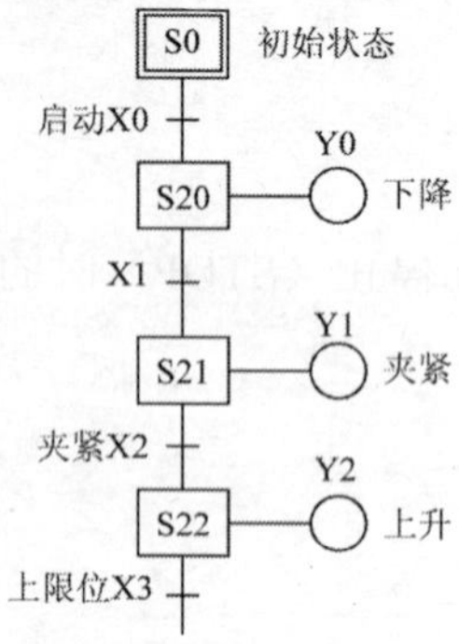

图 3-11　机械手抓取物体动作顺序功能图

设启动信号输入点为 X0，下限位开关信号输入点为 X1，夹紧限位开关信号输入点为 X2，上限位开关信号输入点为 X3……控制下降电磁阀的输出点为 Y0，控制夹紧电磁阀的输出点为 Y1，控制上降电磁阀的输出点为 Y2……S0 为初始状态（原位），S20、S21、S22……为工作步状态继电器，其动作过程如下：接通启动信号，X0=ON，状态继电器 S20 置位（=ON），随之，控制下降电磁阀的输出继电器 Y0 动作；当下限位开关 X1 变为 ON 后，状态继电器 S21 置位（=ON），状态继电器 S20 自动复位（=OFF），输出继电器 Y0 随之复位，控制夹紧电磁阀的输出继电器 Y1 动作；当夹紧限位开关 X2 变为 ON 时，状态继电器 S22 置位，同时状态继电器 S21 自动复位，输出继电器 Y1 随之复位，控制上升电磁阀的输出继电器 Y2 动作……

随着状态动作的转移，前一状态继电器的状态自动复位（变为 OFF）。这样使每一步的工作互不干扰，不必考虑不同步之间元件的互锁，使设计清晰简洁。

状态继电器的触点可多次使用。如果不用步进顺控指令，状态继电器 S 可当作普通的辅助继电器使用。

在使用状态继电器时应注意以下几点。

（1）状态继电器与辅助继电器一样有无数的常开和常闭触点。

（2）状态继电器的触点可多次使用，不与步进顺控指令 STL 配合使用时，可作为辅助继电器（M）使用；

（3）FX2N 系列 PLC 可通过程序设定将 S0～S499 设置为有断电保持功能的状态继电器。

3.3.5　定时器（T）

定时器实际是内部脉冲计数器，可对内部 1ms、10ms 和 100ms 时钟脉冲进行加计数，当达到用户设定值时，触点动作。PLC 内有几百个定时器，其功能相当于继电控制系统中的时间继电器，可以提供无限对常开、常闭延时触点。当所计时间到达设定值时，其输出触点动作。

定时器有一个设定值寄存器（一个字长）、一个当前值寄存器（一个字长）和一个用来存储其输出触点状态的映像寄存器（占二进制的一位），这三个单元使用同一个元件编号。但使用场合不一样，意义也不同。

定时器用常数 K 作为设定值，也可将数据寄存器（D）的内容作设定值。用数据寄存器（D）的内容作设定值时，一般用失电保持型数据寄存器，目的是断电时不会丢失数据。

FX 系列 PLC 的定时器分为非积算定时器和积算定时器。表 3-9 为 FX2N 系列 PLC 定时器的地址分配。

表 3-9　定时器的地址分配

类　型	100ms 非积算定时器	10ms 非积算定时器	1ms 积算定时器	100ms 积算定时器
地 址 编 号	T0～T199 200 点	T200～T245 46 点	T246～T249 4 点	T250～T255 6 点
计 时 时 间	0.1～3276.7s	0.01～327.67s	0.001～32.767s	0.1～3276.7s

1. 非积算定时器

FX1N 和 FX2N 型 PLC 内有 100ms 和 10ms 非积算定时器两种。

（1）100ms 非积算定时器（T0～T199）：共 200 点，其中 T192～T199 为子程序和中断服务程序专用定时器。这类定时器是对 100ms 时钟累积计数，设定值为 1～32767，所以其定时范围为 0.1～3276.7s。

（2）10ms 通用定时器（T200～T245）：共 46 点。这类定时器是对 10ms 时钟累积计数，设定值为 1～32767，所以其定时范围为 0.01～327.67s。

图 3-12 为非积算定时器在程序中的使用及动作时序。

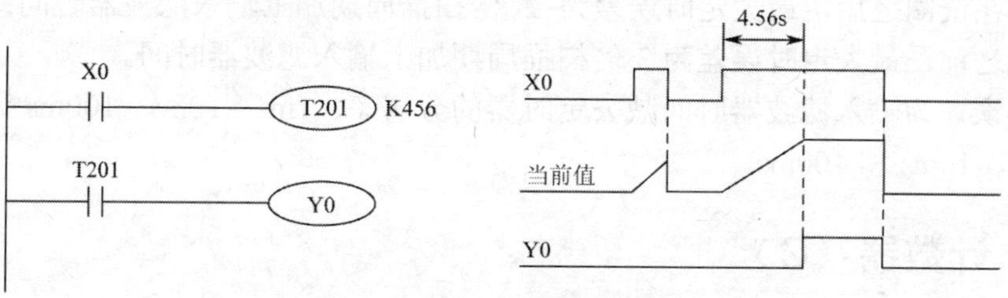

图 3-12　非积算定时器在程序中的使用及动作时序

如果定时器线圈 T201 的驱动输入 X0 接通，T201 用的当前值计数器将 10ms 时钟脉冲相加计算。如果该值等于设定值 K456，定时器的输出触点就动作，即 X0 接通 4.56s 后（也就是 T201 的线圈“通电”0.01s×456=4.56s 后），T201 的触点动作，Y0 随之动作。X0 断开或停电，定时器复位，输出触点复位。非积算定时器没有电池后备，在定时过程中，若停电或定时器线圈输入断开， 非积算定时器复位，当复电或定时器线圈输入再次接通后， 非积算定时器重新计时。

2. 积算定时器

FX1N 和 FX2N 型 PLC 内有 1ms 和 100ms 两种积算定时器。

（1）1ms 积算定时器（T246～T249）：共 4 点，是对 1ms 时钟脉冲进行累积计数的，定时的时间范围为 0.001～32.767s。

（2）100ms 积算定时器（T250～T255）：共 6 点，是对 100ms 时钟脉冲进行累积计数的，定时的时间范围为 0.1～3276.7s。

积算定时器有后备锂电池，具有计数累积的功能。当控制积算定时器的回路接通时，定时器开始计算延时时间，当设定时间到时定时器动作。如果在定时器未动作之前停电或定时器线圈输入断开，积算定时器能保持已经计算的时间，待控制回路重新接通时，积算定时器从已积算的值开始计算，直到计时时间达到设定值，积算定时器的触点动作。

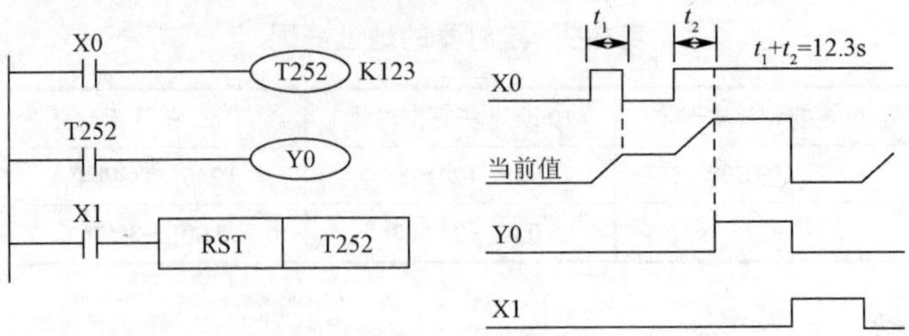

图 3-13　积算定时器在程序中的使用及动作时序

如果定时器线圈 T252 的驱动输入 X0 接通，则 T252 用的当前值计数器将 100ms 时钟脉冲相加计算。如果相加值等于设定值 K123（即 0.1s×123=12.3s）则定时器的输出触点动作。在计算过程中，X0 断开或停电，在再动作后，继续进行相加计算，直到相加的时间等于设定时间后，定时器的输出触点动作。积算定时器具有失电记忆功能。要想使得 T252 复位，只有复位输入 X1 接通，强制进行。

定时器的精度与程序的编写有关。如果定时器的触点在线圈之前，精度将会降低。如果定时器的触点在线圈之后，最大定时误差为 2 倍扫描周期加上输入滤波器时间；如果定时器的触点在线圈之前，最大定时误差为 3 倍扫描周期加上输入滤波器时间。

最小定时误差为输入滤波器时间减去定时器的分辨率。1ms、10ms、100ms 定时器的分辨率分别为 1ms、10ms 和 100ms。

3.3.6　计数器（C）

FX2N 系列计数器分为内部计数器和高速计数器两类。

1. 内部计数器

内部计数器是在执行扫描操作时对内部元件（如 X、Y、M、S、T、C）的信号进行计数的计数器。因此，其接通和断开时间应长于 PLC 的扫描周期。内部计数器分为 16 位增计数器和 32 位双向计数器。表 3-10 为 FX2N 系列 PLC 计数器的地址分配。

表 3-10　FX2N 系列 PLC 计数器的地址分配表

16 位增计数器（1～32767）		32 位增/减双向计数器（−2147483648～+2147483647）	
通用型	失电保持型	通用型	失电保持型
C0～C99 100 点	C100～C199 100 点	C200～C219 20 点	C220～C234 15 点

（1）16 位增计数器

FX 系列 PLC 有两种类型的 16 位增计数器，一种为通用型，另一种为失电保持型。

① 通用型 16 位增计数器。C0～C99 为通用型 16 位增计数器，共 100 点，其设定值为 K1～K32767。当计数输入信号每接通一次，计数器的当前值增 1，当计数器的当前值为设定值时，计数器的输出触点接通，之后即使计数输入信号再接通，计数器的当前值都保持不变，只有复位输入信号接通时，执行复位指令，可将计数器当前值复位为 0，其输出触点也随之复位。计数过程中如果失电，通用型计数器失去原计数数值，再次通电后，将重新计数。

② 失电保持型 16 位增计数器。C100～C199 为失电保持型 16 位增计数器，共 100 点，其设定值为 K1～K32767。其工作过程与通用型相同，只是在计数过程中如果失电，失电保持型计数器其当前值和输出触点的置位/复位状态保持不变。

计数器的设定值除了可以用常数 K 直接设定外，还可以通过指定数据寄存器的元件编号来间接设定，此编号寄存器内的内容便是设定值。例如，指定 D125，而 D125 的内容是 200，则与设定值 K200 等效。

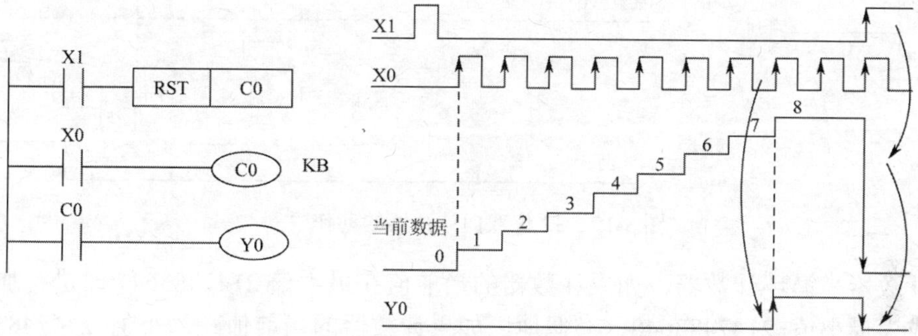

图 3-14　16 位增计数器的动作时序

X0 为计数输入，X0 每接通一次，计数器的当前值增 1，当计数器的当前值为 8 时，即计数达 8 次，计数器 C0 的输出触点接通，随之 Y0 线圈得电。当复位输入 X1 接通，执行 RST（复位）指令，计数器当前值复位为 0，其输出触点也随之复位。

（2）32 位双向计数器

双相计数器就是既可以设置为增计数又可以设置为减计数的计数器。32 位双向计数器计数值设定范围为-2147483648～+2147483647。FX 系列 PLC 有两种 32 位双向计数器，一种为通用型，另一种为失电保持型。

① 通用型 32 位双向计数器。C200～C219 为通用型 32 位双向计数器，共 20 点。作增计数或减计数（计数方向）由特殊辅助继电器 M8200～M8219 设定。计数器与特殊辅助继电器一一对应，如计数器 C212 对应 M8212。对于计数器，当对应的辅助继电器接通（置 1）时为减计数；当对应的辅助继电器断开（置 0）时为加计数。计数值的设定可以直接用常数 K 或间接用数据寄存器 D 的内容作为设定值，但间接设定时，要用元件编号连在一起的两个数据寄存器。

② 失电保持型 32 位双向计数器。C220～C234 为失电保持型 32 位双向计数器，共 15 点。作增计数或减计数（计数方向）由特殊辅助继电器 M8220～M8234 设定。其工作过程与通用型 32 位双向计数器相同，不同之处在于失电保持型 32 位双向计数器的当前值和触点状态在失电时均能保持。图 3-15 为 32 位双向计数器的使用和动作时序。

计数器 C200 作增计数还是减计数取决于 M8200 的通断。M8200 断开 C200 作增计数，M8200 接通作减计数。因而 X12 的通断决定了 C200 的计数方向。X14 作为计数输入，驱动 C200 线圈进行加计数或减计数。X13 用于计数器 C200 复位。

当计数器的当前值由-3→-2（增加）时，计数器的触点接通（置位），Y1 便有输出，由-2→-3（减小）时，其触点断开（复位）。当复位输入 X13 接通，通过 RST（复位）指令，使得计数器 C200 复位，其触点断开（复位），随之 Y1 停止输出。

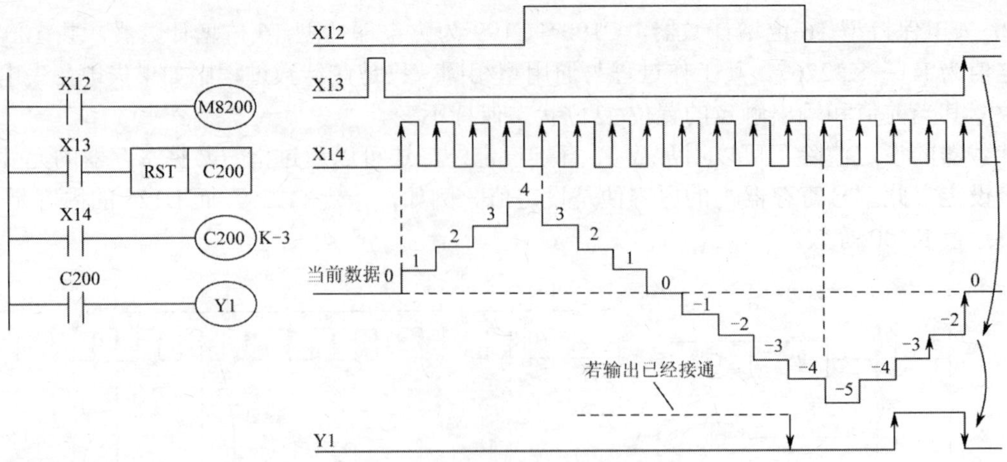

图 3-15　32 位双向计数器的动作时序

双向计数器是循环计数器，如果计数器的当前值在最大值 2147483647 时进行加计数，则当前值就成为最小值−2147483648，类似地，如果计数器的当前值在最小值−2147483648 时进行减计数，则当前值就成为最大值 2147483647。

2．高速计数器

FX 系列 PLC 中共有 21 点高速计数器，元件编号为 C235～C255。这些计数器在 PLC 中共享 8 个高速计数器输入端 X0～X7。当一个输入端被某个高速计数器占用时，这个输入端就不能再用于另一个高速计数器，也不能用做其他的输入。由于只有 8 个高速计数的输入，因此，最多只能同时用 8 个高速计数器。

高速计数器是按中断方式运行的，与扫描周期无关。所选定的计数器的线圈应被连续驱动，以表示与它有关的输入点已被使用，其他高速计数器的处理不能与它冲突。连续驱动计数器的软元件触点可以是输入继电器触点，也可以是特殊辅助继电器（如 M8000）的常开触点等。

高速计数器分为 1 相型和 2 相型两类。1 相型高速计数器分为 1 相无启动/复位和 1 相带启动/复位两种；2 相型高速计数器分为 2 相双向计数器和 2 相 A-B 相计数器。表 3-11 为高速计数器一览表。

表 3-11　高速计数器一览表

中断输入	1 相无启动/复位计数器						1 相带启动/复位计数器					2 相双向计数器					2 相 A-B 相计数器				
	C235	C236	C237	C238	C239	C240	C241	C242	C243	C244	C245	C246	C247	C248	C249	C250	C251	C252	C253	C254	C255
X0	U/D						U/D			U/D		U	U		U		A	A		A	
X1		U/D					R			R		D	D		D		B	B		B	
X2			U/D					U/D			U/D		R		R			R		R	
X3				U/D				R			R			U		U			A		A
X4					U/D				U/D					D		D			B		B
X5						U/D			R					R		R			R		R
X6										S					S					S	
X7											S					S					S

注：U 表示增计数输入，D 表示减计数输入，A 表示 A 相输入，B 表示 B 相输入，R 表示复位输入，S 表示启动输入。

（1）1 相型高速计数器

1 相型高速计数器共 11 点（C235～C245），所有计数器都是 32 位增/减计数器，即双向计数器，其触点动作方式及计数方向设定与普通 32 位双向计数器相同。作增计数器时，计数值达到设定值时触点动作并保持；作减计数时，当计数值达到设定值时触点复位。

其中 C235～C240 为 1 相无启动/复位计数器，C241～C245 为 1 相带启动/复位计数器。特殊辅助继电器 M8235～M8245 用来设置与之对应的计数器 C235～C245 的计数方向。M 为 ON 时为减计数，M 为 OFF 时为加计数。要想使得计数器 C235～C245 复位，只有使用 RST 指令。

① 1 相无启动/复位计数器。1 相无启动/复位计数器（C235～C240）共 6 点，每个计数器只有一个输入端。如表 3-11 所示，C235 利用 X0 作为高速脉冲的输入端、…、C240 利用 X5 作为高速脉冲的输入端，可以双相计数（U/D 表示可以增、减计数），增、减计数由 M8235～M8240 的 OFF、ON 决定。图 3-16 为 1 相无启动/复位计数器的用法举例。

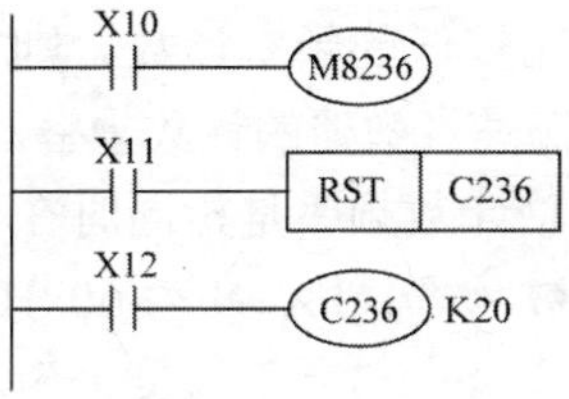

图 3-16　1 相无启动/复位计数器的用法

要想使得计数器 C236 进行计数，X12 必须接通（即 C236 的线圈被驱动，才选中了计数器 C236），由于输入端 X1 是计数器 C236 的脉冲计数输入端，因此在 X12 接通的条件下，计数器 C236 对来自 X1 端的脉冲进行计数。

M8236 的通、断决定了计数器 C236 是进行减计数还是增计数，所有 X10 接通时 C236 进行的是减计数，X10 断开时 C236 进行的是加计数。在进行加计数时，当计数值达到设定值 K20 时，C236 的触点动作并保持；在进行减计数时，当计数值达到设定值 K20 时，C236 的触点复位。

要想使得计数器 C236 复位，只有使用 RST 指令，X11 的接通使得计数器 C236 复位，其触点断开。

② 1 相带启动/复位计数器。1 相带启动/复位计数器共有 5 点（C241～C245）。每个计数器各有一个计数输入端和一个复位输入端。其中 C244、C245 还另有一个启动输入端。例如，C244（见表 3-11），计数输入端为 X0（对 X0 输入的脉冲进行计数），复位输入端为 X1（X1 端接通使得 C244 复位），启动输入端为 X6（X6 接通，C244 立即对 X0 输入的脉冲进行计数）。特殊辅助继电器 M8241～M8245 的接通、断开决定了 C241～C245 进行减计数还是加计数。

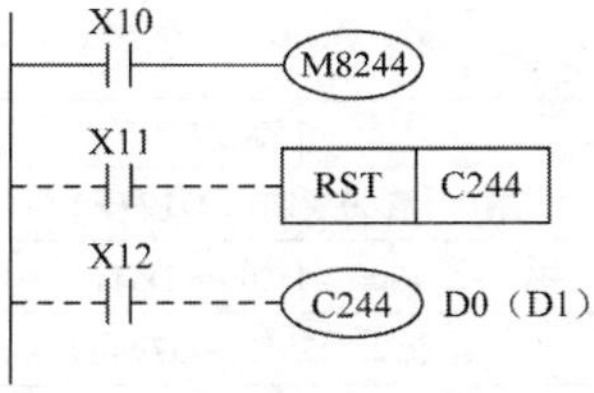

图 3-17　1 相带启动/复位计数器的用法

图 3-17 为 1 相带启动/复位计数器的用法举例。

X12 接通时，C244 被选中，如果 X6 接通，C244 立即对 X0 输入的脉冲进行计数。计数设定值为数据寄存器 D1、D0 的内容（D1，D0）。可以在程序上用 X11 对 C244 进行复位，但是，如果 X1 接通，C244 立即复位，不需要该条程序。M8244 的通、断决定 C244 进行减计数还是增计数，因而 X10 的通、断决定了 C244 进行减计数还是增计数。

（2）2 相型高速计数器

2 相型高速计数器共有 10 点（C246～C255）。所谓 2 相，是指这些计数器有两个输入端，一个输入端专门用于增计数信号输入，而另一个输入端专门用于减计数信号输入。

① 2 相双向计数器。C246～C250 为 2 相双向计数器。它们有一个增计数输入端和一个减计数输入端，某些计数器还有复位和启动输入端。如表 3-3 所示，例如 C246 的增、减计数端分别是 X0 和 X1。在计数器的线圈接通后，X0 的上升沿，使得计数器的当前值加 1；X1 的上升沿，使得计数器的当前值减 1。

② 2 相 A-B 相计数器。C251～C255 为 2 相 A-B 相计数器。它们有两个计数输入端，有的计数器还有复位和启动输入端。

计数器的最高计数频率受两个因素制约，一是各个输入端的响应速度，二是全部高速计数器的处理时间。高速计数器的处理时间是限制高速计数器计数频率的主要因素。高速计数器是采用中断方式运行的，因此，同时使用的计数器数量越少，计数频率就越高，如果某些计数器用比较低的频率计数，则其他计数器就能以较高的频率进行计数。

对于高速计数器的计数频率，1 相和 2 相计数器最高为 10kHz，A/B 相计数器最高为 5kHz。

最高总计数频率是指同时在 PLC 计数输入端出现的所有输入信号频率之和的最大值。最高的总计数频率：FX1N 为 60kHz，FX2N 为 20kHz，计算总计数频率时 A/B 相计数器的频率应加倍。

3.3.7 数据寄存器（D）

PLC 在进行输入/输出处理、模拟量控制、位置控制时，需要许多数据寄存器存储数据和参数。它是纯粹的寄存器，不带任何触点。数据寄存器可以存储 16 位二进制数或一个字。要想存储 32 位二进制数据（双字），必须同时用两个序号连续的数据寄存器进行数据存储。例如，用 D0 和 D1 存储双字，D0 存放低 16 位，D1 存放高 16 位。字或双字的最高位为符号位，0 表示为正数，1 表示为负数。

数据寄存器的数值读出与写入一般采用应用指令。而且可以从数据存储单元（显示器）与编程装置直接读出/写入。

数据寄存器分为通用数据寄存器、失电保持数据寄存器、特殊数据寄存器、文件寄存器、外部调整寄存器、变址寄存器。

表 3-12 为 FX1N 和 FX2N PLC 各类数据寄存器的点数及地址编号范围。

表 3-12 数据寄存器

	FX1N	FX2N
通用数据寄存器	128（D0～D127）	200（D0～D199）
失电保持数据寄存器	7872（D128～D7999）	7800（D200～D511）
失电保持专用数据寄存器	—	512（D512～D7999）
特殊数据寄存器	256（D8000～D8255）	256（D8000～D8255）
文件寄存器	7000（D1000～D7999）	7000（D1000～D7999）
外部调整寄存器	2（D8030、D8031）	—

1. 通用数据寄存器

通用数据寄存器只要不写入其他数据，其值将保持不变，直到下一次被改写。PLC 由运行（RUN）状态进入到停止（STOP）状态时，所有的通用数据寄存器的值都变为 0。如果特殊辅助继电器 M8033 为 ON，PLC 由运行（RUN）状态进入到停止（STOP）状态时，通用数据寄存器的值将保持不变。

2．失电保持数据寄存器

失电保持数据寄存器基本上同普通用途数据寄存器。除非改写，否则原有数据不会丢失，不论电源接通与否、PLC 运行与否，其内容也不变化。利用参数设定，可以改变失电保持数据寄存器的范围。在两台 PLC 作点对点的通信时，D490～D509 被用做通信操作。失电保持专用数据寄存器参数设置无法改变其保持性质，但通过参数设置可将 D1000 以后的最多 7000 点设置为文件寄存器。

3．特殊数据寄存器

特殊数据寄存器是指写入特定目的的数据或事先写入特定的内容。其内容在电源接通时，写入初始化值（一般先清零，然后由系统 ROM 来写入）。用来控制和监视 PLC 内部的各种工作方式和元件，如备用锂电池的电压、扫描时间、正在动作的状态的编号等。

4．文件寄存器

文件寄存器为专用的数据寄存器，用来存储大量的数据，如采集数据、统计计算数据、多组控制参数等。停电保持专用数据寄存器通过参数设置可将 D1000 以后的最多 7000 点设置为文件寄存器。文件寄存器以 500 点为单位，可被外部设备存取。文件寄存器实际上被设置为 PLC 的参数区。文件寄存器与锁存寄存器重叠，数据不会丢失。

5．外部调整寄存器

FX1N 系列 PLC 的外部调整寄存器为 D8030 和 D8031。在 FX1N 系列 PLC 的外部有两个小电位器，这两个电位器常用来修改定时器的时间设定值，通过调整小电位器可以改变 D8030 和 D8031 的值（0～255），依此来修改定时器的时间设定值。

第4章 三菱FX系列PLC的基本指令及其编程

FX1N 和 FX2N PLC 共有基本指令 27 条，基本指令一般由助记符和操作元件组成，助记符是每一条基本指令的符号，它表明操作功能；操作元件是被操作的对象。有些基本指令只有助记符，没有操作元件。

4.1 三相异步电动机的启保停控制

控制要求

按下启动按钮 SB1，电动机启动运行，按下停止按钮 SB2，电动机停止运行。

设计要求

根据图 4-1 所示的主电路及控制电路设计 PLC 的 I/O 接线图和梯形图，并写出指令表。

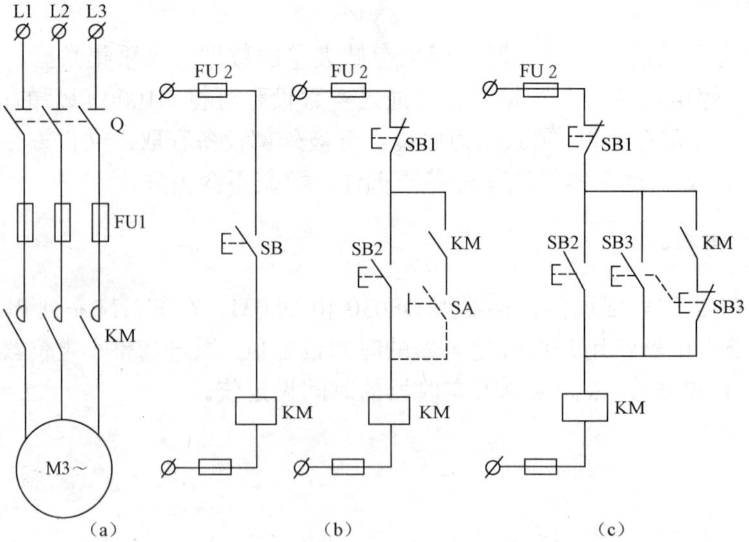

图 4-1 三相异步电动机的启保停控制主电路及控制电路

控制设计

（1）三相异步电动机的启保停控制的输入/输出（I/O）分配表，如表 4-1 所示。

表 4-1 三相异步电动机的启保停控制的输入/输出（I/O）分配表

I/O	名 称	控制电路器件名	PLC 端子号
输入	启动按钮	SB1	X0
	停止按钮	SB2	X1
输出	接触器	KM1	Y0

（2）三相异步电动机的启保停控制的 PLC 外部接线图，如图 4-2 所示。

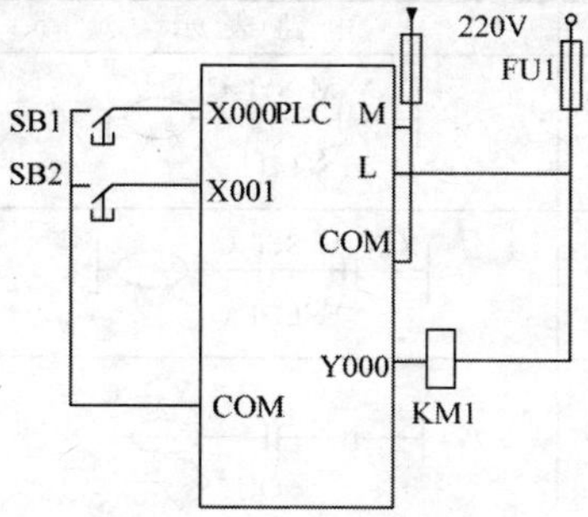

图 4-2　三相异步电动机启保停控制的 PLC 接线图

（3）三相异步电动机启保停控制的梯形图，如图 4-3 所示。

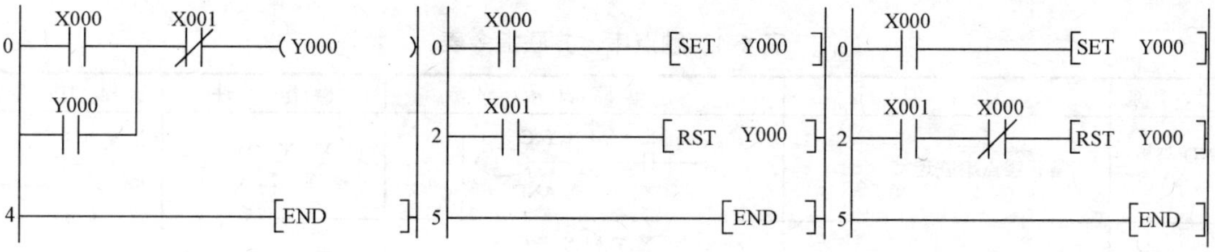

（a）方法1　（b）方法2　（c）方法3

图 4-3　三相异步电动机启保停控制的梯形图

（4）三相异步电动机的启保停控制的指令如表 4-2 所示。

表 4-2　三相异步电动机启保停控制的指令表

方法 1			方法 2			方法 3		
0	LD	X000	0	LD	X000	0	LD	X000
1	OR	Y000	1	SET	Y000	1	SET	Y000
2	ANI	X001	2	LD++	X001	2	LD	X001
3	OUT	Y000	3	RST	Y000	3	ANI	X000
4	END		4	END		4	RST	Y000
						5	END	

知识点击

4.1.1　逻辑取指令（LD/LDI），驱动线圈指令（OUT）触点串、并联指令（AND/ANI/OR/ORI）

1．逻辑取及驱动线圈指令（LD/LDI/OUT）

逻辑取及驱动线圈指令，如表 4-3 所示。

表 4-3　逻辑取及驱动线圈指令表

符号、名称	功　　能	电 路 表 示	操 作 元 件	程 序 步
LD 取指令	常开触点逻辑运算开始，即常开触点与梯形图左母线连接	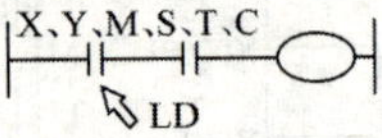	X、Y、M、S、T、C	1
LDI 取反指令	常闭触点逻辑运算开始，即常闭触点与梯形图左母线连接	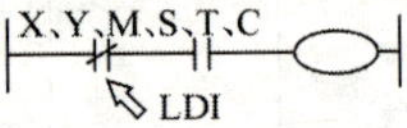	X、Y、M、S、T、C	1
OUT 输出指令	驱动一个指定的线圈，即输出逻辑运算结果	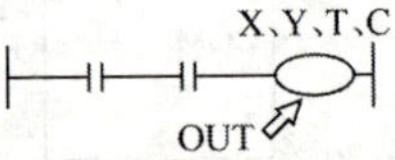	Y、M、S、T、C	Y、M：1，特殊 M：2，T：3，C：3～5

2．触点串、并联指令（AND/ANI/OR/ORI）

触点串、并联指令，如表 4-4 所示。

表 4-4　触点串、并联指令表

符号、名称	功　　能	电 路 表 示	操 作 元 件	程 序 步
AND 与指令	常开触点串联连接	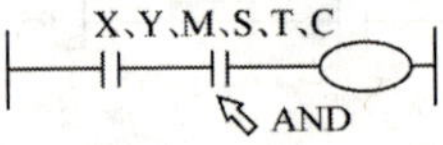	X、Y、M、S、T、C	1
ANI 与非指令	常闭触点串联连接	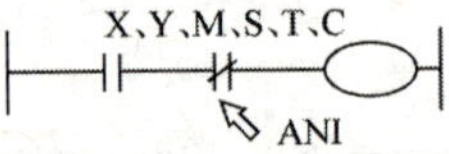	X、Y、M、S、T、C	1
ORI 或非指令	常开触点并联连接	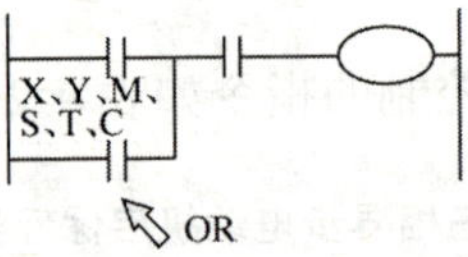	X、Y、M、S、T、C	1
ORI 或非指令	常闭触点关联连接	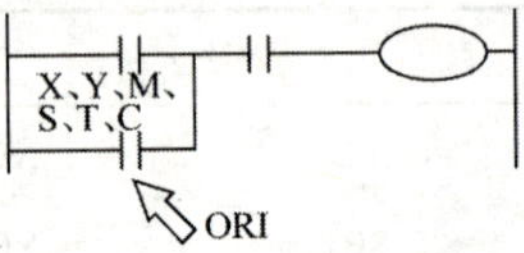	X、Y、M、S、T、C	1

用法示例

1．根据如图 4-4（a）所示的梯形图，写出指令表如图 4-4（b）所示

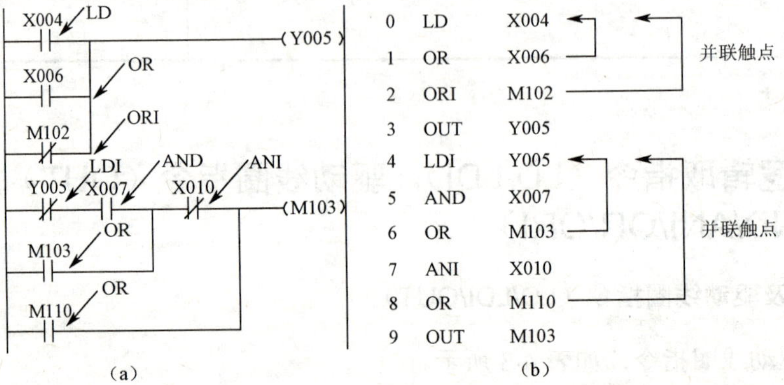

图 4-4　LD、LDI、AND、ANI 指令用法示例

2. 使用注意事项

（1）LD、LDI 指令与后面讲到的 ANB 指令组合，在分支起点处也可使用。

（2）OUT 指令不能用于驱动输入继电器，因为输入继电器的状态由输入信号决定。

（3）OUT 指令可以连续使用，相当于线圈的并联，且不受使用次数的限制，如图 4-5 所示。

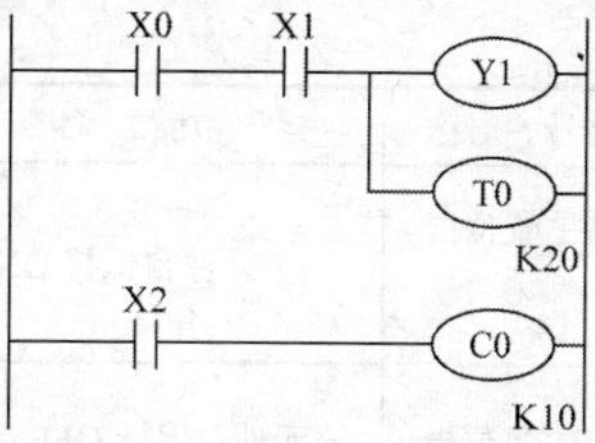

图 4-5　OUT 指令的使用

（4）用 AND、ANI 指令可进行 1 个触点的串联连接。串联触点的数量不受限制，该指令可以多次使用。

（5）OUT 指令后，通过触点对其他线圈使用 OUT 指令，称为纵接输出。如图 4-6（a）所示，这种纵接输出，如果顺序不错，可多次重复。为了使指令表尽可能的简单明了，不推荐使用如图 4-6（b）所示的电路。

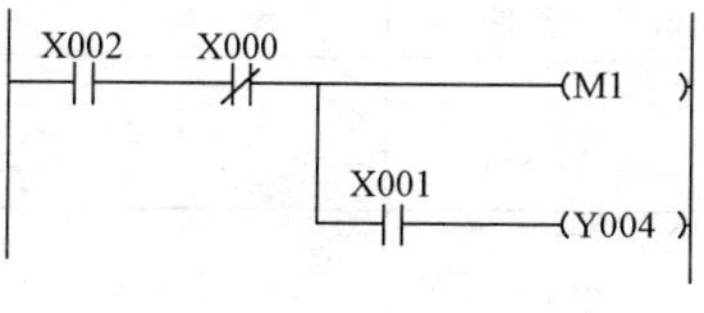


```
0  LD   X002
1  ANI  X000
2  OUT  M1
3  AND  X001
4  OUT  Y004
```

（a）推荐电路

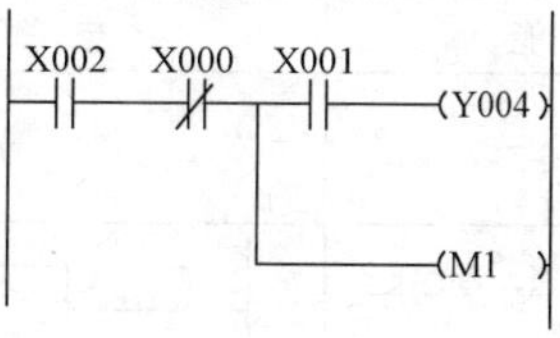


```
0 LD   X002    4 OUT Y004
1 ANI  X000    5 MPP
2 MPS          6 OUT M1
3 AND X001
```

（b）不推荐电路

图 4-6　纵接输出的使用

（6）OR、ORI 指令可以连续使用，并且不受使用次数的限制，如图 4-7 所示。

（7）当继电器的常开触点或常闭触点与其他继电器的触点组成的混联电路块并联时，也可以使用 ORI 指令，如图 4-8 所示。

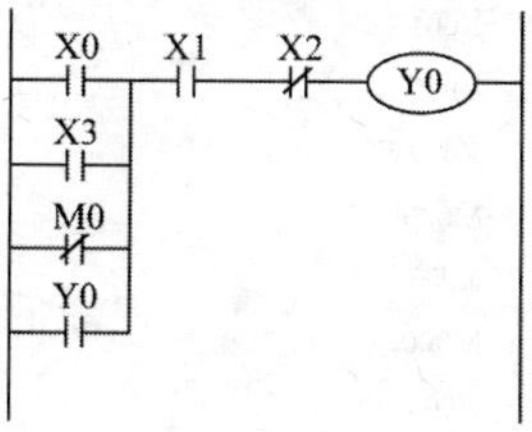

（a）梯形图

```
0  LD   X0
1  OR   X3
2  ORI  X0
3  OR   Y0
4  AND  X1
5  AND  X2
6  OUT  X0
```

（b）指令语句表

图 4-7　OR、ORI 指令的使用

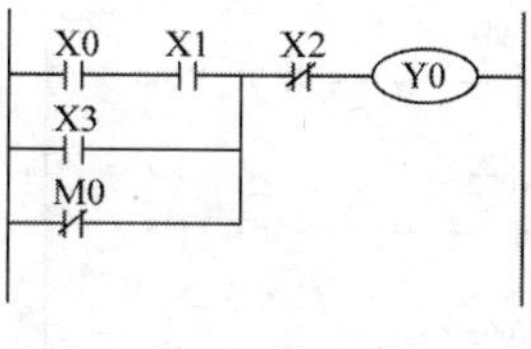

（a）梯形图

```
0  LD   X0
1  AND  X1
2  OR   X3
3  ORI  M0
4  ANI  X2
5  OUT  Y0
```

（b）指令语句表

图 4-8　混联电路块并联

知识点击

4.1.2　置位与复位指令（SET/RST），空操作（NOP）和程序结束指令（END）

1. 置位与复位指令（SET/RST）

置位与复位指令，如表 4-5 所示。

表 4-5　置位与复位指令

符号、名称	功　能	电路表示	操作元件	程序步
SET 置位指令	元件自保持 ON	SET Y、M、S	Y、M、S	Y，M：1 S，特 M：2
RST 复位指令	元件自保持 OFF 或清除数据寄存器的内容	RST Y、M、S、T、C、D、V、Z	Y、M、S、C、D、V、Z、积 T	Y，M：1；S，特 M，C，积 T：2；D，V，Z，：3

2．空操作和程序结束指令（NOP/END）

空操作和程序结束指令，如表 4-6 所示。

表 4-6　空操作和程序结束指令

符号、名称	功　能	电路表示	操作元件	程序步
NOP 空操作指令	无动作	无	无	1
END 结束指令	输入/输出处理，程序回到第 0 步	END	无	1

用法示例

1．根据如图 4-9（a）所示梯形图，写出指令表如图 4-9（b）所示。

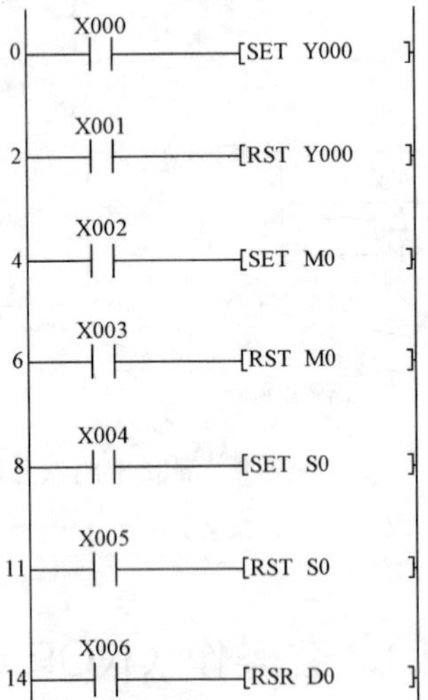

（a）梯形图

0	LD	X000
1	SET	Y000
2	LD	X001
3	RST	Y000
4	LD	X002
5	SET	M000
6	LD	X003
7	RST	M000
8	LD	X004
9	SET	S0
11	LD	X005
12	RST	S0
14	LD	X006
15	RST	D0
16	END	

（b）指令表

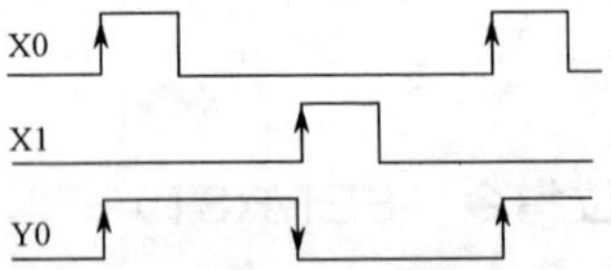

（c）时序图

图 4-9　SET、RST 指令用法示例

2. 使用注意事项

（1）对同一元件，SET、RST 指令可以多次使用，顺序也可以随意，但最后执行的指令为有效；可以使用 RST 指令对数据寄存器 D、变址寄存器 V、Z 的内容进行清零；可以使用 RST 指令对积算定时器 T246～T255 的当前值及触点进行复位。

在第 3 章中介绍过编程元件计数器，计数器的当前值达到设定值后输出触点动作，即使被计数信号增加，其输出触点依然动作，要想使当前值和输出触点复位，就要使用 RST 指令完成。

（2）NOP 指令在程序中不予表示。另外，使用 NOP 指令可以延长扫描周期。在程序清除后，指令成为空操作，在程序调试过程中，可以取代一些不必要的指令。

（3）执行到 END 指令后，END 指令后面的指令不予执行，直接返回到 0 步。在调试程序时，可以插入 END 指令，使得程序分段，提高程序调试速度。

4.2　三相异步电动机正、反转控制

☞控制要求

按下启动按钮 SB1，电动机正转，按下启动按钮 SB2，电动机反转。按下停止按钮 SB，电动机停止转动。

☞设计要求

根据图 4-10 所示的主电路及控制电路，用转换法设计 PLC 的 I/O 接线图和梯形图，并写出指令表。

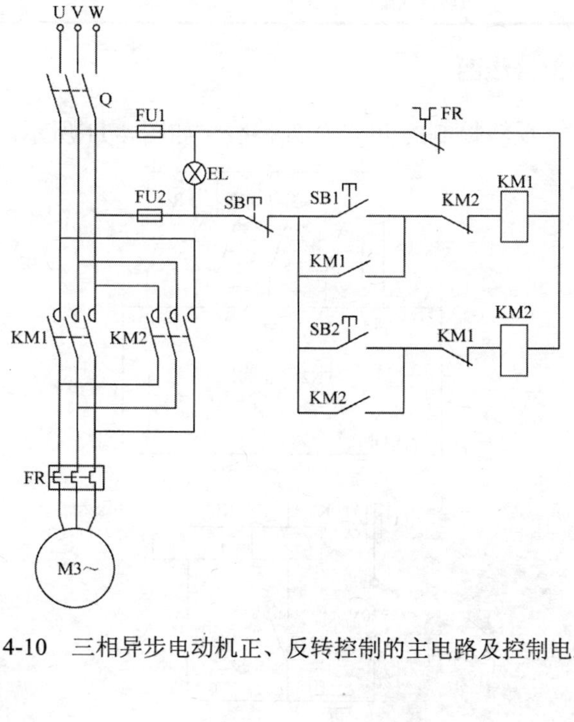

图 4-10　三相异步电动机正、反转控制的主电路及控制电路

☞控制设计

该项目采用转换法来设计

1．分析动作原理

按下启动按钮 SB1，正转接触器 KM1 线圈通电并自锁，主触点闭合，接通正序电源，电动机正转。其串接在 KM2 线圈电路中的 KM1 的常闭辅助触点断开，锁住 KM2 的线圈不能通电，按下停止按钮 SB，正转接触器 KM1 线圈断电，电动机停车。反之，按下启动按钮 SB2，反转接触器 KM2 线圈通电并自锁，主触点闭合，接通逆序电源，电动机反转。其串接在 KM1 线圈电路中的 KM2 的常闭辅助触点断开，锁住 KM1 的线圈不能通电，按下停止按钮 SB，反转接触器 KM2 线圈断电，电动机停车。

该电路欲使电动机由正向到反向或由反向到正向必须先按下停止按钮，而后再反向启动。

2．确定输入/输出信号

三相异步电动机正、反转控制的输入/输出（I/O）分配，如表 4-7 所示。

表 4-7　三相异步电动机正、反转控制的输入/输出（I/O）分配表

I/O	名　称	现 场 信 号	PLC 地址
输入	停止按钮	SB	X0
	正转按钮	SB1	X1
	反转按钮	SB2	X2
	热继电器	FR	X3
输出	正转接触器	KM1	Y1
	反转接触器	KM2	Y2

3．画出 PLC 的外部接线图

三相异步电动机正、反转控制的 PLC 外部接线，如图 4-11 所示。

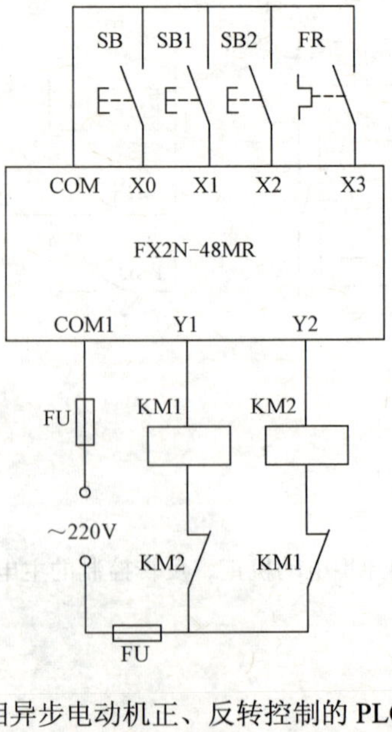

图 4-11　三相异步电动机正、反转控制的 PLC 外部接线图

4．画对应的梯形图

三相异步电动机正、反转控制梯形图，如图 4-12 所示。

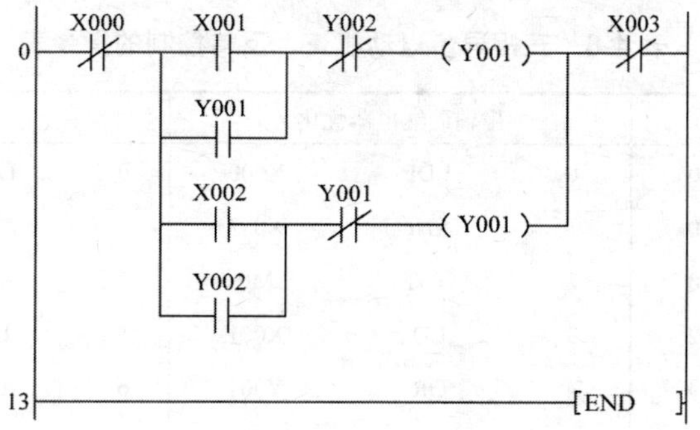

图 4-12　三相异步电动机正、反转控制的梯形图

5．梯形图优化

将图 4-12 所示的梯形图进行优化，优化结果如图 4-13 所示。

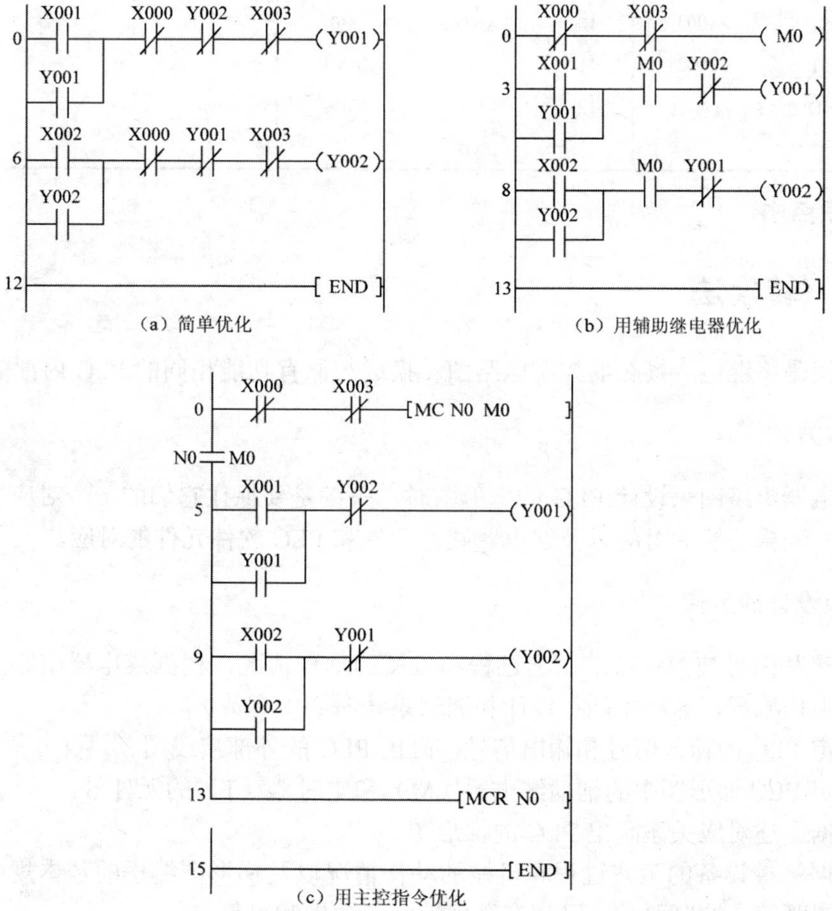

图 4-13　三相异步电动机正、反转控制的优化梯形图

6. 指令表

三相异步电动机正、反转控制的指令，如表4-8所示。

表4-8　三相异步电动机正、反转控制的指令表

简单优化			用辅助继电器优化			用主控制指令优化		
0	LD	X000	0	LDI	X000	0	LDI	X000
1	OR	Y000	1	ANI	X003	1	ANI	X003
2	ANI	X000	2	OUT	M0	2	MC	N0　M0
3	ANI	Y002	3	LD	X001	5	LD	X001
4	ANI	X003	4	OR	Y001	6	ANI	X000
5	OUT	Y001	5	AND	M0	7	RST	Y000
6	LD	X002	6	ANI	Y002	8	END	
7	OR	Y002	7	OUT	Y001			
8	ANI	X000	8	LD	X002			
9	ANI	Y001	9	OR	Y002			
10	ANI	X003	10	AND	M0			
11	OUT	Y002	11	ANI	Y001			
12	END		12	OUT	Y002			
			13	END				

知识点击

4.2.1 转换法

转换法就是将继电—接触器控制电路图转换成与原有功能相同的PLC内部的梯形图。

1. 基本方法

根据继电器电路图来设计PLC的梯形图时，关键是要抓住它们的一一对应关系，即控制功能的对应、逻辑功能的对应以及继电器硬件元件和PLC软件元件的对应。

2. 转换设计的步骤

（1）了解和熟悉被控设备的工艺过程和机械的动作情况，根据继电器电路图分析和掌握控制系统的工作原理，这样才能在设计和调试系统时心中有数。

（2）确定PLC的输入信号和输出信号，画出PLC的外部接线图。

（3）确定PLC梯形图中的辅助继电器（M）和定时器（T）的元件号。

（4）根据上述对应关系画出PLC的梯形图。

（5）根据被控设备的工艺过程和机械的动作情况以及梯形图编程的基本规则，优化梯形图，使梯形图既符合控制要求，又具有合理性、条理性和可靠性。

（6）根据梯形图写出其对应的指令表程序。

知识点击

4.2.2　主控触点指令（MC/MCR）

主控指令如表 4-9 所示。

表 4-9　主控指令

符号、名称	功　能	电路表示及操作元件	程序步
MC 主控指令	主控电路块起点	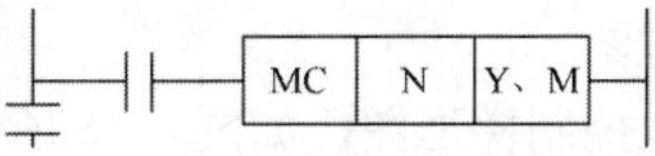	3
MCR 主控复位指令	主控电路块终点	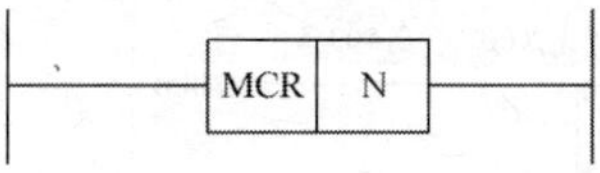	2

用法示例

1. 图 4-14（a）为多路输出梯形图，转换成用主控指令编程的梯形图如图 4-14（b）所示

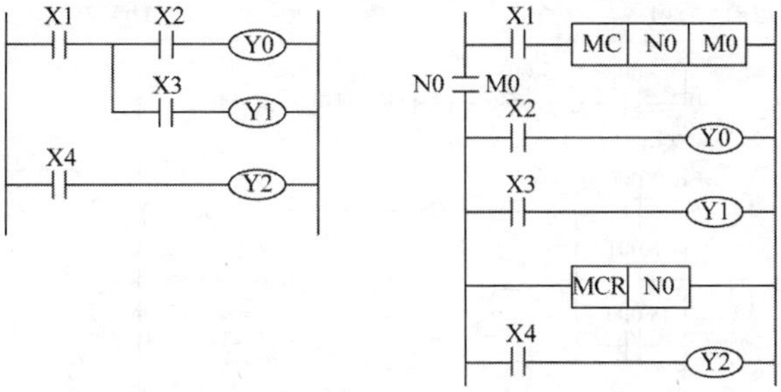

（a）多路输出梯形图　　（b）采用主控指令编程的梯形图

图 4-14　梯形图

在图 4-14（b）所示的梯形图中，X1 接通，N0 层嵌套的主控指令执行，M0 线圈被驱动，触点动作，M0 就是主控触点。这时，如果 X2 接通，Y0 线圈被驱动；如果 X3 接通，Y1 线圈被驱动。即 X1 接通后，执行 MC 与 MCR 之间的所有程序，执行完后，执行后续程序。如果 X1 没有接通，不执行 MC 与 MCR 之间的所有程序，直接执行后续程序。图 4-14（b）所示的梯形图对应的指令语句，如表 4-10 所示。

表 4-10　采用主控指令编程的梯形图对应的指令表

程序步	指令语句	
0	LD	X1
1	MC	N0　M0
4	LD	X2
5	OUT	Y0
6	LD	X3
7	OUT	Y1
8	MCR	N0
10	LD	X4
11	OUT	Y2

2．单台电动机的两地控制

（1）控制要求

按下地点 1 的启动按钮 SB1 或地点 2 的启动按钮 SB2 均可启动电动机；按下地点 1 的停止按钮 SB3 或地点 2 的停止按钮 SB4 均可停止电动机运行。

（2）输入/输出分配

X0：SB1，X1：SB2，X2：SB3（常开），X3：SB4（常开），Y0：电动机（接触器）。

（3）梯形图设计方案

单台电动机的两地控制梯形图，如图 4-15 所示。

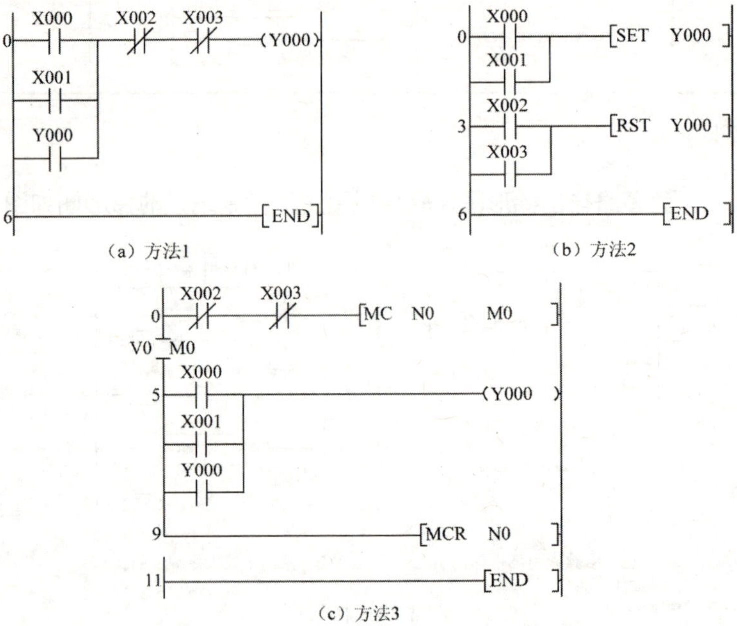

（a）方法1　（b）方法2　（c）方法3

图 4-15　单台电动机的两地控制梯形图

（4）指令表

单台电动机的两地控制指令表如表 4-11 所示。

表 4-11　单台电动机的两地控制指令表

方法 1			方法 2			方法 3		
0	LD	X000	0	LD	X000	0	LDI	X002
1	OR	X001	1	OR	X001	1	ANI	X003
2	OR	Y000	2	SET	Y000	2	MC	N0 M0
3	ANI	X002	3	LD	X002	5	LD	X001
4	ANI	X003	4	OR	X003	6	OR	X001
5	OUT	Y000	5	RST	Y000	7	OR	Y000
6	END		6	END		8	MCR	N0
						10	RND	

3. 使用注意事项

（1）MC 指令称为“主控指令”。用于表示主控电路块的开始，连接公共串联触点。MC 指令只能用于输出继电器 Y 和辅助继电器 M（不包括特殊辅助继电器）。通过 MC 指令的操作元件 Y 或 M 的常开触点将左母线临时移到一个所需的位置，产生一个临时左母线，形成一个主控电路块。

（2）N 为主控指令使用次数（N0～N7），也称为主控嵌套，一定要按从小到大的顺序使用。

（3）MCR 指令称为“主控复位指令”，用于表示主控电路块的结束，即取消临时左母线，将临时左母线返回到原来的位置，结束主控电路块。

（4）MCR 指令的操作元件即主控指令使用次数 N 一定要与 MC 指令中使用的嵌套层数相一致。如果是多层嵌套，主控返回时，一定要按从大到小的顺序返回。如果没有嵌套，通常用 N0 来编程，N0 没有使用次数限制。

4.3　三相异步电动机 Y/△降压启动控制

☞控制要求

按下启动按钮 SB1，电动机 Y 启动，经 5s 后，电动机变成△全压运行。按下停止按钮 SB，电动机停止转动。

☞设计要求

用逻辑法设计 PLC 的 I/O 接线图和梯形图，并写出指令表。

☞控制设计

1. 明确控制任务和控制内容

按下启动按钮 SB1，主接触器 KM、时间继电器 KT、Y 接触器 KM1 得电，通电延时时间到，KT 常闭触点断开，Y 接触器 KM1 断电；同时 KT 常开触点闭合，△接触器 KM2 得电，Y 接触器和△接触器互锁。

2. 确定 PLC 的软元件，画出 PLC 的外部接线图

三相异步电动机 Y/△降压启动控制 I/O 分配如表 4-12 所示。

表 4-12　三相异步电动机 Y/△降压启动控制 I/O 分配表

I/O	名　　称	现 场 信 号	PLC 地址
输入	停止按钮	SB	X0
	启动按钮	SB1	X1
	热继电器	FR	X2
输出	主接触器	KM	Y0
	Y 接触器	KM1	Y1
	△接触器	KM2	Y2

3. I/O 接线图

三相异步电动机 Y/△降压启动控制的 I/O 接线图如图 4-16 所示

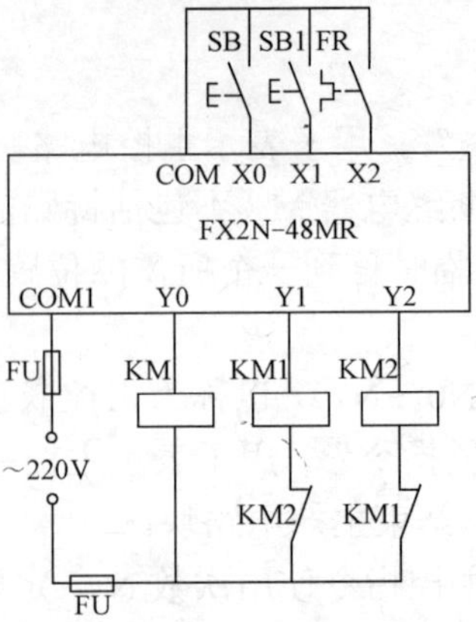

图 4-16　三相异步电动机 Y/△降压启动控制 I/O 接线图

4．真值表

列出三相异步电动机 Y/△降压启动控制真值表如表 4-13 所示。

表 4-13　三相异步电动机 Y/△降压启动控制真值表

触　点							线　圈			
X0	X1	X2	Y0	Y1	Y2	T0	Y1	Y0	Y2	T0
	1			1			1			
0		0			0	0	0			
			1	1				1		
0		0						0		
					1	1			1	
0		0		0					0	
	1				0	1				1
0		0								0

5．画出梯形图

三相异步电动机 Y/△降压启动控制梯形图如图 4-17 所示。

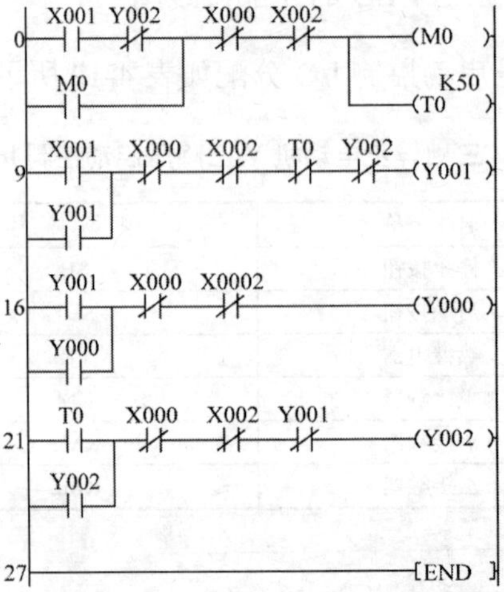

图 4-17　三相异步电动机 Y/△降压启动控制梯形图

6．优化梯形图

三相异步电动机 Y/△降压启动控制梯形图优化后，如图 4-18 所示。

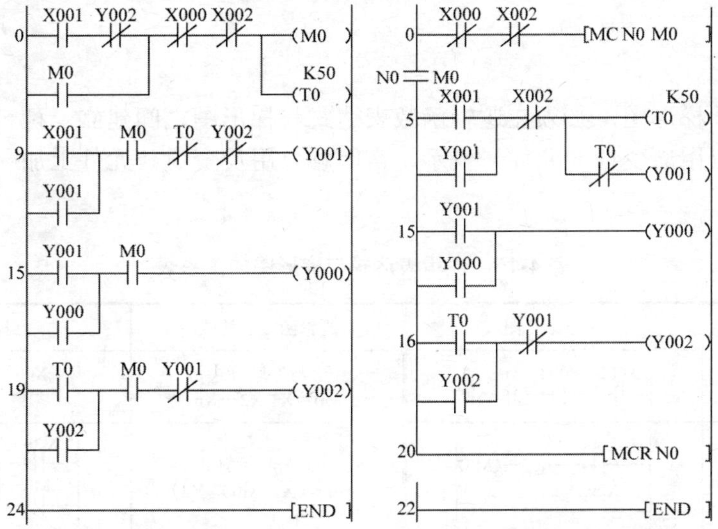

（a）用辅助继电器优化　　（b）用主控指令优化

图 4-18　三相异步电动机 Y/△降压启动控制优化梯形图

7．指令表

三相异步电动机 Y/△降压启动控制的指令表，如表 4-14 所示。

表 4-14　三相异步电动机 Y/△降压启动控制指令表

用辅助继电器优化			用主控指令优化		
0	LD	X001	0	LDI	X000
1	OR	M0	1	ANI	X002
2	ANI	Y002	2	MC	N0
3	ANI	X000	5	LD	X001
4	ANI	X002	6	OR	Y001
5	OUT	M0	7	ANI	Y002
6	OUT	T0	8	OUT	T0
9	LD	X001	11	ANI	T0
10	OR	Y001	12	OUT	Y001
11	AND	M0	13	LD	Y001
12	ANI	T0	14	OR	Y000
13	ANI	Y002	15	OUT	Y000
14	OUT	Y001	16	LD	T0
15	LD	Y001	17	OR	Y002
16	LD	Y001	18	ANI	Y001
17	AND	M0	19	OUT	Y002
18	OUT	Y000	20	MCR	N0
19	LD	T0	22	END	
20	OR	Y002			
21	AND	M0			
22	ANI	Y001			
23	OUT	Y002			
24	END				

☞知识点击

4.3.1 逻辑法

1. 基本方法

用逻辑法设计梯形图，必须在逻辑函数表达式与梯形图之间建立一种一一对应关系，即梯形图中常开触点用原变量（元件）表示，常闭触点用反变量（元件上加一小斜线）表示，如表 4-15 所示。

表 4-15 逻辑表达式与梯形图的关系表

逻辑函数表达式	梯 形 图	逻辑函数表达式	梯 形 图
逻辑“与”M0=X1·X2	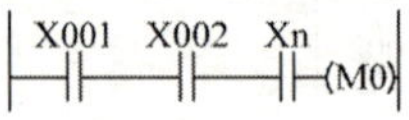	“与”运算式 M0＝X1·X2…Xn	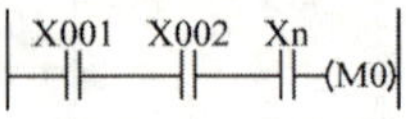
逻辑“或”M0=X1+X2	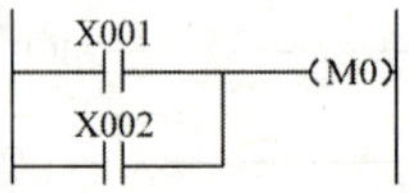	“或/与”运算式 M0=（X1+M0）·X2	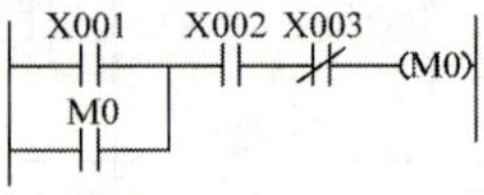
逻辑“非”M0=		“与/或”运算式 M0=（X1·X2）+（X3·X4）	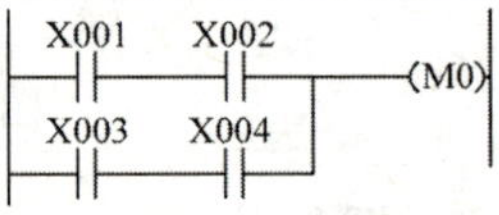

2. 设计的步骤

（1）通过分析控制要求，明确控制任务和控制内容。

（2）确定 PLC 的软元件（输入信号、输出信号、辅助继电器 M 和定时器 T），画出 PLC 的外部接线图。

（3）将控制任务、要求转换为逻辑函数（线圈）和逻辑变量（触点），分析触点与线圈的逻辑关系，列出真值表。

（4）写出逻辑函数表达式。

（5）根据逻辑函数表达式画出梯形图。

（6）优化梯形图。

☞知识点击

4.3.2 定时器（T）的使用

定时器（T）、计数器（C）使用 OUT 指令后，必须有常数设定值语句。此外，也可指定数据寄存器的地址号，以此地址号数据寄存器内的内容作为设定值。

常数 K 的设定范围、实际的定时器常数、相对于 OUT 指令的程序步数（包含设定值）如表 4-16 所示。

表 4-16　常数 K 设定表

定时器、计数器	K 的设定范围	实际的设定值	步　数
1ms 定时器	1～32767	0.001～32.767s	3
10ms 定时器	1～32767	0.01～327.67s	3
100ms 定时器		0.1～3276.7s	
16 位计数器	1～32767	同左	3
32 位计数器	-2147483648～+2147483647	同左	5

用法示例

1. 延时闭合

延时闭合梯形图及时序图，如图 4-19 所示。

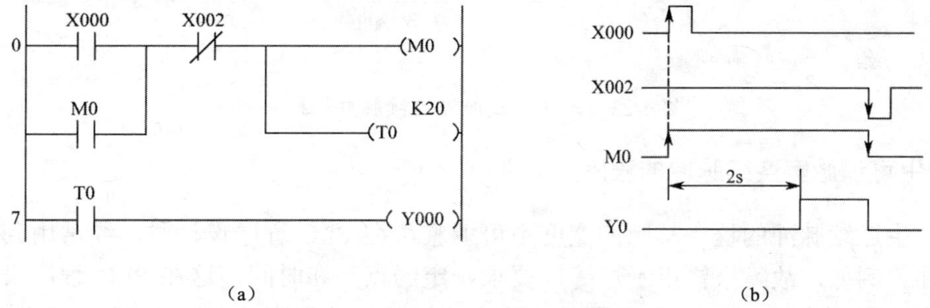

图 4-19　延时闭合梯形图及时序图

说明：X0 得电 2s 后，Y0 动作。

2. 延时断开

延时断开梯形图及时序图，如图 4-20 所示。

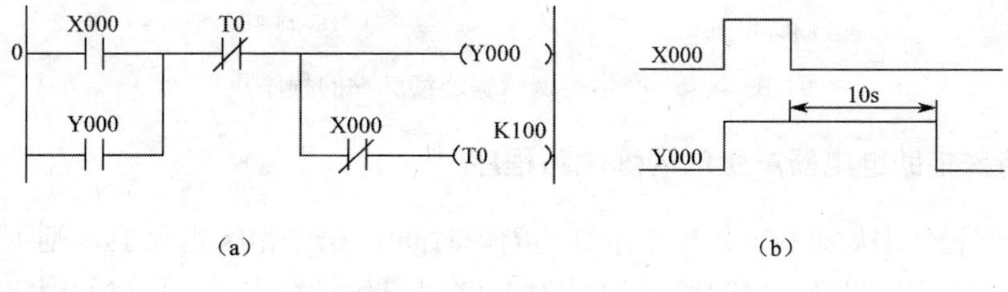

图 4-20　延时断开梯形图及时序图

说明：X0 得电，Y0 动作，10s 后 Y0 断开。

3. 产生单脉冲的程序

在 PLC 程序设计时经常用到单个脉冲，进行一些软继电器的复位、启动、停止等。最常用的产生单脉冲的程序就是使用 PLS 和 PLF 指令完成，利用这两条指令可以得到宽度为一个扫描周期的脉冲。图 4-21 和图 4-22 为得到单个脉冲的梯形图和时序图。

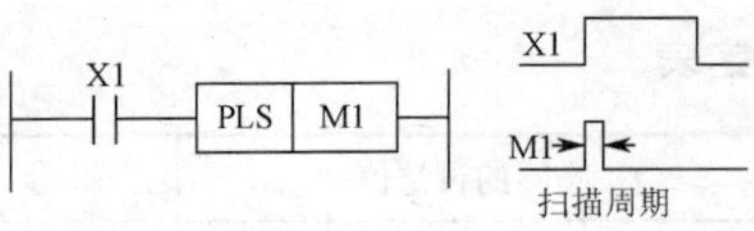

图 4-21　输入信号上升沿产生单个脉冲

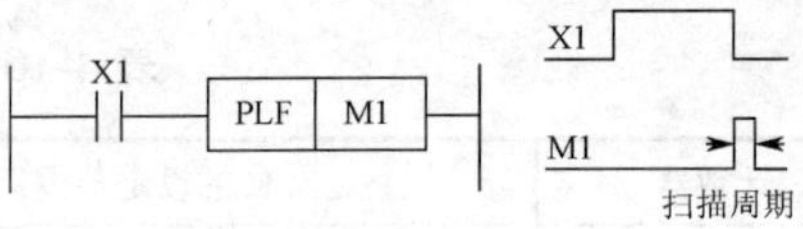

图 4-22　输入信号下降沿产生单个脉冲

4．产生固定脉宽连续脉冲的程序

在 PLC 程序设计中，经常用到连续的脉冲信号，如作为计数器的计数脉冲或其他用途。图 4-23 为得到连续的脉冲信号的程序，脉冲宽度为一个扫描周期，且不可调整。

注意，不可用输出继电器产生连续的脉冲信号，因为如果输出继电器为继电器输出型，硬件继电器的触点在高频率的接通断开运行中，短时间内就将其损坏。

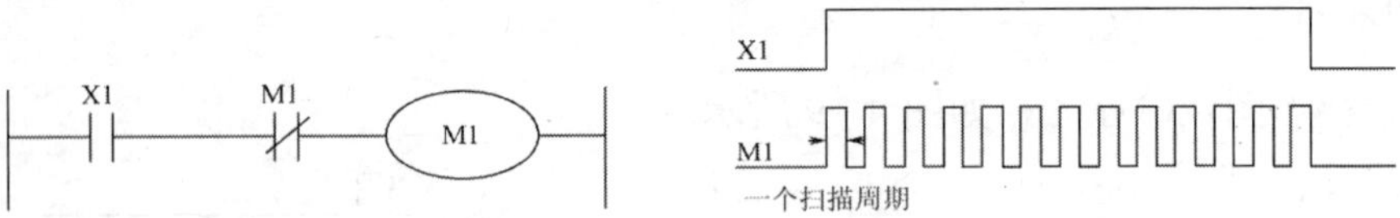

（a）梯形图　　（b）时序图

图 4-23　产生固定脉宽连续脉冲的程序

5．产生可调脉宽连续脉冲的程序

上述产生连续脉冲的程序其脉冲宽度不可调整，在 PLC 程序设计时，经常用到脉宽可调的连续脉冲。例如，故障报警指示灯等，要求一定的点亮和时间，这在 PLC 程序设计时可以利用定时器 T 来完成。图 4-24 为产生可调脉宽连续脉冲的程序。在这里 T0 为输出接通时间，T1 为输出关断时间，通过修改 T0 和 T1 的时间设定值，便可以改变 M1 的接通和关断时间。

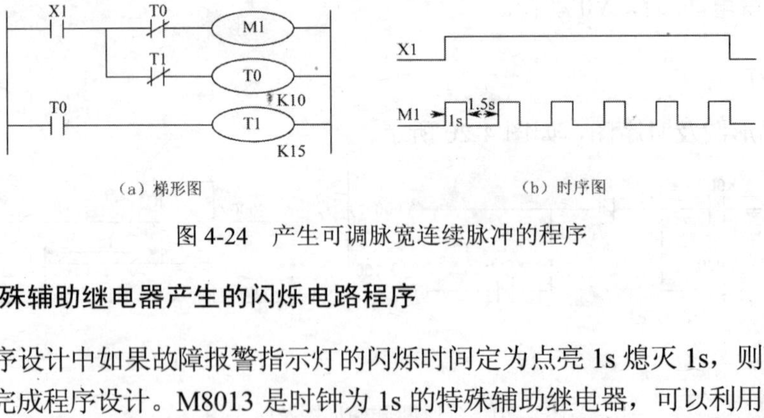

（a）梯形图　　（b）时序图

图 4-24　产生可调脉宽连续脉冲的程序

6．利用特殊辅助继电器产生的闪烁电路程序

在 PLC 程序设计中如果故障报警指示灯的闪烁时间定为点亮 1s 熄灭 1s，则可利用特殊辅助继电器 M8013 完成程序设计。M8013 是时钟为 1s 的特殊辅助继电器，可以利用它来驱动输出继电器，如图 4-25 所示。当故障检测信号 X1 有输入时，故障报警输出 Y1 便产生接通 1s、断开 1s 的连续输出信号。利用 M8011～M8014 可以完成 10ms、100ms、1s、1min 的闪烁电路程序。

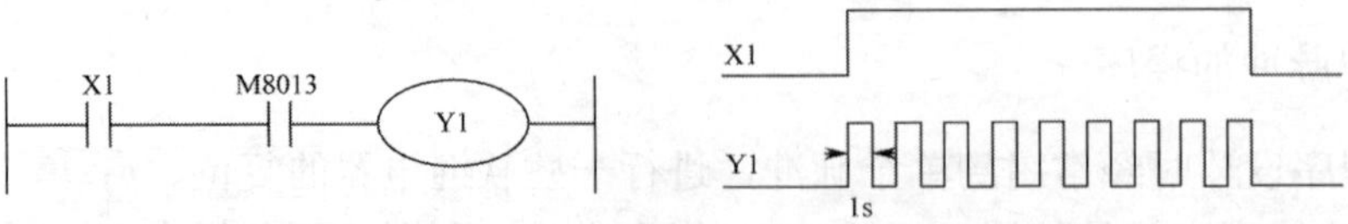

（a）梯形图　　（b）时序图

图 4-25　利用特殊辅助继电器产生的闪烁电路程序

7．时间控制程序

FX 系列 PLC 的定时器为接通延时定时器，线圈得电开始延时，时间达到设定值，其常开触点闭合，常闭触点断开。当定时器线圈断电时，其触点瞬间复位。利用定时器的特点，便可以设计出多种时间控制程序。如接通延时控制程序和断开延时控制程序。图 4-26 为接通延时控制程序，X0 接通后，T0 开始延时，若 X0 接通时间不足时间设定值，T0 触点不动作。当 X0 一次接通时间达到 10s 后（此例中时间设定值为 K100），Y0 便有信号输出。所以称为接通延时控制程序。

图 4-27 为断开延时控制程序，当 X1 接通后，Y0 便有输出，当 X1 断开 10s 后，Y0 才停止输出，所以称为断开延时控制程序。

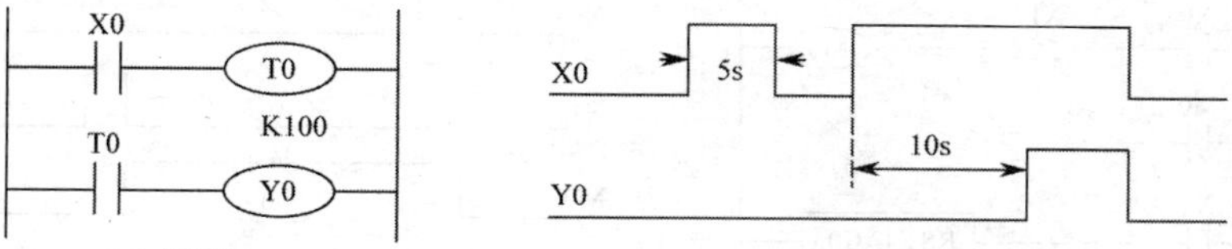

（a）梯形图　　（b）时序图

图 4-26　接通延时控制程序

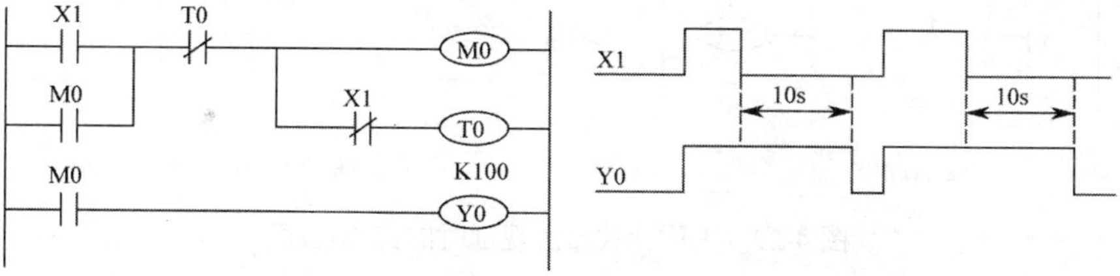

（a）梯形图　　（b）时序图

图 4-27　断开延时控制程序

8．定时器串级使用控制程序

在 PLC 程序设计中经常用到较长时间延时的控制程序，而定时器的时间设定值范围是固定的，达不到要求，这时可以使用两个或多个定时器串级使用以扩展延时范围。图 4-28 为使用两个定时器串联，达到 1h 延时的控制程序。

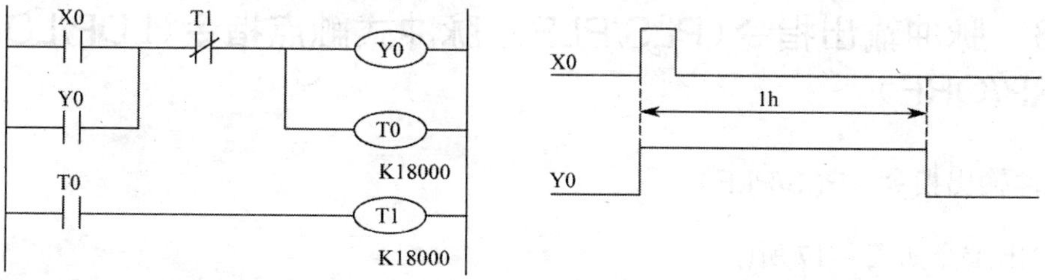

（a）梯形图　　（b）时序图

图 4-28　定时器串级使用控制程序

当 X0 接通后，Y0 便有输出，这时 T0 开始延时，当 T0 延时达到 1800s（30 分钟）后，启动 T1 开始延时。当 T1 延时达到 1800s（30 分钟）后，停止 Y0 输出。这样，在 X0 启动后 Y0 开始输出，1h 后 Y0 停止输出。

定时器串级使用时，其总的定时时间为各定时器时间常数设定值之和。如果用 N 个定时器进行串级使用，其最长的定时时间为 3276.7×N（s）。

9．采用计数器实现延时的控制程序

使用计数器实现定时功能，需要使用时钟脉冲作为计数器的输入信号，而时钟脉冲可以由 PLC 内部的特殊辅助继电器产生，如 M8011、M8012、M8013、M8014 等。这些特殊辅助继电器分别为 10ms、100ms、1s、1min 时钟脉冲，也可以使用连续脉冲的控制程序产生。图 4-29 为采用计数器实现延时的控制程序。

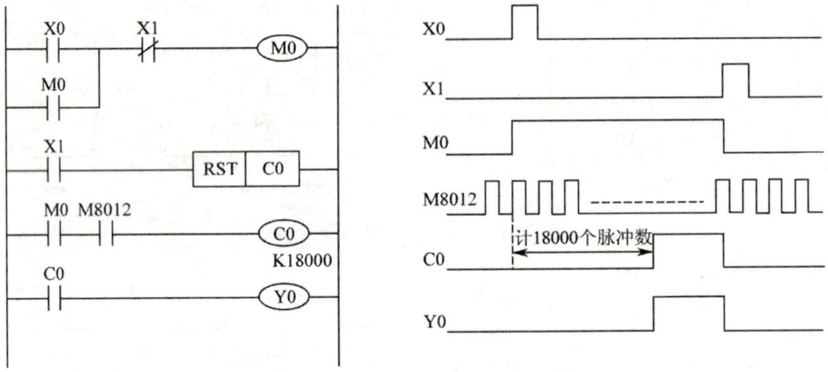

（a）梯形图　　（b）时序图

图 4-29　采用计数器实现延时的控制程序

当启动信号 X0 闭合时，M0 动作并自锁。C0 开始对 M8012 产生的时钟脉冲进行计数。当计数值达到设定值 18000 后，C0 动作，其常开触点闭合，Y0 开始有输出。当停止信号 X1 闭合时，使得 C0 复位，并使 M0 解锁，Y0 停止输出。M8012 为 100ms 的时钟脉冲，从启动信号 X0 闭合到产生 Y0 的延时时间为 18000×0.1=1800s=30min。使用 M8012 延时时间最大误差为 0.1s。要想改变延时时间，可以改变设定值，要想提高延时精度可以使用周期更短的时钟脉冲。

知识点击

4.3.3　脉冲输出指令（PLS/PLF），脉冲式触点指令（LDP/LDF/ANP/ANF/ORP/ORF）

1．脉冲输出指令（PLS/PLF）

脉冲输出指令如表 4-17 所示。

表 4-17　脉冲输出指令

符号、名称	功　能	电路表示	操作元件	程序步
PLS 上升沿脉冲输出指令	上升沿微分输出	X000 ─┤├─ [PLD M0]	Y，M	2

续表

符号、名称	功　能	电路表示	操作元件	程序步
PLF 下降沿脉冲输出指令	下降沿微分输出	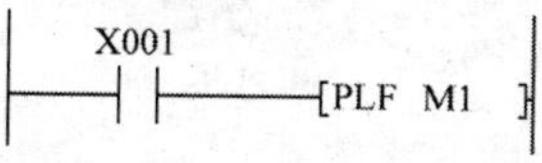	M	2

2. 脉冲式触点指令（LDP/LDF/ANP/ANF/ORP/ORF）

脉冲式触点指令如表 4-18 所示。

表 4-18　脉冲式触点指令

符号、名称	功　能	电路表示	操作元件	程序步
LDP 取上升沿脉冲	上升沿脉冲逻辑运算开始	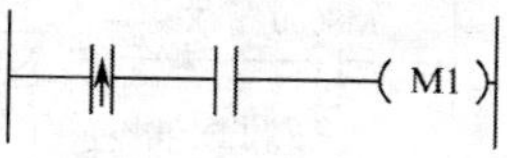	X、Y、M、S、T、C	2
LDF 取下降沿脉冲	下降沿脉冲逻辑运算开始	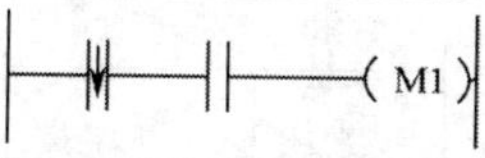	X、Y、M、S、T、C	2
ANP 与上升沿脉冲	上升沿脉冲串联连接	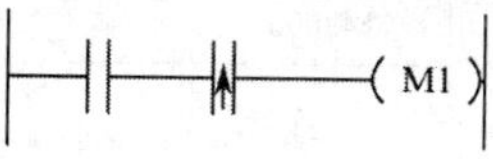	X、Y、M、S、T、C	2
ANF 与下降沿脉冲	下降沿脉冲串联连接	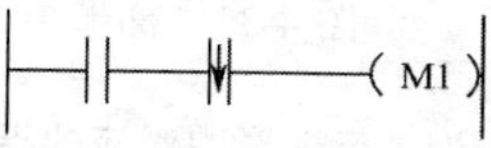	X、Y、M、S、T、C	2
ORP 或上升沿脉冲	上升沿脉冲并联连接	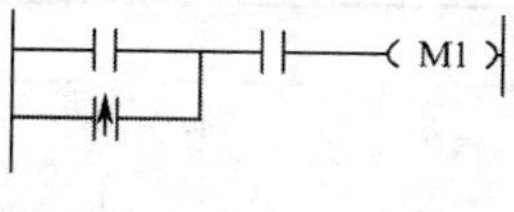	X、Y、M、S、T、C	2
ORF 或下降沿脉冲	下降沿脉冲并联连接	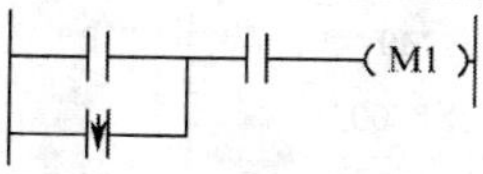	X、Y、M、S、T、C	2

用法示例

1. PLS、PLF 指令应用如图 4-30 所示。

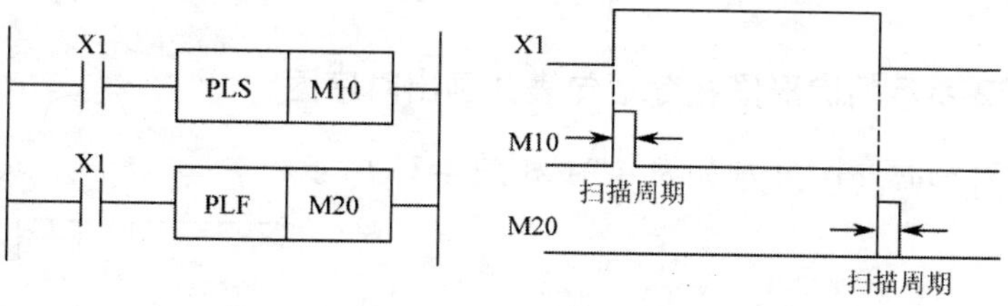

（a）梯形图　　（b）时序图

图 4-30　PLS、PLE 指令用法示例

指令表如表 4-19 所示。

表 4-19　与图 4-30 对应的指令表

步 序 号	指 令 语 句	
0	LD	X1
1	PLS	M10
3	LD	X1
4	PLF	M20

2．写出图 4-31 所示的梯形图的指令语句表。

解：图 4-31 所示的梯形图对应的指令语句如表 4-20 所示。

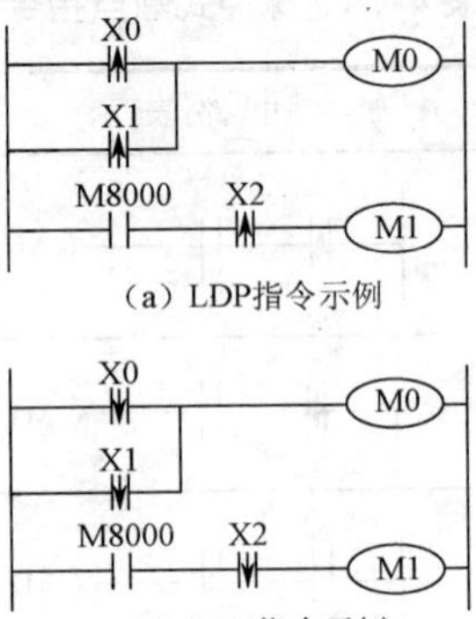

（a）LDP指令示例

（b）LDF指令示例

图 4-31　梯形图

表 4-20　与梯形图对应的指令语句表

LDP 指令示例			LDF 指令示例		
0	LDP	X0	0	LDF	X0
1	ORP	X1	1	ORF	X1
2	OUT	M0	2	OUT	M0
3	LD	X8000	3	LD	X8000
4	ANDP	X2	4	ANDF	X2
5	OUT	M1	5	OUT	M1

在图 4-32 中，X0、X1、X2 由 ON→OFF 变化时或由 OFF→ON 变化时，仅有一个扫描周期 M0 或 M1 接通。

3．写出图 4-32 所示的梯形图指令语句表并画出时序图。

解：指令语句表和时序图分别如表 4-21 和图 4-33 所示。

图 4-32　梯形图

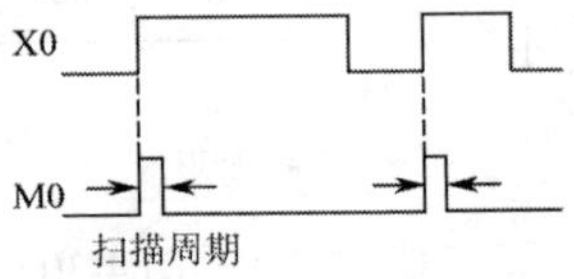

图 4-33　时序图

表 4-21　与梯形图对应的指令表

步 序 号	指 令 语 句	
0	LDP	X0
1	OUT	M0

此例中 X0 由 OFF→ON 变化时，M0 接通一个扫描周期。

4．使用注意事项

（1）PLS 指令在脉冲信号的上升沿时，其操作元件的线圈得电一个扫描周期，产生一个扫描周期的脉冲输出。

（2）PLF 指令在脉冲信号的下降沿时，其操作元件的线圈得电一个扫描周期，产生一个扫描周期的脉冲输出。

（3）LDP、ANDP、ORP 指令是进行上升沿检测的触点指令，仅在指定位软元件上升沿时（由 OFF→ON 变化时）接通一个扫描周期。

（4）LDF、ANDF、ORF 指令是进行下降沿检测的触点指令，仅在指定位软元件下降沿时（由 OFF→ON 变化时）接通一个扫描周期。

4.4　三相异步电动机正、反转循环计数

控制要求：按下正向启动按钮，正转 5s 后反转 3s，交替循环 3 次停止；按下反向启动按钮，反转 3s 后正转 5s，交替循环 3 次停止。按停止按钮可以随时停止电动机转动。

设计要求：用经验法设计出完成控制要求的 PLC I/O 接线图和梯形图，并写出指令表。

控制设计

1．控制分析

根据以上控制要求可知，按下正转按钮 SB1，正转接触器 KM1 得电，同时正转定时器 T0 开始计时。时间到将正转接触器 KM1 断开，将反转接触器 KM2 接通，同时反转定时器 T1 开始计时。时间到将反转接触器 KM2 断开，将正转接触器 KM1 接通，同时接通正转定时器 T0，C0 计 1。以此顺序循环，直到 C0 计 7。反向启动原理相同，只不过接通顺序相反。

2．PLC 外部接线图

三相异步电动机正、反转循环计数控制的 PLC 外部接线如图 4-34 所示。

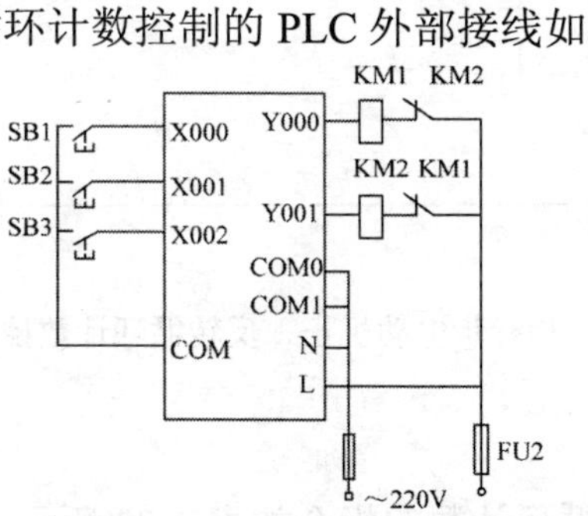

图 4-34　三相异步电动机正、反转循环计数控制的 PLC 外部接线图

3. I/O 分配表

三相异步电动机正、反转循环计数控制的输入/输出（I/O）分配如表 4-22 所示。

表 4-22 三相异步电动机正、反转循环计数控制的输入/输出（I/O）分配表

I/O	名 称	现 场 信 号	PLC 地址
输入	停止按钮	SB3	X2
	正转按钮	SB1	X0
	反转按钮	SB2	X1
输出	正转接触器	KM1	Y0
	反转接触器	KM2	Y1
定时器	正转定时器		T0（K500）
	反转定时器		T1（K300）
计数器			C0（K7 或 K6）

4. 梯形图

三相异步电动机正、反转循环计数控制的梯形图如图 4-35 所示。

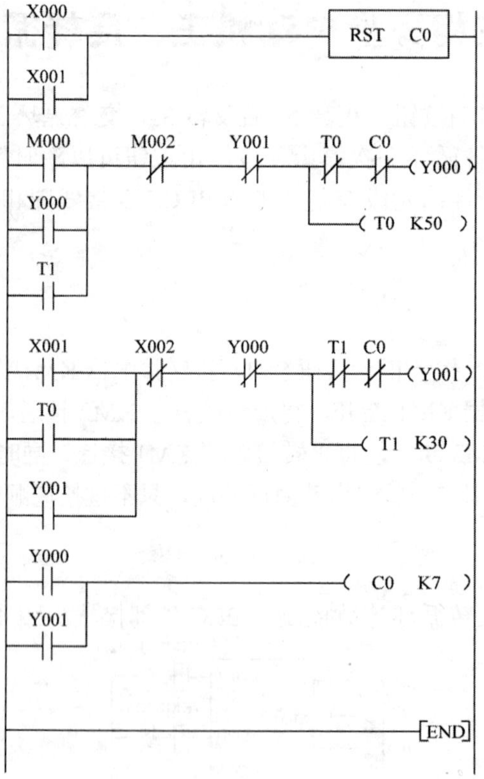

图 4-35 三相异步电动机正、反转循环计数控制的梯形图

5. 指令表

三相异步电动机正、反转循环计数的指令如表 4-23 所示。

表 4-23　三相异步电动机正反、转循环计数的指令表

步 序 号	指 令 语 句		
0	LD	X000	
1	OR	X001	
2	RST	C0	
4	LD	X000	
5	OR	Y000	
6	OR	T1	
7	ANI	X002	
8	ANI	Y001	
9	MPS		
10	ANI	T0	
11	ANI	C0	
12	OUT	Y000	
13	MPP		
14	OUT	T0	K50
17	LD	X001	
18	OR	T0	
19	OR	Y001	
20	ANI	X002	
21	ANI	Y000	
22	MPS		
23	ANI	T1	
24	ANI	C0	
25	OUT	Y001	
26	MPP		
27	OUT	T1	K30
30	OR	Y001	
31	OR	Y001	
32	OUT	C0	K7
35	END		

知识点击

4.4.1　经验法

经验法是用来设计继电器电路图的方法来设计比较简单的开关量控制系统的梯形图。

1．基本方法

经验法是在一些典型电路的基础上，根据控制系统的具体要求，经过多次反复地调试、修改和完善，最后才能得到一个较为满意的结果。用经验法设计时，可以参考一些基本电路的梯形图或以往的一些编程经验。

2．设计步骤

（1）在准确了解控制要求后，合理地为控制系统中的信号分配 I/O 接口，并画出 I/O 分配图。

（2）对于一些控制要求比较简单的输出信号，可直接写出它们的控制条件，依启保停电路的编程方法完成相应输出信号的编程；对于控制条件较复杂的输出信号，可借助辅助继电器来编程。

（3）对于较复杂的控制，要正确分析控制要求，确定各输出信号的关键控制点。在以空间位置为主的控制中，关键点为引起输出信号状态改变的位置点；在以时间为主的控制中，关键点为引起输出信号状态改变的时间点。

（4）确定了关键点后，用启保停电路的编程方法或基本电路的梯形图，画出各输出信号的梯形图。

（5）在完成关键点梯形图的基础上，针对系统的控制要求，画出其他输出信号的梯形图。

（6）在此基础上，审查以上梯形图，更正错误，补充遗漏的功能，进行最后的优化。

知识点击

4.4.2 计数器（C）的使用

计数器（C）使用 OUT 指令后，必须有常数设定值语句。此外，也可指定数据寄存器的地址号，以此地址号数据寄存器内的内容作为设定值。常数 K 的设定范围与定时器（T）相同，参照表 4-17。

用法示例

1. 计数器 C 的应用

计数器 C 应用的梯形图及时序图，如图 4-36 所示。

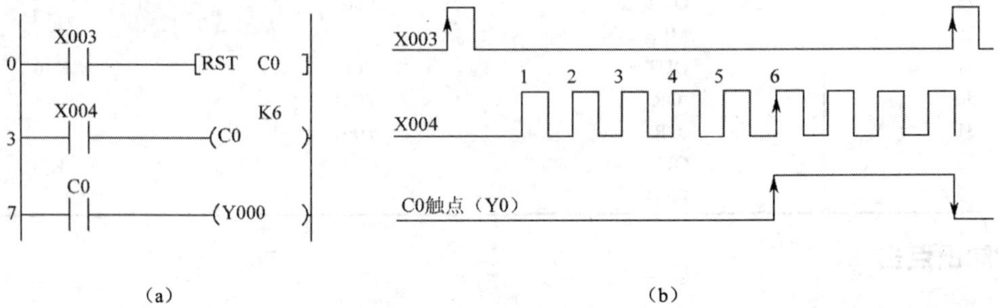

图 4-36 计数器 C 应用的梯形图及时序图

2. 使用注意事项

（1）计数器在计数过程中计的是每个脉冲的上升沿，因此在使用时要注意 K 值的设定。如本项目中对电机正、反转循环的次数，控制要求循环 3 次，如果想正、反转都能启动又用同一个计数器计数，看似应该计 6 次，但是由于计数是计脉冲的上升沿，这样会少半次循环，正向启动时就会少一次反转，反向启动时就会少计一次正转。因此，将计数 K 值设为 7 才能刚好完成 3 次完整的循环。

若想避免这种问题，可以设计两个计数器分别对正转和反转计数，让无论哪个计数器计数达到设定值都可以将正、反向接触器断开。

另外，也可以考虑用前面讲过的脉冲触点指令来计数。如正、反向仍用同一个计数器计数，采用取上升沿脉冲触点指令 LDP 作为计数信号时，K 值为 7；采用取下降沿脉冲触点指令 LDF 的信号来计数时，K 值为 6。

（2）使用计数器时一定要注意对计数器清零。最好的办法就是用启动按钮做计数器的复位指令输入，这样可确保计数器在程序开始时 K 值为 0。

知识点击

4.4.3　逻辑运算结果取反指令（INV）

该指令执行之前的运算结果取反，如表 4-24 所示。

表 4-24　逻辑运算结果取反指令表

符号、名称	功　能	电路表示	操作元件	程序步
INV 取反指令	逻辑运算 结果取反	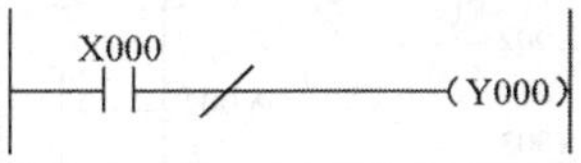 	无	1

用法示例

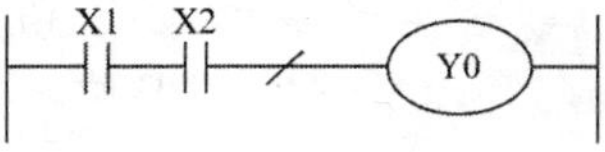

图 4-37　INV 指令用法示例

图 4-37 所示的梯形图指令语句表如表 4-25 所示。

图 4-38 中，X1 和 X2 同时 ON，Y0 为 OFF，X1 和 X2 只要有一个为 OFF，Y0 就为 ON。

表 4-25　取反指令应用指令表

步序号	指令语句	
0	LD	X0
1	AND	X2
2	INV	
3	OUT	Y0

4.5　两地控制的两台电动机顺序启动

控制要求

1．按下启动按钮，电动机 1 先启动 5s 后，电动机 2 才能启动；按下停止按钮，电动机同时停止。

2．电动机 1、2 均可实现 A、B 两地控制，且带有误动作保护。

设计要求

用经验法设计出完成控制要求的 PLC I/O 接线图和梯形图，并写出指令表。

控制设计

1．控制分析

启动：需在 A 点启动时，先合上 A 点启动保护开关 S1，再按下 A 点启动按钮 SB1，电动机 M1 的接触器 KM1 得电，电动机 1 启动，同时定时器 T0 开始计时。5s 后，T0 的常开触点闭合，电动机 M2 的 KM2 得电，电动机 2 启动。在 B 点启动原理与上述一致，不再赘述。

停车：需在 A 点停车时，需先断开 A 点停止保护开关 S3，再按下 A 点停止按钮 SB3，电动机 M1 的接触器 KM1 断电，电动机 M1 停车，同时定时器 T0 断电。T0 的常开触点断开，电动机 M2 停车。在 B 点停车的原理与上述一致，不再赘述。

2. PLC 外部接线图

两地控制的两台电动机顺序启动的 PLC 外部接线如图 4-38 所示。

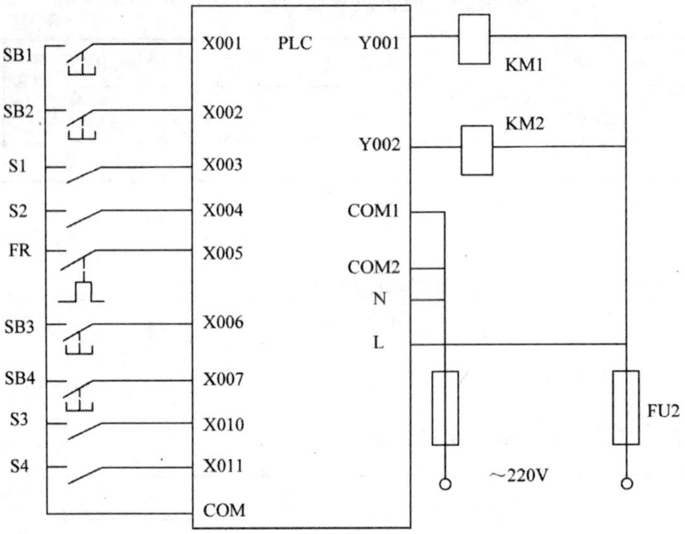

图 4-38 两地控制的两台电动机顺序启动控制的 PLC 外部接线

3. 输入/输出（I/O）分配表

两地控制的两台电动机顺序启动控制的输入/输出（I/O）分配如表 4-26 所示。

表 4-26 两地控制的两台电动机顺序启动控制的输入/输出（I/O）分配表

I/O	名 称	现 场 信 号	PLC 地址
输入	A 点启动按钮	SB1	X1
	B 点启动按钮	SB2	X2
	A 点启动保护开关	S1	X3
	B 点启动保护开关	S2	X4
	热继电器	FR	X5
	A 点停止按钮	SB3	X6
	B 点停止按钮	SB4	X7
	A 点停止保护开关	S3	X8
	B 点停止保护开关	S4	X10

续表

I/O	名　　称	现 场 信 号	PLC 地址
输出	电动机 M1 接触器	KM1	Y1
	电动机 M1 接触器	KM2	Y2
其他	定时器		T0（K500）

4．梯形图

两地控制的两台电动机顺序启动的控制梯形图如图 4-39 所示。

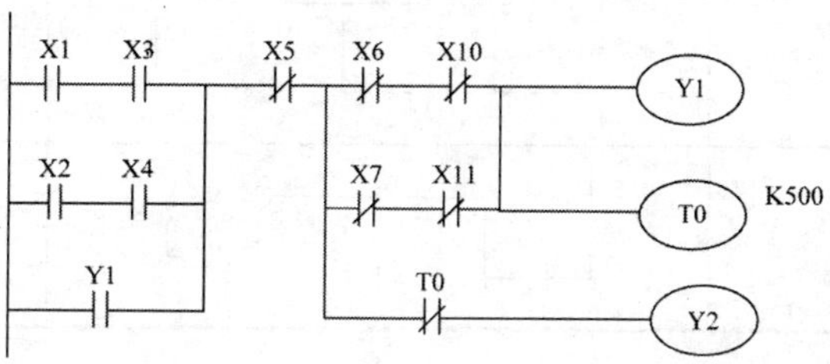

图 4-39　两地控制的两台电动机顺序启动控制的控制梯形图

5．指令表

两地控制的两台电动机顺序启动控制的指令如表 4-27 所示。

表 4-27　两地控制的两台电动机顺序启动控制的指令表

步 序 号	指 令 语 句		
0	LD	X001	
1	AND	X003	
2	LD	X002	
3	AND	X004	
4	ORB		
5	OR	Y001	
6	ANI	X005	
7	MPS		
8	LDI	X006	
9	ORI	X007	
10	ANB		
11	LDI	X010	
12	ORI	X011	
13	ANB		
14	OUT	Y001	
15	OUT	T0	K50
18	MPP		
19	AND	T0	
20	OUT	Y002	

知识点击

4.5.1 电路块连接指令（ORB/ANB）

电路块连接指令如表 4-28 所示。

表 4-28 电路块连接指令表

符号、名称	功能	电路表示	操作元件	程序号
ORB 电路块或	串联电路 的并联连接	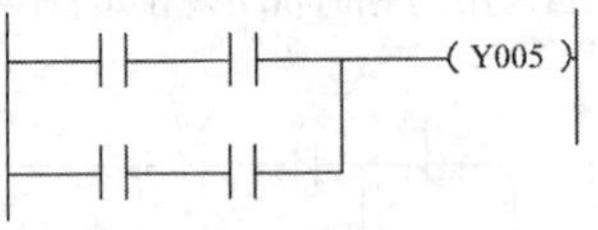	无	1
ANB 电路块与	并联电路 的串联连接	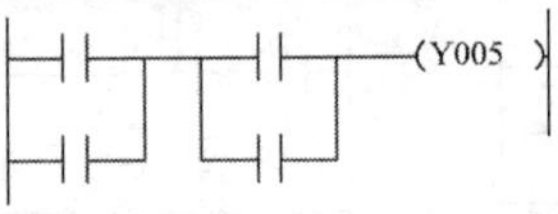	无	1

电路块的含义：所谓电路块，就是由几个触点按一定方式连接成的梯形图。由两个以上触点串联而成的电路块就是串联电路块；由两个以上触点并联而成的电路块就是并联电路块。触点的混联就形成了混联电路块。图 4-40 为各种电路块的梯形图表示。

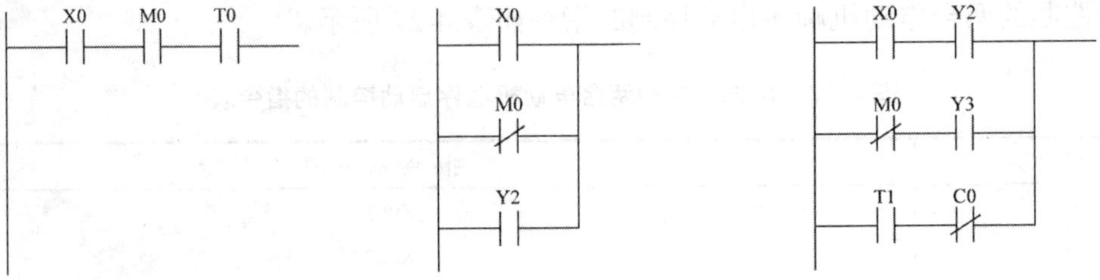

（a）串联电路块　（b）并联电路块　（c）混联电路块

图 4-40 各种电路块的梯形图

用法示例

1．写出图 4-41 所示的梯形图指令语句表。

解：图 4-41 所示的梯形图指令语句，如表 4-29 所示。

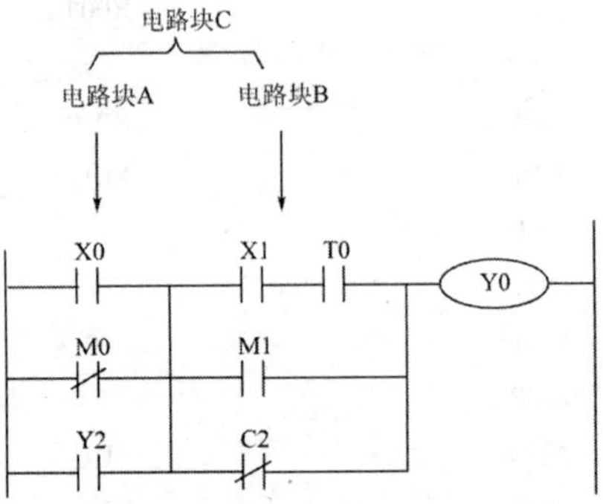

图 4-41 梯形图

表 4-29　指令表

0	LD	X0	电路块A
1	ORI	M0	
2	OR	M2	
3	LD	X1	电路块B
4	AND	T0	
5	OR	M1	
6	ORI	M2	
7	ANB		← 电路块A与B串联成较大的电路块C
8	OUT	Y0	

2．写出图 4-42 所示的梯形图指令语句表。

图 4-42 所示的梯形图指令语句如表 4-30 所示。

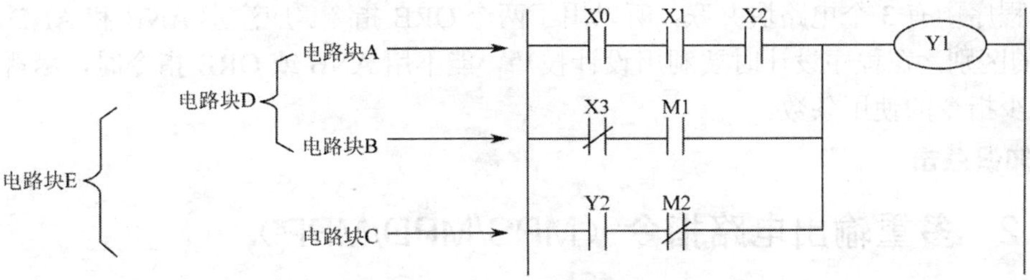

图 4-42　梯形图

表 4-30　指令表

0	LD	X0	电路块A
1	AND	X1	
2	AND	X2	
3	LDI	X3	电路块B
4	AND	M1	
5	ORB		← 电路块A与B并联成较大的电路块D
6	LD	Y2	电路块C
7	ANI	M2	
8	ORB		← 电路块C与D并联成较大的电路块E
9	OUT	Y1	

3．使用注意事项

（1）上两例中均采用写完两个电路块相应指令后使用 ANB 或 ORB 指令，这种编程方法，ANB 和 ORB 指令的使用次数不受限制，并且程序容易理解。

（2）用 ANB 和 ORB 指令编程时，也可采用 ANB 和 ORB 连续使用的方法，即先按顺序将所有的电路块的指令写完，然后连续写 ANB 或 ORB 指令。如果有 n 个电路块，其次数应

为 n-1 次。采用这种方法编程，ANB 或 ORB 指令的使用次数不能超过 8 次。

如表 4-30 所示的指令语句表也可写成语句表如表 4-31 所示的形式。

表 4-31　指令表

步　序　号	指　令　语　句	
0	LD	X0
1	AND	X1
2	AND	X2
3	LDI	X3
4	AND	M1
5	LD	Y2
6	ANI	M2
7	ORB	
8	ORB	
9	OUT	Y1

这个程序中有 3 个电路块并联，所以用了两个 ORB 指令。应注意 ANB 和 AND、ORB 和 OR 之间的区别，在程序设计时要利用设计技巧，能不用 ANB 或 ORB 指令时，尽量不用，这样可以减少指令的使用条数。

知识点击

4.5.2　多重输出电路指令（MPS/MPD/MPP）

在 PLC 中有 11 个存储器，它们用来存储运算的中间结果，这些存储器被称为栈寄存器。MPS、MRD、MPP 指令分别为进栈、读栈和出栈指令，如表 4-32 所示。

表 4-32　多重输出电路指令表

符号、名称	功　能	电　路　表　示	操　作　元　件	程　序　步
MPS 进栈	进栈	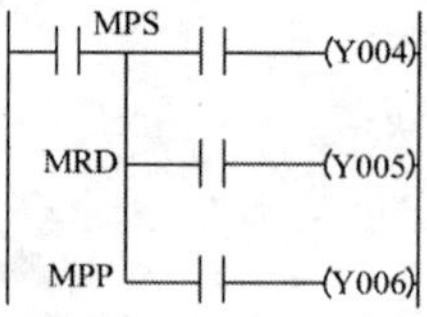	无	1
MRD 读栈	读栈		无	1
MPP 出栈	出栈		无	1

用法示例

1．只使用一层堆栈梯形图与指令表转换。梯形图如图 4-43 所示。

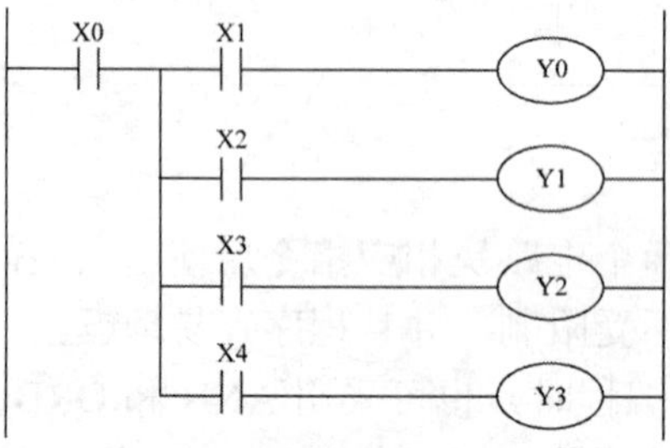

图 4-43　梯形图

解：指令语句表如表 4-33 所示。

表 4-33　指令表

步 序 号	指 令 语 句	
1	LD	X0
2	MPS	
3	AND	X1
4	OUT	Y0
5	MRD	
6	AND	X2
7	OUT	Y1
8	MRD	
9	AND	X3
10	OUT	Y2
11	MPP	
12	AND	X4
13	OUT	Y3

2．写出图 4-44 所示的梯形图的指令语句表。

解：图 4-44 所示的梯形图指令语句如表 4-34 所示。

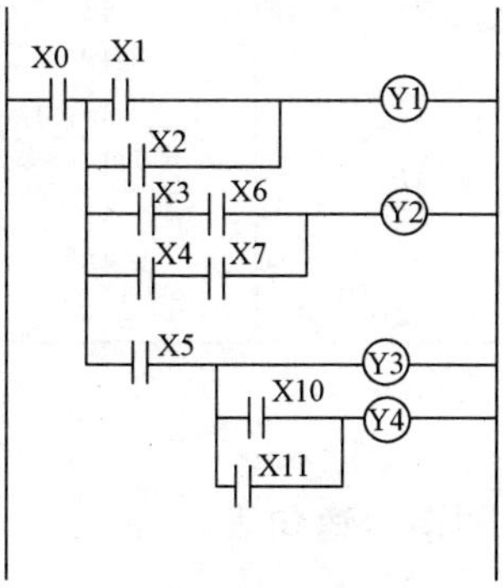

图 4-44　梯形图

表 4-34　指令表

步 序 号	指 令 语 句		步 序 号	指 令 语 句	
0	LD	X0	11	ORB	
1	MPS		12	ANB	
2	LD	X1	13	OUT	Y2
3	OR	X2	14	MPP	
4	ANB		15	AND	X5
5	OUT	Y1	16	OUT	Y3
6	MRD		17	LD	X10
7	LD	X3	18	OR	X11
8	AND	X6	19	ANB	
9	LD	X4	20	OUT	Y4
10	AND	X7			

本例使用了一层堆栈，并用了 ANB、ORB 指令。

3．写出图 4-45 所示的梯形图的指令语句表。

解：图 4-45 所示的梯形图指令语句如表 4-35 所示。

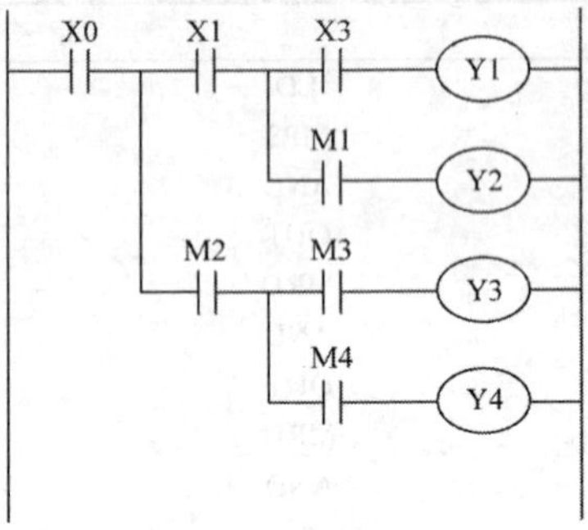

图 4-45　梯形图

表 4-35　指令表

步　序　号	指　令　语　句		步　序　号	指　令　语　句	
0	LD	X0	9	MPP	
1	MPS		10	AND	M2
2	AND	X1	11	MPS	
3	MPS		12	AND	M3
4	AND	X2	13	OUT	Y3
5	OUT	Y1	14	MPP	
6	MPP		15	AND	M4
7	AND	M1	16	OUT	Y4
8	OUT	Y2			

本例为二层堆栈编程实例。

4．写出图 4-46 所示的梯形图的指令语句表。

解：图 4-46 所示的梯形图的指令语句如表 4-36 所示。

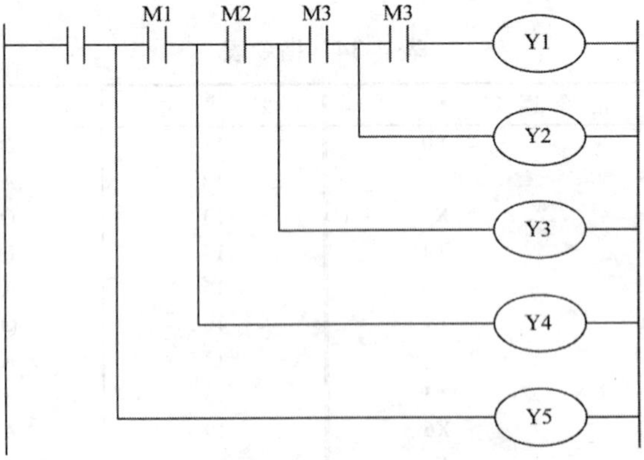

图 4-46　梯形图

表 4-36　指令表

步序号	指令语句		步序号	指令语句	
0	LD	M0	9	OUT	Y1
1	MPS		10	MPP	
2	AND	M1	11	OUT	Y2
3	MPS		12	MPP	
4	AND	M2	13	OUT	Y3
5	MPS		14	MPP	
6	AND	M3	15	OUT	Y4
7	MPS		16	MPP	
8	AND	M4	17	OUT	Y5

本例为四层堆栈实例。

5．使用注意事项

（1）使用一次 MPS 指令将此时刻的运算结果送入栈存储器的第一单元，再使用 MPS 指令，将此时刻的运算结果送入栈存储器的第一单元，而原栈存储器的数据依次下移一单元。

（2）MRD 指令读出第一单元所存的最新数据，栈存储器内的数据不发生移动。

（3）MPP 指令将栈存储器第一单元的数据读出，同时该数据消失，栈存储器内的数据依次上移一单元。图 4-47 为栈存储器示意图。

（4）MPS 和 MPP 指令必须成对使用。

（5）MPS 指令的使用次数不能超过 11 次。

（6）MPS、MRD、MPP 指令后如果有其他触点串联要用 AND 或 ANI 指令；若有电路块串联，要用 ANB 指令；若直接与线圈相连，应该用 OUT 指令。

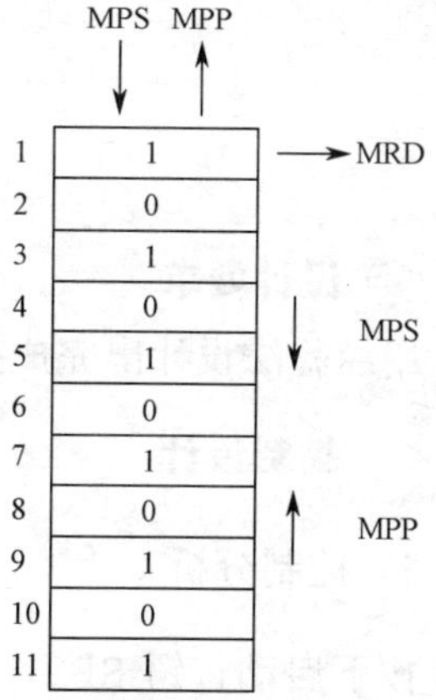

图 4-47　栈存储器

4.6　用经验法设计三相异步电动机自动往复循环的 PLC 控制电路

控制要求

根据图 4-48 所示，用经验设计法设计 PLC 控制电路。

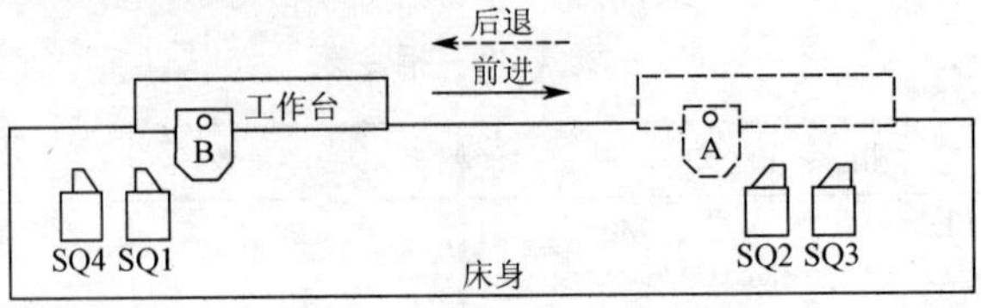

（a）机床工作台自动往复运动示意图

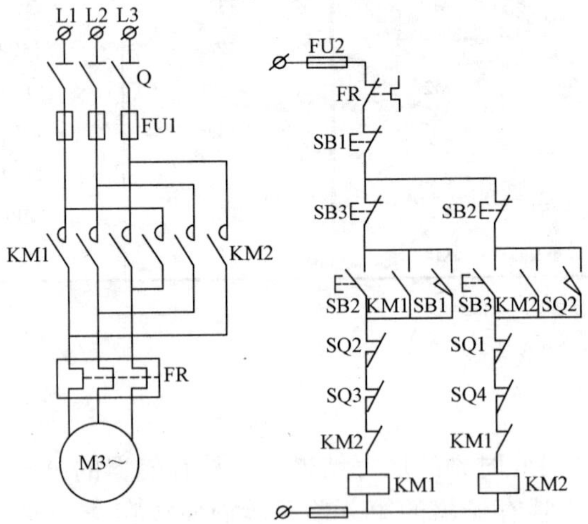

（b）自动往复循环控制电路

图 4-48　自动往复循环控制

设计要求

用经验法设计出完成控制要求的 PLC I/O 接线图和梯形图，并写出指令表。

控制设计

1．控制分析

按下启动按钮 SB2，电动机正向启动接触器 KM1 闭合，电动机正转，工作台前进，前进到 SQ2 处，SQ2 的常闭触点将正转电路断开，将电动机反转接触器 KM2 接通，电动机反转，工作台后退。后退到 SQ1 处，SQ1 的常闭触点将反转电路断开，同时接通正转电路，工作台前进，重复上述过程。SQ3 和 SQ4 分别是工作台前进后后退的保护行程开关，但 SQ1 和 SQ2 失灵时起到切断电路，停止电动机的作用。需注意的是，电路设计中应考虑到工作台试车，应使工作台能单独前进、后退和停止，也就是电动机既能够正向启动也能反向启动且停车。

2．PLC 外部接线图

三相异步电动机自动往复循环控制的 PLC 外部接线如图 4-49 所示。

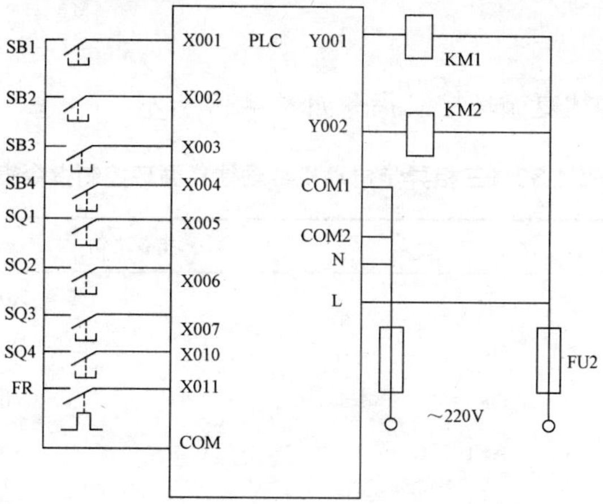

图 4-49　三相异步电动机自动往复循环控制的 PLC 外部接线图

3．三相异步电动机自动往复循环控制的输入/输出（I/O）分配

三相异步电动机自动往复循环控制的输入/输出（I/O）分配如表 4-37 所示。

表 4-37　三相异步电动机自动往复循环控制的输入/输出（I/O）分配表

I/O	名　称	现 场 信 号	PLC 地址
输入	正向启动按钮	SB1	X1
	反向启动按钮	SB2	X2
	正向停止按钮	SB3	X3
	反向停止按钮	SB4	X4
	正向行程开关	SQ1	X5
	反向行程开关	SQ2	X6
	正向保护行程开关	SQ3	X7
	反向保护行程开关	SQ4	X10
	热继电器	FR	X11
输出	正转接触器	KM1	Y1
	反转接触器	KM2	Y2

4．梯形图

三相异步电动机自动往复循环控制的梯形图如图 4-50 所示。

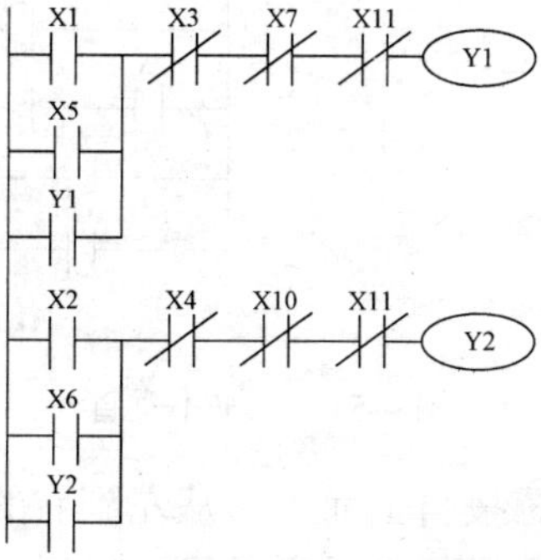

图 4-50　三相异步电动机自动往复循环控制梯形图

5. 指令表

三相异步电动机自动往复循环控制指令如表 4-38 所示。

表 4-38 三相异步电动机自动往复循环控制指令表

程序步	指令语句	
0	LD	X001
1	OR	X005
2	OR	Y001
3	ANI	X003
4	ANI	X007
5	ANI	X011
6	OUT	Y001
7	LD	X002
8	OR	X006
9	ORI	Y002
10	ANI	X004
11	ANI	X010
12	ANI	X011
13	OUT	Y002

知识点击

4.6.1 可编程控制器编程的基本原则

可编程控制器编程的基本原则如下。

（1）水平不垂直。梯形图中，不允许一个触点上有双向“电流”通过。如图 4-51（a）所示，触点 X002 上有双向“电流”通过，该梯形图不能编程，这是不允许的。对于这样的梯形图，应根据其逻辑功能做适当的等效变换，如图 4-51（b）所示。

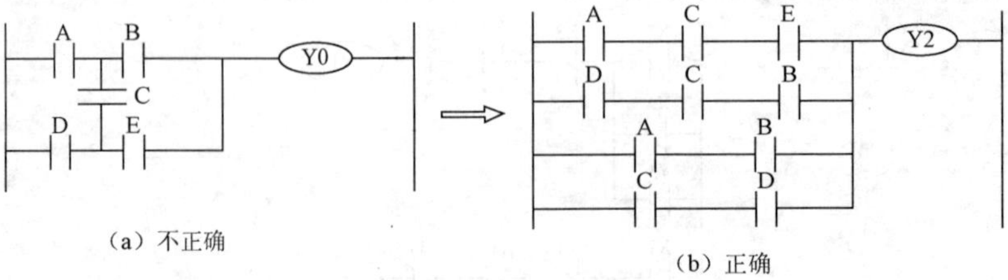

图 4-51 水平不垂直

（2）线圈右边无接点。梯形图按自上而下、从左到右的顺序排列。每个继电器线圈为一个逻辑行，即一层阶梯。每一个逻辑行起于左母线，然后是触点的连接，最后终止于继电器线圈或右母线。绘制梯形图时应注意的是：线圈与右母线之间没有任何触点，而线圈与左母线之间必须要有触点，如图 4-52 所示。

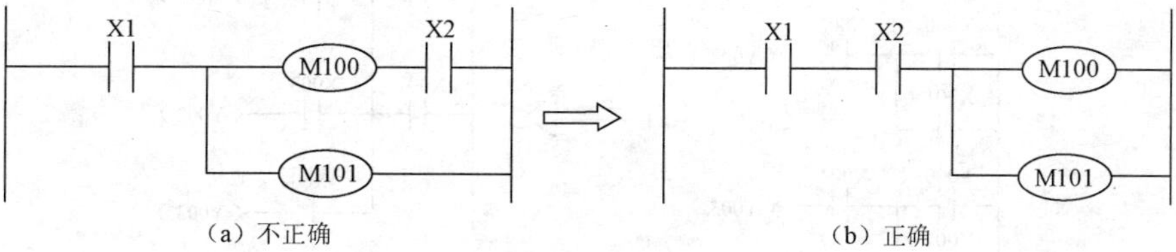

图 4-52　线圈右边无接点

（3）左大右小，上大下小。有串联电路并联时，应将接点最多的那个串联回路放在梯形图最上面。有并联电路相串联时，应将接点最多的并联回路放在梯形图的最左边，如图 4-53 所示。

（4）双线圈输出不可用。如果在同一程序中同一元件的线圈使用两次或多次，则称为双线圈输出。如图 4-54 所示，这时前面的输出无效，只有最后一次才有效，一般不应出现双线圈输出。

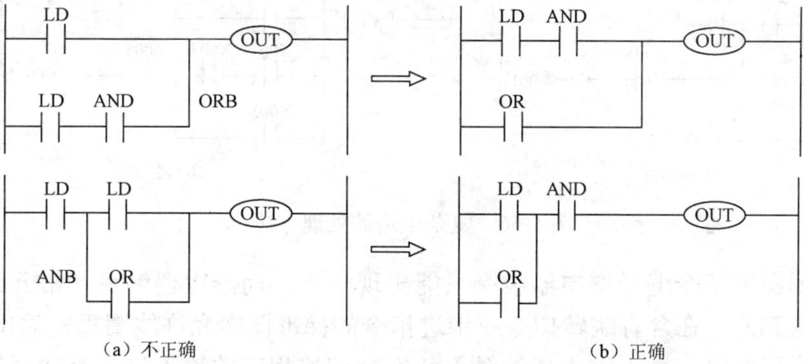

图 4-53　串并联电路的连接

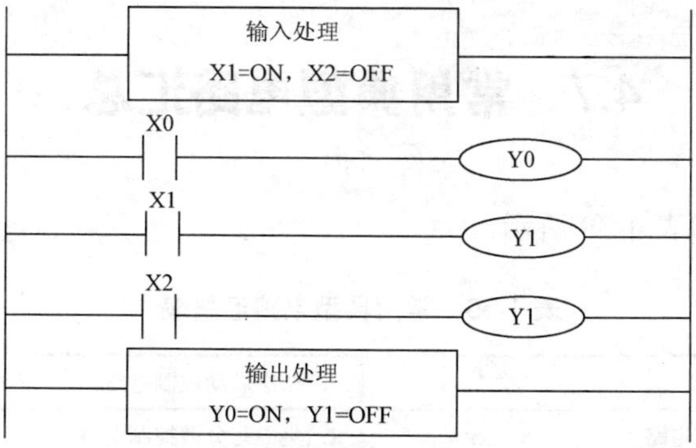

图 4-54　错误的双线圈输出

（5）梯形图中，当多个逻辑行都具有相同条件时，为了节省语句数量，常将这些逻辑行合并。如图 4-55（a）所示，并联触点 X000、X001 是各个逻辑行所共有的相同条件。可合并成图 4-55（b）所示的梯形图，可以利用主控指令或分支指令来编程。

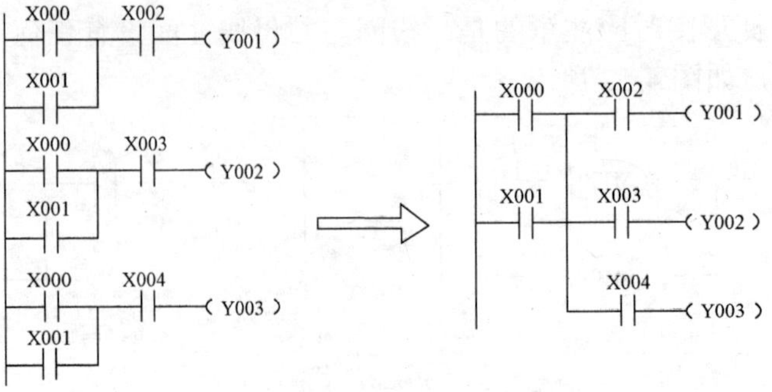

（a）不合理　　（b）合理

图 4-55　语句的合并

（6）如果电路结构复杂，用 ANB、ORB 等指令难以处理时，可以先重复使用一些触点改成等效电路，再进行编程，如图 4-56 所示。

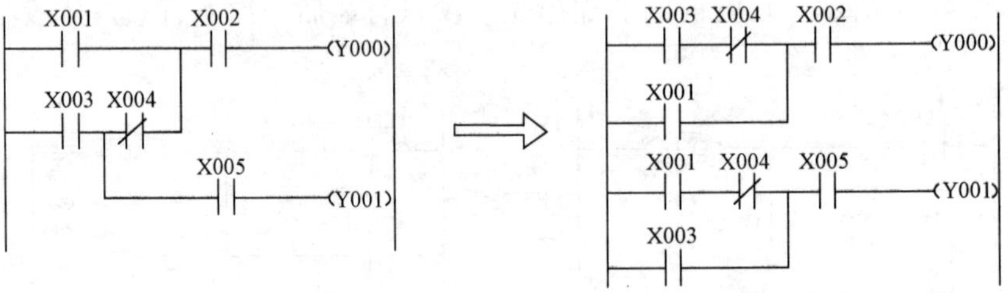

（a）不合理　　（b）合理

图 4-56　复杂电路的处理方法

（7）在梯形图中某个编号继电器线圈只能出现一次，而继电器触点（常开或常闭）可无限次引用。有些 PLC，在含有跳转指令或步进指令的梯形图中允许线圈重复输出。

（8）设计梯形图时，输入继电器的触点状态全部按相应的输入设备为常开进行设计更为合适，不易出错。

4.7　常用典型电路汇总

常用典型基本电路如表 4-39 所示。

表 4-39　常用典型电路汇总表

1．启动、保持和停止电路	7．顺序启动控制电路
2．三相异步电动机正、反转控制电路	8．集中与分散控制电路
3．常闭触点输入信号的处理	9．自动与手动控制电路
4．多继电器线圈控制电路	10．闪烁电路
5．两地控制电路	11．延时闭合延时分断电路
6．互锁控制电路	12．定时范围扩展电路

1．启动、保持和停止电路

实现 Y10 的启动、保持和停止的四种梯形图，如图 4-57 所示。这些梯形图均能实现启动、保持和停止的功能。X0 为启动信号，X1 为停止信号。图 4-57（a）与图 4-57（c）是利用 Y10 常开触点实现自锁保持，而图 4-57（b）与图 4-57（d）是利用 SET、RST 指令实现自锁保持。

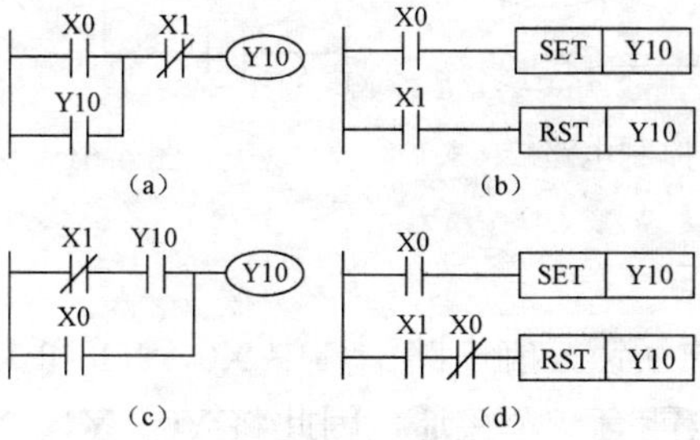

图 4-57　启动、保持和停止电路

2．三相异步电动机正反转控制电路

如图 4-58 所示，电动机正向启动按钮 X0，反向启动按钮 X1，正向启动对应 Y0 接通，反向启动对应 Y1 接通，由于是电动机的正、反向控制，为避免相间短路，要在硬件连接和程序控制中同时加入互锁设计。X2 为停止按钮。

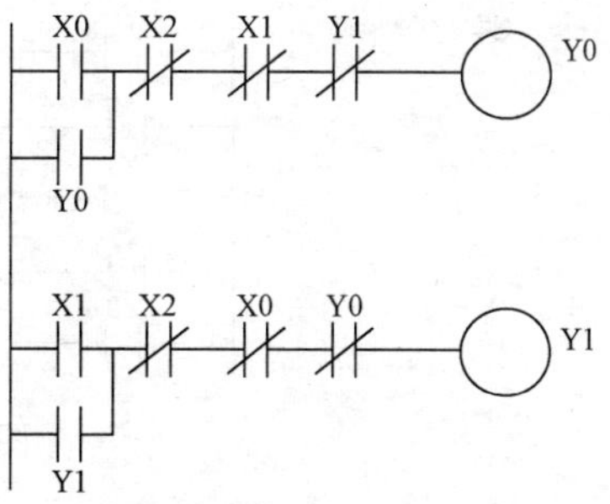

图 4-58　三相异步电动机正、反转控制电路

3．常闭触点输入信号的处理

如果输入信号只能由常开触点提供，梯形图中的触点类型与继电器电路的触点类型完全一致。如果接入 PLC 的是输入信号的常闭触点，这时在梯形图中所用的 X1 的触点的类型与 PLC 外接 SB2 的常开触点时刚好相反，与继电器电路图中的习惯也是相反的。建议尽可能采用常开触点作为 PLC 的输入信号，如图 4-59 所示。

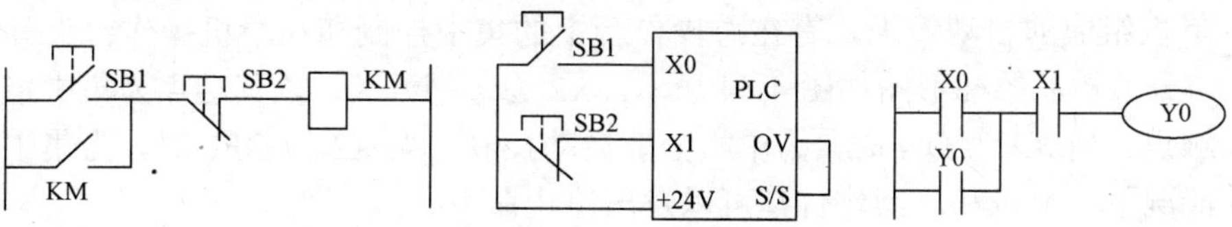

图 4-59　常闭触点输入信号的处理

4．多继电器线圈控制电路

图 4-60 是可以自锁的同时控制 4 个继电器线圈的电路图。其中，X0 是启动按钮、X1 是停止按钮。

5．两地控制电路

图 4-61 是两个地方控制一个继电器线圈的程序。其中 X0 和 X1 是一个地方的启动和停止

控制按钮，X2 和 X3 是另一个地方的启动和停止控制按钮。

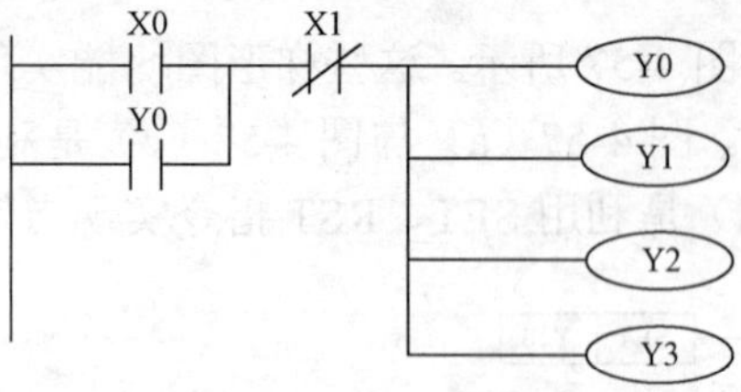

图 4-60　多继电器线圈控制电路

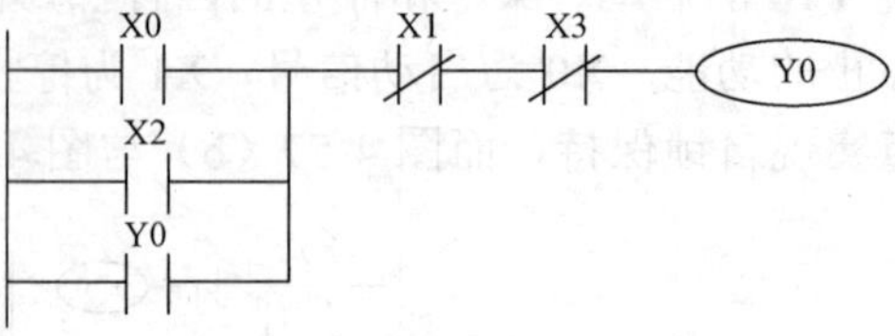

图 4-61　两地控制电路

6．互锁控制电路

图 4-62 是 3 个输出线圈的互锁控制电路。其中 X0、X1 和 X2 是启动按钮，X3 是停止按钮。由于 Y0、Y1、Y2 每次只能有一个接通，因此将 Y0、Y1、Y2 的常闭触点分别串联到其他两个线圈的控制电路中。

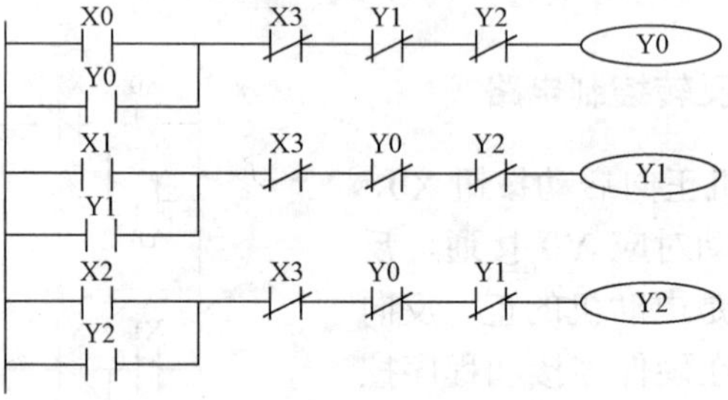

图 4-62　互锁控制电路

7．顺序启动控制电路（见图 4-63）

只有 Y0 接通才允许 Y1 接通，Y0 关断后 Y1 也被关断停止，而且 Y0 接通条件下，Y1 可以自行接通和停止。X0、X2 为启动按钮，X1、X3 为停止按钮。

8．集中与分散控制电路

在多台单机组成的自动线上，有在总操作台上的集中控制和在单机操作台上分散控制的联锁。集中与分散控制的梯形图如图 4-64 所示。X2 为选择开关，以其触点为集中控制与分散控制的联锁触点。当 X2 为 ON 时，为单机分散启动控制；当 X2 为 OFF 时，为集中总启动控制。在两种情况下，单机和总操作台都可以发出停止命令。

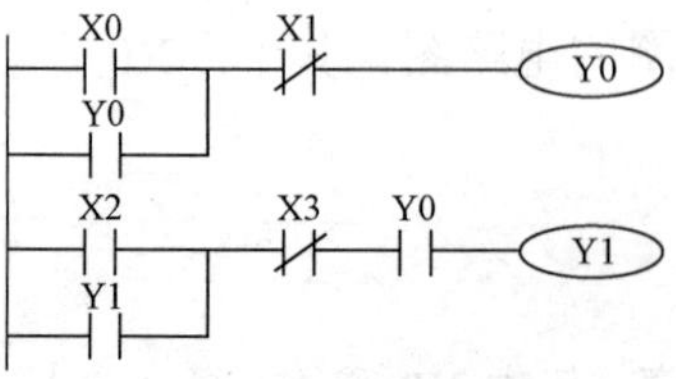

图 4-63　顺序启动控制电路

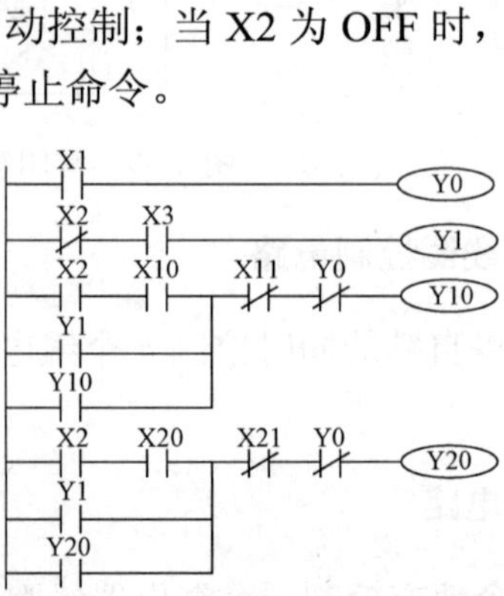

图 4-64　集中与分散控制电路

9．自动与手动控制电路

在自动与半自动工作设备中，有自动控制与手动控制的联锁，如图 4-65 所示。输入信号 X1 是选择开关，选其触点为联锁型号。当 X1 为 ON 时，执行主控指令，系统运行自动控制程序，自动控制有效，同时系统执行功能指令 CJ P63（功能指令将在后面章节中进行介绍），直接跳过手动控制程序，手动调整控制无效。当 X1 为 OFF 时，主控指令不执行，自动控制无效，跳转指令也不执行，手动控制有效。

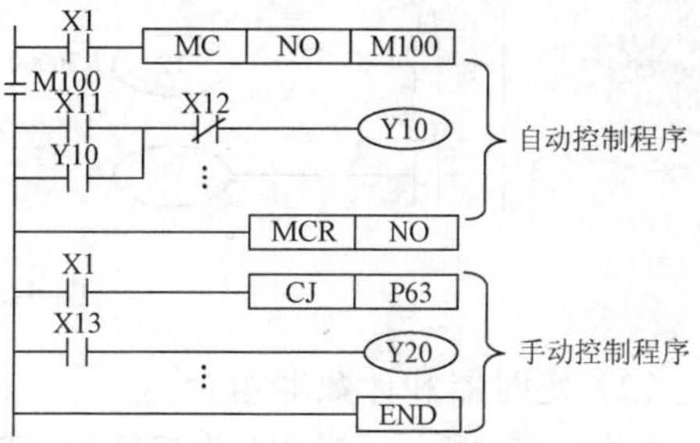

图 4-65　自动与手动控制电路

10．闪烁电路

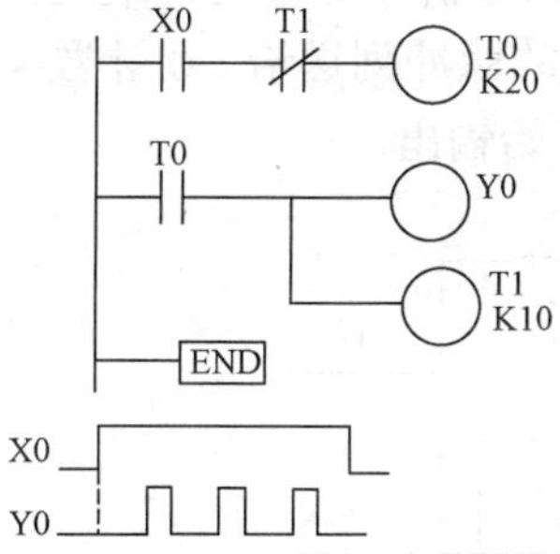

图 4-66　闪烁电路

如图 4-66 所示，当拨动开关将 X0 接通，启动脉冲发生器。延时 2s 后 Y0 接通，再延时 1s 后 Y0 断开。这一过程周期性地重复。Y0 输出一系列脉冲信号，其周期为 3s，脉宽为 1s。

11．延时闭合延时分断电路

如图 4-67 所示，用 X0 控制 Y0，当 X0 的常开触点接通后，T0 开始定时，10s 后 T0 的常开触点接通，使 Y0 变为 ON。X0 为 ON 时其常闭触点断开，使 T1 复位，X0 变为 OFF 后 T1 开始定时，5s 后 T1 的常闭触点断开，使 Y0 变为 OFF，T1 也被复位。Y0 用启动、保持、停止电路来控制。

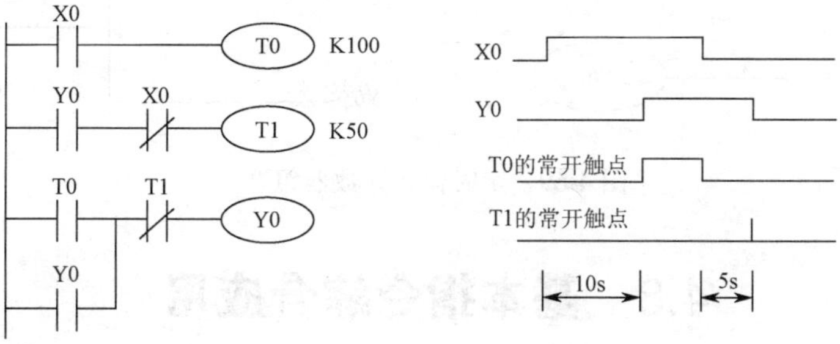

图 4-67　延时闭合延时分断电路

12．定时范围扩展电路

FX2N 系列 PLC 定时器的最长定时时间为 3276.7s，如果需要更长的定时时间，可以采用以下方法以获得较长延时时间。

（1）多个定时器组合电路

如图 4-68 所示，当 X0 接通，T0 线圈得电并开始延时，延时到 T0 常开触点闭合，又使 T1 线圈得电，并开始延时，当定时器 T1 延时到，其常开触点闭合，再使 T2 线圈得电，并开始延时，当定时器 T2 延时到，其常开触点闭合，才使 Y0 接通。因此，从 X0 为 ON 开始到 Y0 接通共延时 9000s。

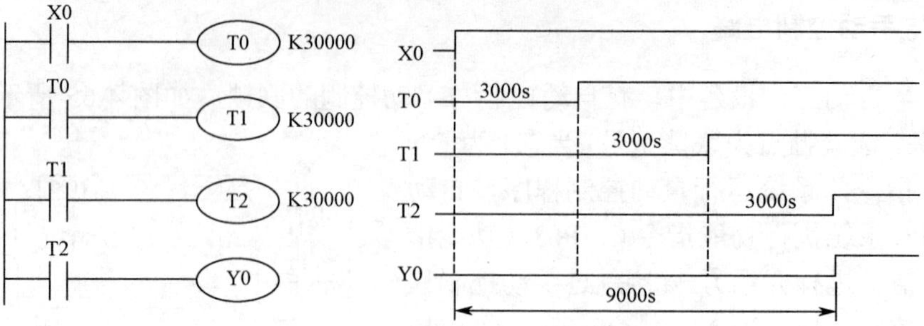

图 4-68　定时范围扩展电路

（2）定时器和计数器组合

如图 4-69 所示，当 X1 为 ON 时，T1 开始定时，0.6s 后 T1 定时时间到，其常闭触点断开，使它自己复位，复位后 T1 的当前值变为 0，同时它的常闭触点接通，使它自己的线圈重新通电，又开始定时。T1 将这样周而复始地工作，直至 X1 变为 OFF。从分析中可看出，最上面一行电路是一个脉冲信号发生器，脉冲周期等于 T1 的设定值。产生的脉冲列送给 C0 计数，计满 3 个数后，C0 的当前值等于设定值，它的常开触点闭合，Y0 开始输出。

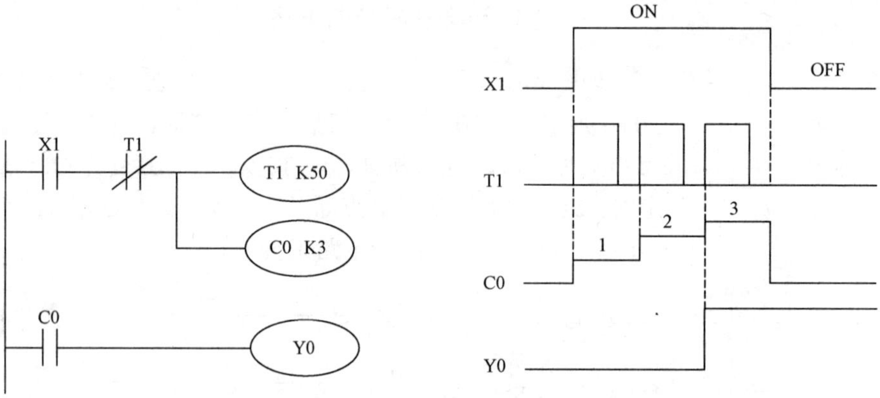

图 4-69　定时器和计数器组合

4.8　基本指令综合应用

4.8.1　三相异步电动机正、反转循环的 PLC 控制电路

控制要求

用 PLC 的基本逻辑指令来完成控制，要求电动机正转 3s，停止 2s，反转 3s，停止 2s，再开始正转。循环 5 次停车。

设计要求

用经验法设计出完成控制要求的 PLC 的 I/O 接线图和梯形图，并写出指令表。

控制设计

1．控制分析

按下启动按钮 SB1，电动机正转接触器 KM1 接通，电动机正转，同时，正转定时器 T0 开始计时。3s 后，T0 的常闭触点将 KM1 断开电动机停止，同时，正转停止定时器 T1 开始计时。2s 后将反转接触器 KM2 接通，电动机反转，同时反转定时器 T2 开始计时，计时 3s 后，其常闭触点将 KM2 断开，电动机停止，同时反转定时器 T3 开始计时，2s 后重新开始循环。

为了简化定时器的接通电路，让 4 个定时器同时接通，这样时间上就需累加前一个定时器的时间，即定时时间分别变为 3s、5s、8s 和 10s。

2．I/O 接线图

三相异步电动机正、反转循环控制的 PLC 接线如图 4-70 所示。

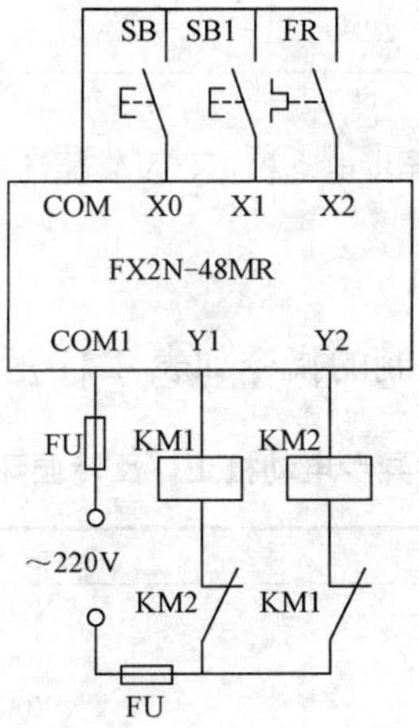

图 4-70　三相异步电动机正、反转循环控制的 PLC 接线图

3．输入/输出（I/O）分配表

三相异步电动机正、反转循环控制的输入/输出（I/O）分配如表 4-40 所示。

表 4-40　三相异步电动机正、反转循环控制的输入/输出（I/O）分配表。

I/O	名　称	现 场 信 号	PLC 地址
输入	停止按钮	SB	X0
	启动按钮	SB1	X1
	热继电器	FR	X2
输出	正转接触器	KM1	Y1
	反转接触器	KM2	Y2

4．梯形图设计方案

三相异步电动机正、反转循环控制的梯形图如图 4-71 所示。

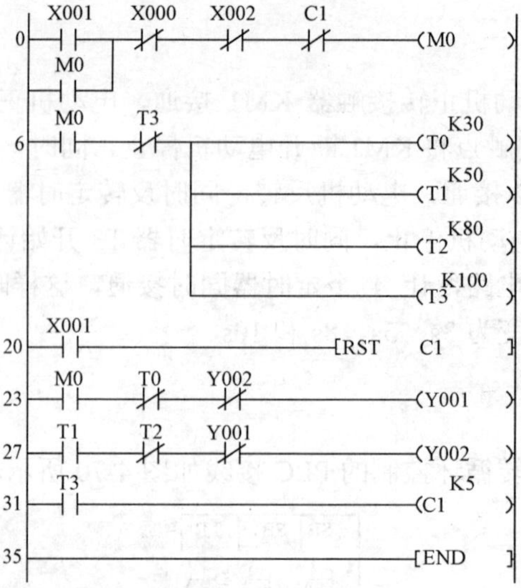

图 4-71 三相异步电动机正、反转循环控制的梯形图

5. 指令表

三相异步电动机正、反转循环控制的指令如表 4-41 所示。

表 4-41 三相异步电动机正、反转循环控制指令表

步 序 号	指 令 语 句		
0	LD	X001	
1	OR	M0	
2	ANI	X000	
3	ANI	X002	
4	ANI	C1	
5	OUT	M0	
6	LD	M0	
7	ANI	T3	
8	OUT	T0	K30
11	OUT	T1	K50
14	OUT	T2	K80
17	OUT	T3	K100
20	LDP	X001	
22	RST	C1	
24	LD	M0	
25	ANI	T0	
26	ANI	Y002	
27	OUT	Y001	
28	LD	T1	
29	ANI	T2	
30	ANI	Y001	
31	OUT	Y002	
32	LD	T3	
33	OUT	C1	K5
36	END		

4.8.2　数码管循环点亮的 PLC 控制

☞控制要求

设计一个用 PLC 基本逻辑指令来控制数码管循环显示数字 0、1、2、…、9 的控制系统。

（1）程序开始后显示 0，延时 1s，显示 1，延时 1s，显示 2，…、显示 9，延时 1s，再显示 0，如此循环不止。

（2）按停止按钮时，程序无条件停止运行。

（3）需要连接数码管（数码管选用共阴极）。

☞设计要求

用经验法设计出完成控制要求的 PLC 的 I/O 接线图和梯形图，并写出指令表。

☞控制设计

1．控制分析

数字与输出点对应的关系如图 4-72 所示。

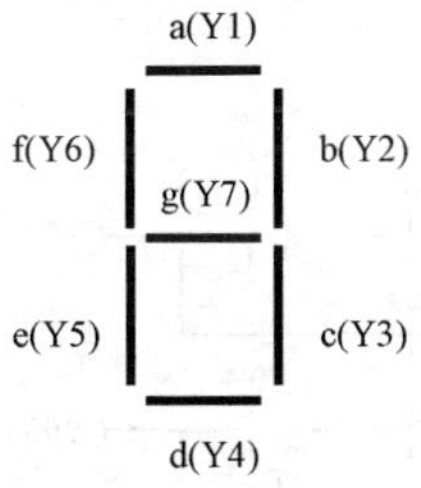

（a）数码管

	0	1	2	3	4	5	6	7	8	9
a	1	0	1	1	0	1	0	1	1	1
b	1	1	1	1	1	0	0	1	1	1
c	1	1	0	1	1	1	1	1	1	1
d	1	0	1	1	0	1	1	0	1	0
e	1	0	1	0	0	0	1	0	1	0
f	1	0	0	0	1	1	1	0	1	1
g	0	0	1	1	1	1	1	0	1	1

（b）数字与输出点的对应关系

图 4-72　数字与输出点的对应关系

2．PLC 接线图

数码管循环点亮系统 PLC 接线图如图 4-73 所示。

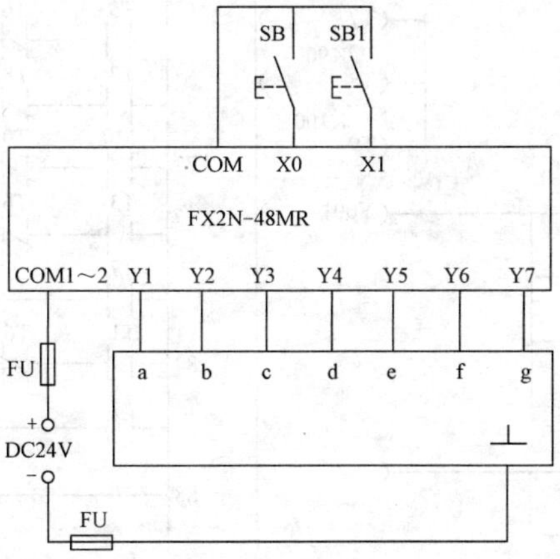

图 4-73　数码管循环点亮系统 PLC 接线图

3. I/O 分配表

数码管循环点亮系统的I/O 分配如表 4-42 所示。

表 4-42 数码管循环点亮系统的 I/O 分配表

I/O	名　称	现 场 信 号	PLC 地址
输入	停止按钮	SB	X0
	启动按钮	SB1	X1
输出	A		Y1
	B		Y2
	C		Y3
	D		Y4
	E		Y5
	F		Y6
	G		Y7

4. 梯形图方案设计

数码管循环点亮系统的梯形图如图 4-74 所示。

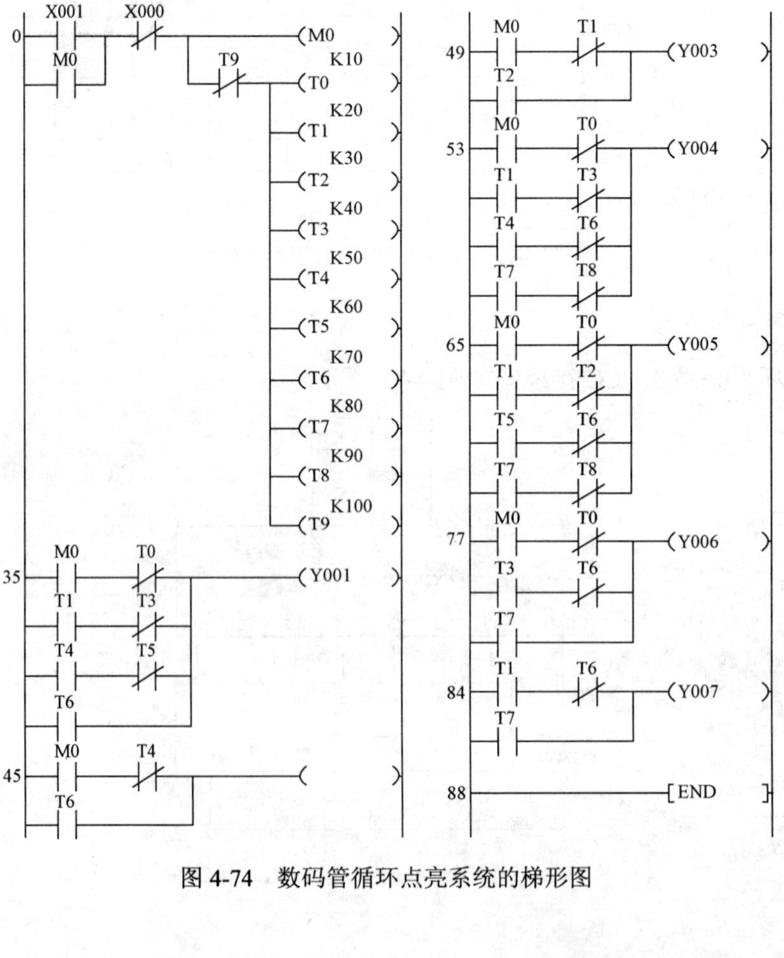

图 4-74 数码管循环点亮系统的梯形图

5. 指令表

数码管循环点亮系统的指令如表 4-43 所示。

表 4-43　数码管循环点亮系统指令表

步序号	指令语句			步序号	指令语句	
0	LD	X001		54	ANI	T0
1	OR	M0		55	LD	T1
2	ANI	X000		56	ANI	T3
3	OUT	M0		57	ORB	
4	ANI	T9		58	LD	T4
5	OUT	T0	K10	59	ANI	T6
8	OUT	T1	K20	60	ORB	
11	OUT	T2	K30	61	LD	T7
14	OUT	T3	K40	62	ANI	T8
17	OUT	T4	K50	63	ORB	
20	OUT	T5	K60	64	OUT	Y004
23	OUT	T6	K70	65	LD	M0
26	OUT	T7	K80	66	ANI	T0
29	OUT	T8	K90	67	LD	T1
32	OUT	T9	K100	68	ANI	T2
35	LF	M0		69	ORB	
36	ANI	T0		70	LD	T5
37	LD	T1		71	ANI	T6
38	ANI	T3		72	ORB	
39	ORB			73	LD	T7
40	LD	T4		74	ANI	T8
41	ANI	T5		75	ORB	
42	ORB			76	OUT	Y005
43	OR	T6		77	LD	M0
44	OUT	Y001		78	ANI	T0
45	LD	M0		79	LD	T3
46	ANI	T4		80	ANI	T6
47	OR	T6		81	ORB	
48	OUT	Y002		82	OR	T7
49	LD	M0		83	OUT	Y006
50	ANI	T1		84	LD	T1
51	OR	T2		85	OR	T7
52	OUT	Y003		86	ANI	T6
53	LD	M0				

第5章　功能指令

5.1　货料小车控制

控制要求

某车间有6个工作台，送料车往返于工作台之间送料，每个工作台设有一个到位开关（SQ）和一个呼叫按扭（SB）。

具体控制要求如下。

（1）送料车开始应能停留在6个工作台中任意一个到位开关的位置上。

（2）设送料车现暂停于m号工作台（SQm为ON）处，这时n号工作台呼叫（SQn为ON），若：① m>n，送料车左行，直至SQn动作，到位停车，即送料车所停位置SQ的编号大于呼叫按扭SB的编号时，送料车往左行运行至呼叫位置后停止；② m<n，送料车右行，直至SQn动作，到位停车，即送料车所停位置SQ的编号小于呼叫按扭SB的编号时，送料车往右运行至呼叫位置后停止；③ m=n，送料车原位不动，即送料车所停位置SQ的编号与呼叫按扭SB的编号相同时，送料车不动。

设计要求

根据要求设计PLC的I/O接线图和梯形图，并写出指令表。

控制设计

1. I/O的分配表

货料小车控制的I/O 分配如表5-1所示。

表5-1　货料小车控制的I/O分配表

	器件	PLC地址	功　能		器件	PLC地址	功　能
输入	SB0	X0	启动	输入	SQ1	X11	限位1
	SB1	X1	呼叫1		SQ2	X12	限位2
	SB2	X2	呼叫2		SQ3	X13	限位3
	SB3	X3	呼叫3		SQ4	X14	限位4
	SB4	X4	呼叫4		SQ5	X15	限位5
	SB5	X5	呼叫5		SQ6	X16	限位6
	SB6	X6	呼叫6	输出	KM1	Y0	右行
	SB7	X7	呼叫7		KM2	Y1	左行

2. I/O的外部接线图

货料小车控制的I/O接线图如图5-1所示。

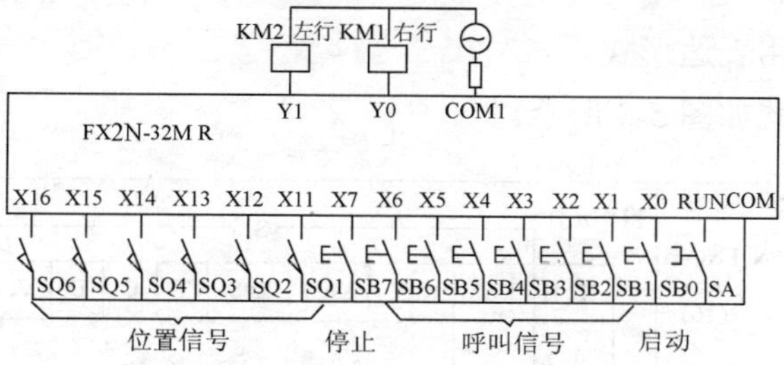

图 5-1　货料小车控制的 I/O 接线图

3．梯形图

货料小车控制的梯形图如图 5-2 所示。

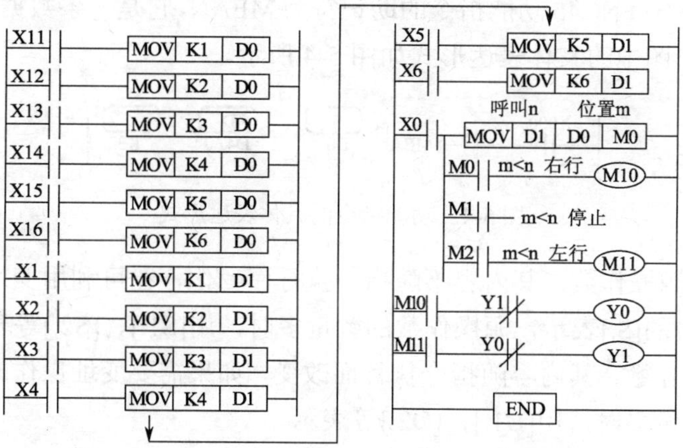

图 5-2　货料小车控制的梯形图

图 5-2 中将送料车当前位置送到数据寄存器 D0 中，将呼叫工作台号送到数据寄存器 D1 中，然后通过 D0 与 D1 中数据的比较，决定送料车的运行方向和到达的目标位置。

知识点击

5.1.1　功能指令概述

1．FX2N 系列 PLC 的功能指令分类如表 5-2 所示

表 5-2　功能指令分类表

FNC00～FNC09[程序流程]	FNC110～FNC119[浮点运算 1]
FNC10～FNC19[传送与比较]	FNC120～FNC129[浮点运算 2]
FNC20～FNC29[算术与逻辑运算]	FNC130～FNC139[浮点运算 3]
FNC30～FNC39[循环与移位]	FNC140～FNC149[数据处理 2]
FNC40～FNC49[数据处理]	FNC150～FNC159[定位]
FNC50～FNC59[高速处理]	FNC160～FNC169[时钟运算]
FNC60～FNC69[方便指令]	FNC170～FNC179[格雷码变换]
FNC70～FNC79[外部设备 I/O]	FNC220～FNC246[触点比较指令]
FNC80～FNC89[外部设备 SER]	

（1）功能指令的通用表达形式

功能指令的表达形式如图 5-3 所示。

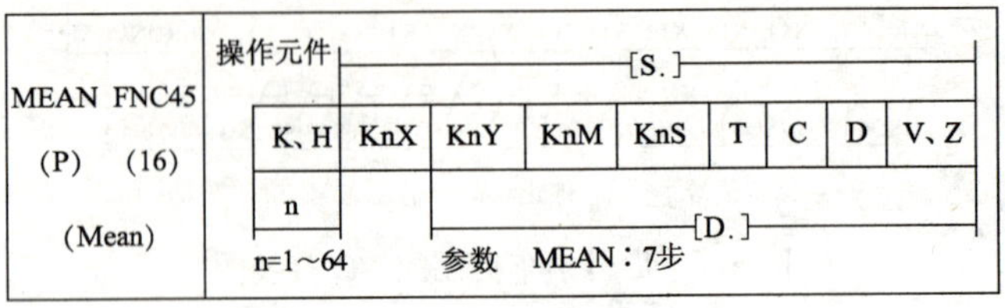

图 5-3 功能指令的通用表达形式

功能指令按功能号 FNC00～FNC246 编排。每条功能指令都有一个指令助记符。例如，图 5-3 中功能号为 45 的 FNC45 功能指令的助记符为 MEAN，它是一条数据处理平均功能指令。

功能指令在梯形图中的具体表达形式如图 5-4 所示。

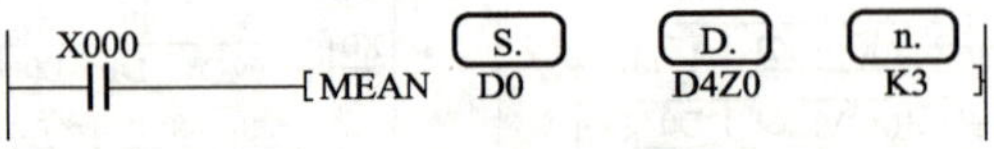

图 5-4 功能指令的具体表达形式

其中，[S.]称为源操作数，其内容不随指令执行而变化，在可利用变址修改软元件的情况下，用加“ · ”符号的[S.]表示，源操作数的数量多时，用[S1.]、[S2.]等表示。

[D.]称为目标操作数，其内容随指令执行而改变，如果需要变址操作时，用加“.”的符号[D.]表示，目标的数量多时，用[D1.]、[D2.]等表示。

[n.]称为其他操作数，既不作源操作数，又不作目标操作数，常用来表示常数或者作为源操作数或目标操作数的补充说明。可用十进制的 K、十六进制的 H 和数据寄存器 D 来表示。在需要表示多个这类操作数时，可用[n1]、[n2]等表示，若具有变址功能，则用加“.”的符号[n ·]表示。此外其他操作数还可用[m]来表示。

（2）数据长度

功能指令可处理 16 位数据和 32 位数据。

如图 5-5 中的第一条指令是将 D10 中的数据送到 D12 中，处理的是 16 位数据。第二条指令是将 D21 和 D20 中的数据送到 D23 和 D22 中，处理的是 32 位数据。

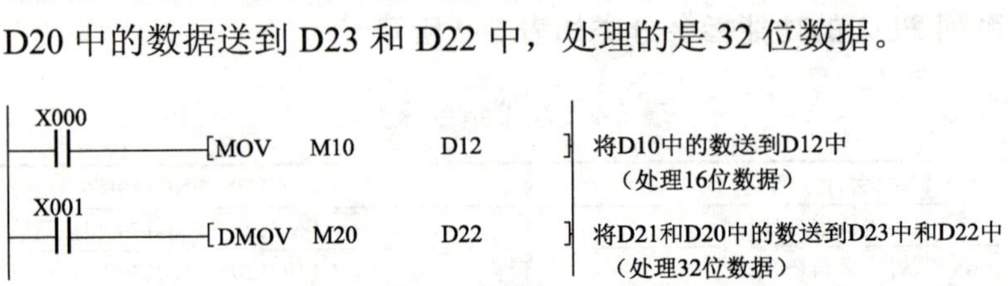

图 5-5 数据长度示例

（3）指令类型

FX 系列 PLC 的功能指令有连续执行型和脉冲执行型两种形式。连续执行方式如图 5-6 所示。

当 X1 为 ON 时，上述指令在每个扫描周期都被重复执行一次。某些指令，如 XCH、INC、DEC 等，用连续执行方式时要特别注意，这些指令用“！”标识。

脉冲执行方式如图 5-7 所示。

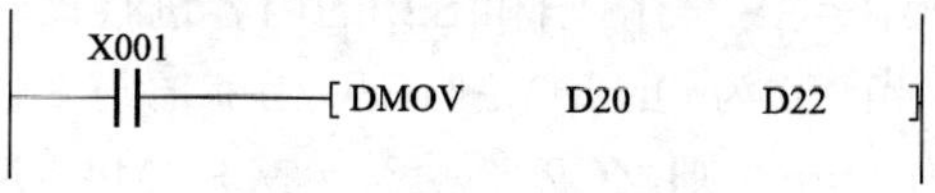

图 5-6　连续执行方式

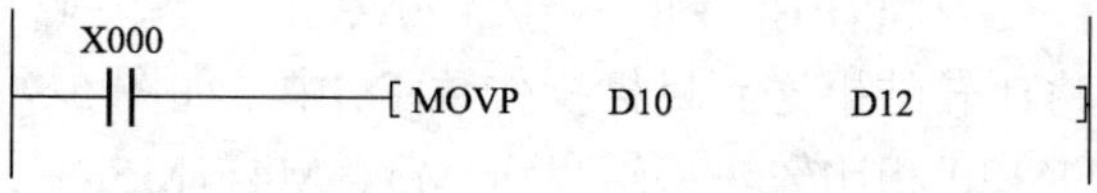

图 5-7　脉冲执行方式

助记符后的（P）表示脉冲执行。（P）和（D）可同时使用，如（D）MOV（P）。图 5-7 所示的功能指令仅在 X1 由 OFF 变成 ON 时执行。在不需要每个扫描周期都执行时，用脉冲执行方式可缩短程序的处理周期。

注意：当 X0 或 X1 为 OFF 状态时，上述指令不执行。目标元件的内容不变化，除非另行指定。

2．PLC 的数据格式

操作数按功能分，有源操作数、目标操作数和其他操作数；按组成形式分，有位元件、字元件和常数。

（1）位元件

位元件：只处理 ON/OFF 状态的元件称为位元件。

字元件：处理数据的元件称为字元件。

位元件的组合：由位元件也可构成字元件进行数据处理，位元件组合由 Kn 加首元件号来表示。4 个位元件为一组组合成单元，KnM0 中的 n 是组数 。

（2）变址寄存器 V、Z

变址寄存器在传送、比较指令中用来修改操作对象的元件号。其操作方式与普通数据寄存器一样。在[D.]中的[.]表示可以加入变址寄存器。对 32 位指令，V 作高 16 位，Z 作低 16 位。32 位指令中用到变址寄存器时只需指定 Z，这时 Z 就代表了 V 和 Z。

5.1.2　传送与比较指令

传送与比较指令如表 5-3 所示。

表 5-3　传送与比较指令

FNC NO.	指 令 记 号	指 令 名 称	FNC NO.	指 令 记 号	指 令 名 称
10	CMP	比较指令	15	BMOV	块传送
11	ZCP	区间比较	16	FMOV	多点传送
12	MOV	传送	17	XCH	数据交换
13	SMOV	移位传送	18	BCD	BCD 传送
14	CML	取反传送	19	BIN	BIN 传送

（1）比较指令 CMP

(D)CMP(P)指令的编号为 FNC10，是将源操作数[S1.]和源操作数[S2.]的数据进行比较，比较结果用目标元件[D.]的状态来表示。如图 5-8 所示，当 X1 为接通时，把常数 100 与 C20 的当前值进行比较，比较的结果送入 M0～M2 中。X1 为 OFF 时不执行，M0～M2 的状态也保持不变。

（2）区间比较指令 ZCP

(D)ZCP(P)指令的编号为 FNC11，指令执行时源操作数[S.]与[S1.]和[S2.]的内容进行比较，并将比较结果送到目标操作数[D.]中。如图 5-9 所示，当 X0 为 ON 时，把 C30 当前值与 K100 和 K120 相比较，将结果送 M3、M4、M5 中。X0 为 OFF，则 ZCP 不执行，M3、M4、M5 不变。

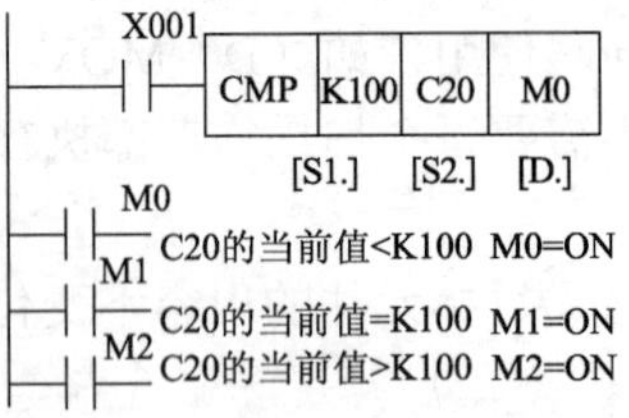

图 5-8 比较指令的使用

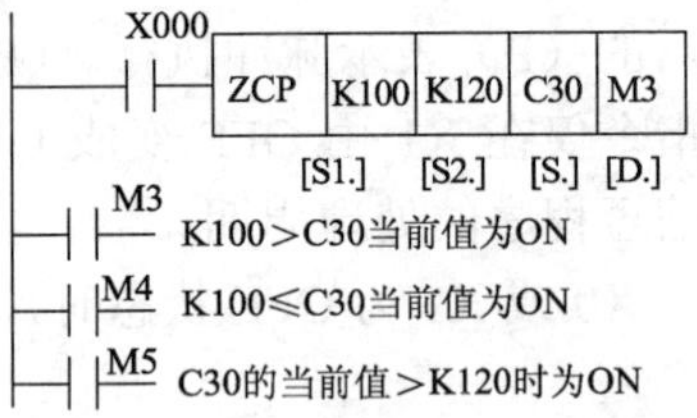

图 5-9 区间比较指令的使用

使用 CMP/ZCP 指令时应注意以下几点。

① [S1.]、[S2.]可取任意数据格式，目标操作数[D.]可取 Y、M 和 S。

② 使用 ZCP 时，[S2.]的数值不能小于[S1.]

③ 所有的源数据都被看成二进制数值。

（3）传送指令 MOV

(D)MOV(P)指令的编号为 FNC12，该指令的功能是将源数据传送到指定的目标。如图 5-10 所示，当 X0 为 ON 时，则将[S.]中的数据 K100 传送到目标操作数[D.]，即 D10 中。在指令执行时，常数 K100 会自动转换成二进制数。当 X0 为 OFF 时，则指令不执行，数据保持不变。

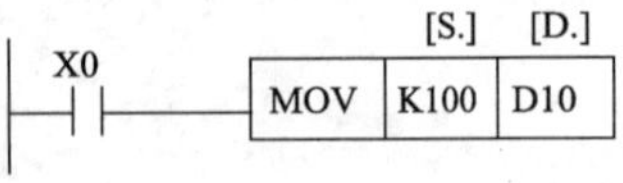

图 5-10 传送指令的使用

使用 MOV 指令时应注意以下几点。

① 源操作数可取所有数据类型，目标操作数可以是 KnY、KnM、KnS、T、C、D、V、Z。

② 16 位运算时占 5 个程序步，32 位运算时则占 9 个程序步。

（4）移位传送指令 SMOV

SMOV(P)指令的编号为 FNC13。该指令的功能是将源数据（二进制）自动转换成 4 位 BCD 码，再进行移位传送，传送后的目标操作数的 BCD 码自动转换成二进制数。如图 5-11 所示，当 X0 为 ON 时，将 D1 中右起第 4 位（m1=4）开始的 2 位（m2=2）BCD 码移到目标操作数 D2 的右起第 3 位(n=3)和第 2 位。然后 D2 中的 BCD 码会自动转换为二进制数，而 D2 中的第 1 位和第 4 位 BCD 码不变。

使用移位传送指令时应该注意以下几点。

① 源操作数可取所有数据类型，目标操作数可为 KnY、KnM、KnS、T、C、D、V、Z。

② SMOV 指令只有 16 位运算，占 11 个程序步。

（5）取反传送指令 CML

(D)CML(P)指令的编号为 FNC14。它是将源操作数的数据逐位取反并传送到指定目标。如图 5-12 所示，当 X0 为 ON 时，执行 CML，将 D0 的低 4 位取反向后传送到 Y3～Y0 中。

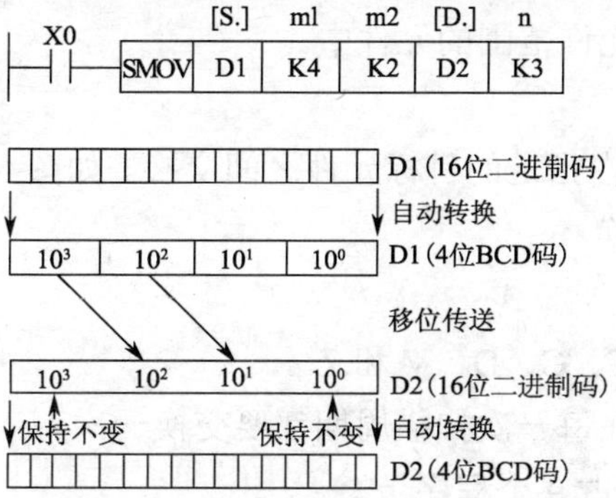

图 5-11　移位传送指令的使用

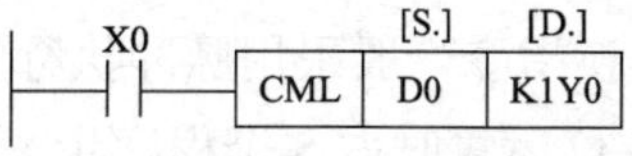

图 5-12　取反传送指令的使用

使用取反传送指令时应注意以下几点。

① 源操作数可取所有数据类型，目标操作数可为 KnY、KnM、KnS、T、C、D、V、Z，若源数据为常数 K，则该数据会自动转换为二进制数。

② 16 位运算占 5 个程序步，32 位运算占 9 个程序步。

（6）块传送指令 BMOV

BMOV(P)指令的编号为 FNC15，是将源操作数指定元件开始的 n 个数据组成数据块传送到指定的目标。如图 5-13 所示，传送顺序既可从高元件号开始，也可从低元件号开始，传送顺序自动决定。若用到需要指定位数的位元件，则源操作数和目标操作数的指定位数应相同。

使用块传送指令时应注意以下几点。

① 源操作数可取 KnX、KnY、KnM、KnS、T、C、D 和文件寄存器，目标操作数可取 KnT、KnM、KnS、T、C 和 D。

② 只有 16 位操作，占 7 个程序步。

③ 如果元件号超出允许范围，数据则仅传送到允许范围的元件。

（7）多点传送指令 FMOV

(D)FMOV(P)指令的编号为 FNC16，是将源操作数中的数据传送到指定目标开始的 *n* 个元件中，传送后 *n* 个元件中的数据完全相同。如图 5-14 所示，当 X0 为 ON 时，把 K0 传送到 D0～D9 中。

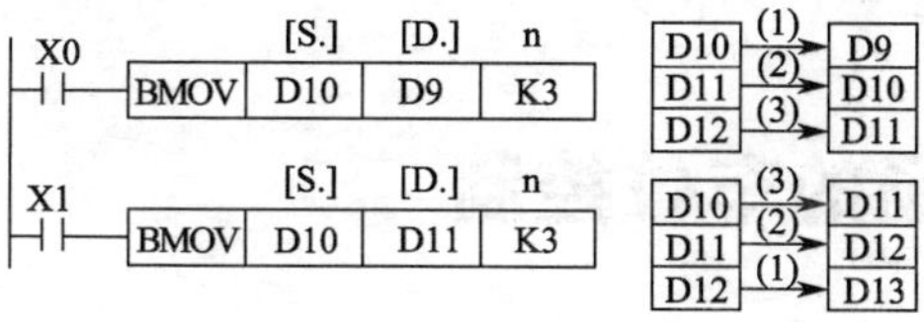

图 5-13　块传送指令的使用

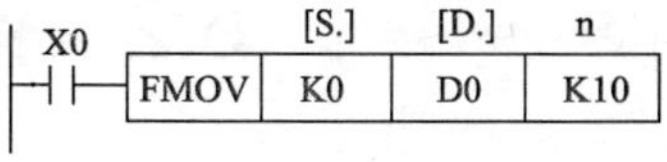

图 5-14　多点传送指令的使用

使用多点传送指令时应注意以下几点。

① 源操作数可取所有的数据类型，目标操作数可取 KnX、KnM、KnS、T、C、和 D，n 小等于 512。

② 16 位操作占 7 的程序步，32 位操作则占 13 个程序步。

③ 如果元件号超出允许范围，数据仅送到允许范围的元件中。

（8）数据交换指令 XCH

(D)XCH(P)指令的编号为 FNC17，是将数据在指定的目标元件之间交换。如图 5-15 所示，当 X0 为 ON 时，将 D1 和 D19 中的数据相互交换。

使用数据交换指令应该注意以下几点。

① 操作数的元件可取 KnY、KnM、KnS、T、C、D、V 和 Z。

② 交换指令一般采用脉冲执行方式，否则在每一次扫描周期都要交换一次。

③ 16 位运算时占 5 个程序步，32 位运算时占 9 个程序步。

（9）变换指令 BCD

(D)BCD(P)指令的编号为 FNC18，是将源元件中的二进制数转换成 BCD 码送到目标元件中，如图 5-16 所示。

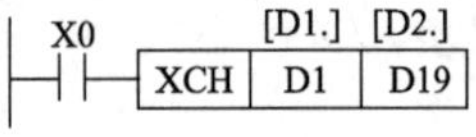

图 5-15　数据交换指令的使用

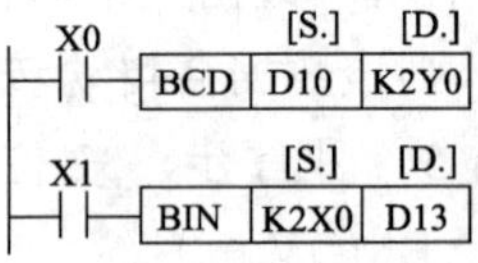

图 5-16　变换指令的使用

如果指令进行 16 位操作时，执行结果超出 0～9999 范围将会出错；当指令进行 32 位操作时，执行结果超过 0～99999999 范围也将出错。PLC 中内部的运算为二进制运算，可用 BCD 指令将二进制数变换为 BCD 码输出到七段显示器。

（10）变换指令 BIN

(D)BIN(P)指令的编号为 FNC19，是将源元件中的 BCD 数据转换成二进制数据送到目标元件中，如图 5-16 所示。常数 K 不能作为本指令的操作元件，因为在任何处理之前它们都会被转换成二进制数。

使用 BCD/BIN 指令时应注意以下几点。

① 源操作数可取 KnK、KnY、KnM、KnS、T、C、D、V 和 Z，目标操作数可取 KnY、KnM、KnS、T、C、D、V 和 Z。

② 16 位运算占 5 个程序步，32 位运算占 9 个程序步。

5.2　停车场的车位控制

控制要求

假设有一汽车停车场，最大容量只能停车 50 辆，为了表示停车场是否有空位，试用 PLC 来实现控制。

设计要求

根据图 5-17 所示的主电路及控制电路设计 PLC 的 I/O 接线图和梯形图，并写出指令表。

控制设计

1．硬件的实现

（1）I/O 分配表

停车场车位控制的 I/O 分配如表 5-4 所示。

表 5-4　停车场车位控制的 I/O 分配表

	器　件	PLC 地址	功　能
输入	开关 0	X0	汽车进入停车场
	开关 1	X1	汽车离开停车场
输出	HL1	Y4	车位已满
		Y5	车位已满
	HL2	Y3	有空车位
其他		D0	车位数（最多 50）

（2）外部连线

根据上述模块的学习，再依据图中的标示，同学们可以自己画出输入及输出端口的分配，在这不再赘述。

2．软件的编程

软件的编程如图 5-17 所示。

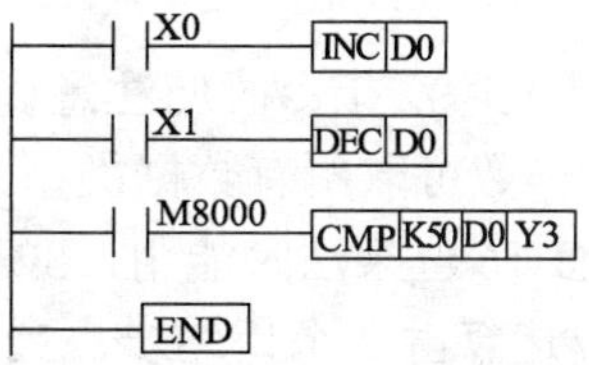


```
LD    X0
INC   D0
LD    X1
DEC   D0
LD    M8000
CMP   (FNX10)
      K50
      D0
      Y3
END
```

图 5-17　停车场车位控制程序

知识点击

5.2.1　算术逻辑运算

（1）加法指令(D)ADD(P)

(D)ADD(P)指令的编号为 FNC20。它是将指定的源元件中的二进制数相加结果送到指定的目标元件中去。如图 5-18 所示，当 X0 为 ON 时，执行（D10）+（D12）→（D14）。

（2）减法指令(D)SUB(P)

(D)SUB(P)指令的编号为 FNC21。它是将[S1.]指定元件中的内容以二进制形式减去[S2.]指定元件的内容，其结果存入由[D.]指定的元件中。

图 5-19 为减法指令的使用：当 X0 为 ON 时，执行（D10）–（D12）→（D14）。

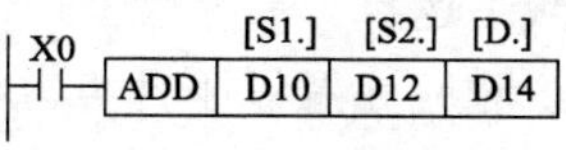

图 5-18　加法指令的使用

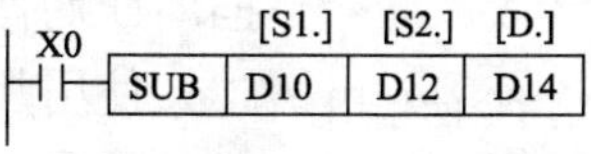

图 5-19　减法指令的使用

使用加法和减法指令时应注意以下几点。

① 操作数可取所有数据类型，目标操作数可取 KnY、KnM、KnS、T、C、D、V 和 Z。

② 16 位运算占 7 个程序步，32 位运算占 13 个程序步。

③ 数据为有符号二进制数，最高位为符号位（0 为正，1 为负）。

④ 加法指令有三个标志：零标志（M8020）、借位标志（M8021）和进位标志（M8022）。当运算结果超过 32767（16 位运算）或 2147483647（32 位运算），则进位标志置 1；当运算结

果小于–32767（16 位运算）或–2147483647（32 位运算），借位标志就会置 1。

（3）乘法指令(D)MUL(P)

(D)MUL(P)指令的编号为 FNC22,数据均为有符号数。如图 5-20 所示，当 X0 为 ON 时，即（D0）×（D2）→（D5，D4）（16 位乘法）；当 X1 为 ON 时，将二进制 32 位数[S1.]、[S2.]相乘，结果送[D.]中，即（D1，D0）×（D3，D2）→（D7，D6，D5，D4）（32 位乘法）。

（4）除法指令(D) DIV (P)

(D) DIV(P)指令的编号为 FNC23。其功能是将[S1.]指定为被除数，[S2.]指定为除数，将除得的结果送到[D.]指定的目标元件中，余数送到[D.]的下一个元件中。如图 5-21 所示，当 X0 为 ON 时（D0）÷（D2）→（D4）商，（D5）余数（16 位除法）；当 X1 为 ON 时（D1，D0）÷（D3，D2）→（D5，D4）商，（D7，D6）余数（32 位除法）。

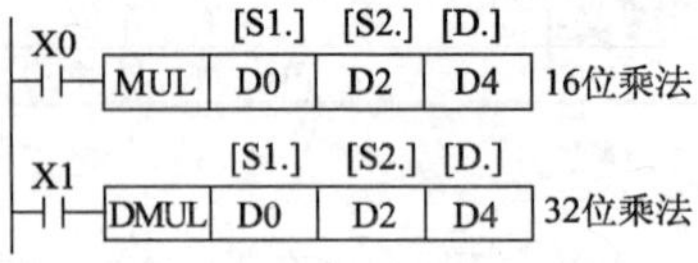

图 5-20　乘法指令的使用

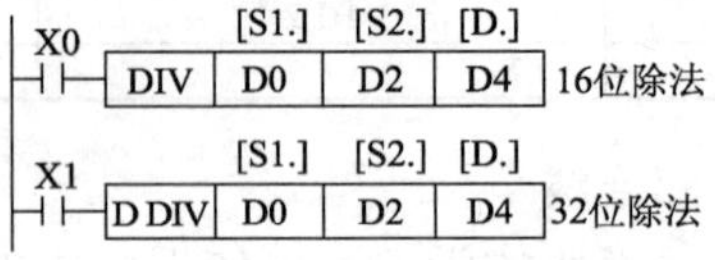

图 5-21　除法指令的使用

使用乘法和除法指令时应注意以下几点。

① 源操作数可取所有数据类型，目标操作数可取 KnY、KnM、KnS、T、C、D、V 和 Z，要注意 Z 只有 16 位乘法时能用，32 位不可用。

② 16 位运算占 7 个程序步，32 位运算占 13 个程序步。

③ 32 位乘法运算中，若用位元件作目标，则只能得到乘积的低 32 位，高 32 位将丢失，这种情况下应先将数据移入字元件再运算；若除法运算中将位元件指定为[D.]，则无法得到余数，除数为 0 时发生运算错误。

④ 积、商和余数的最高位为符号位。

（5）加 1 指令(D) INC (P)和减 1 指令 (D) DEC (P)

加 1 指令(D) INC (P)的编号为 FNC24；减 1 指令 (D) DEC (P)的编号为 FNC25。INC 和 DEC 指令分别是当条件满足则将指定元件的内容加 1 或减 1。如图 5-22 所示，当 X0 为 ON 时，（D10）+1→（D10）；当 X1 为 ON 时，（D11）–1→（D11）。若指令是连续指令，则每个扫描周期均做一次加 1 或减 1 运算。

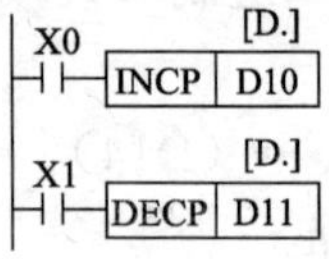

图 5-22　加 1 和减 1 指令的使用

使用加 1 和减 1 指令时应注意以下几点。

① 指令的操作数可为 KnY、KnM、KnS、T、C、D、V、Z。

② 当进行 16 位操作时为 3 个程序步，32 位操作时为 5 个程序步。

③ 在 INC 运算时，如数据为 16 位，则由+32767 再加 1 变为–32768，但标志不置位；同样，32 位运算由+2147483647 再加 1 就变为–2147483648 时，标志也不置位。

④ 在 DEC 运算时，16 位运算–32768 减 1 变为 32767，且标志不置位；32 位运算由–2147483648 减 1 变为 2147483647，标志也不置位。

（6）逻辑运算类指令(D)WAND(P)、(D)WOR(P)、(D)WXOR(P)和(D)NEG(P)

逻辑与指令(D)WAND(P)的编号为 FNC26，是将两个源操作数按位进行与操作，结果送指定元件。

逻辑或指令(D)WOR(P)的编号为 FNC27，是对二个源操作数按位进行或运算，结果送指定元件。如图 5-23 所示，当 X1 有效时,（D10）∨（D12）→（D14）

逻辑异或指令(D) WXOR (P)的编号为 FNC28，是对源操作数位进行逻辑异或运算。

（7）求补指令(D) NEG (P)

求补指令(D) NEG (P)的编号为 FNC29。其功能是将[D.]指定的元件内容的各位先取反再加 1，将其结果再存入原来的元件中。

WAND、WOR、WXOR 和 NEG 指令的使用如图 5-23 所示。

使用逻辑运算指令时应该注意以下几点。

① WAND、WOR 和 WXOR 指令的[S1.]和[S2.]均可取所有的数据类型，而目标操作数可取 KnY、KnM、KnS、T、C、D、V 和 Z。

② NEG 指令只有目标操作数，其可取 KnY、KnM、KnS、T、C、D、V 和 Z。

③ WAND、WOR、WXOR 指令 16 位运算占 7 个程序步，32 位运算占 13 个程序步，而 NEG 分别占 3 步和 5 步。

5.2.2 浮点运算

（1）二进制浮点数比较指令(D)ECMP(P)（FNC110）

二进制浮点数比较指令(D)ECMP(P)的使用如图 5-24 所示，将两个源操作数进行比较，比较结果反映在目标操作数中。如果操作数为常数则自动转换成二进制浮点值处理。该指令源操作数可取 K、H 和 D，目标操作数可用 Y、M 和 S。为 32 位运算指令，占 17 个程序步。

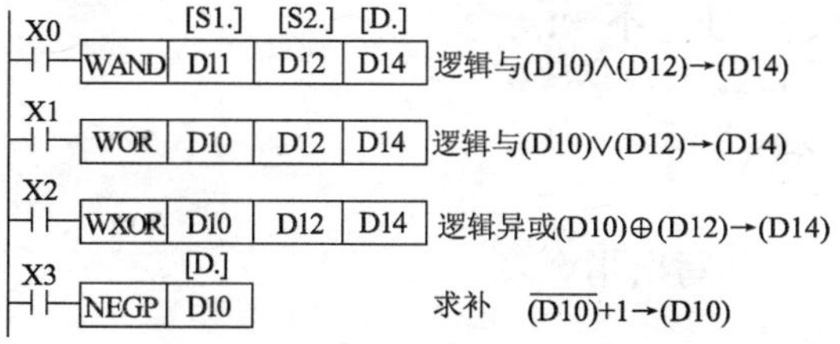

图 5-23 逻辑运算指令的使用

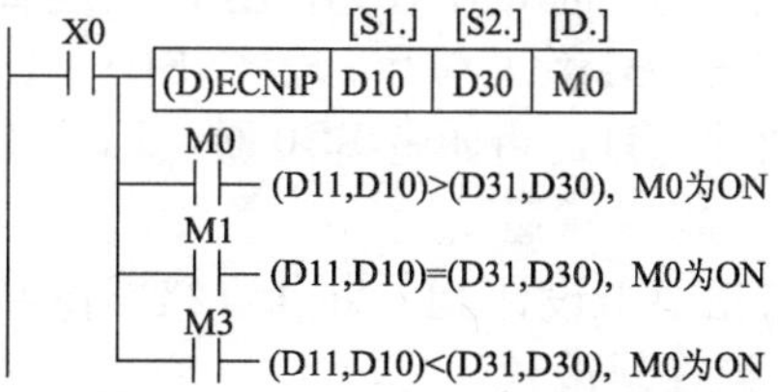

图 5-24 二进制浮点数比较指令的使用

（2）二进制浮点数区间比较指令(D) EZCP (P)（FNC111）

二进制浮点数区间比较指令(D)EZCP(P)（FNC111）的功能是将源操作数的内容与用二进制浮点值指定的上下两点的范围比较，对应的结果用 ON/OFF 反映在目标操作数上，如图 5-25 所示。该指令为 32 位运算指令，占 17 个程序步。源操作数可以是 K，H 和 D；目标操作数为 Y、M 和 S。[S1.]应小于[S2.]，操作数为常数时将被自动转换成二进制浮点值处理。

（3）二进制浮点数的四则运算指令

二进制浮点数的四则运算指令有加法指令 EADD（FNC120）、减法指令 ESUB（FNC121）、乘法指令 EMVL（FNC122）和除法指令 EDIV（FNC123）四条指令。四则运算指令的使用说明如图 5-26 所示，它们都是将两个源操作数中的浮点数进行运算后送入目标操作数。当除数为 0 时出现运算错误，不执行指令。此类指令只有 32 位运算，占 13 个程序步。运算结果影响标志位 M8020（零标志）、M8021（借位标志）、M8022（进位标志）。源操作数可取 K、H

和 D，目标操作数为 D。如有常数参与运算则自动转化为浮点数。

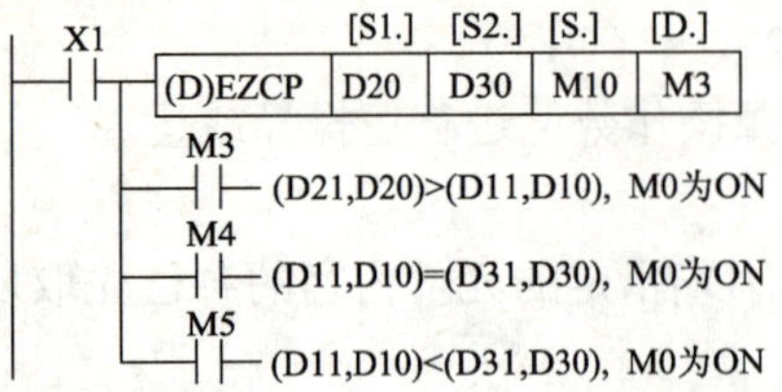

图 5-25　二进制浮点数区间比较指令的使用

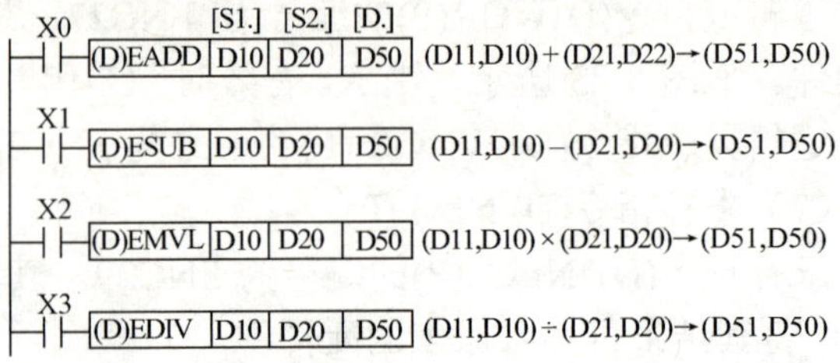

图 5-26　二进制浮点数的四则运算指令的使用

二进制的浮点运算还有开平方、三角函数运算等指令，在此不再赘述。

5.3　用按钮 SB0 控制 LED 数码管顺序显示数字 0 到 F

控制要求

在系统刚开始运行时，LED 数码管显示数字“0”；
第 1 次闭合按钮 SB0 时，LED 数码管显示数字“1”；
第 2 次闭合按钮 SB0 时，LED 数码管显示数字“2”；
……
第 10 次闭合按钮 SB0 时，LED 数码管显示数字“A”；
……
第 15 次闭合按钮 SB0 时，LED 数码管显示数字“F”；
此后再闭合按钮 SB0，LED 数码管显示数字“F”不变；
按钮 SB1 作复位用，闭合 SB1，LED 数码管显示数字“0”。
断开 SB1，再闭合 SB0 时，LED 数码管显示“1”

设计要求

根据要求设计 PLC 的 I/O 接线图和梯形图，并写出指令表。

控制设计

1．硬件设计

（1）I/O 分配表

LED 数码管顺序显示数字控制的 I/O 分配如表 5-5 所示。

表 5-5　LED 数码管顺序显示数字控制的 I/O 分配表

	器　件	PLC 地址	功　能
输入	SB0	X0	控制信号
	SB1	X1	复位信号
输出	LED 数码管 a 段	Y0	使 LED 数码管 a 段亮
	LED 数码管 b 段	Y1	使 LED 数码管 b 段亮
	LED 数码管 c 段	Y2	使 LED 数码管 c 段亮
	LED 数码管 d 段	Y3	使 LED 数码管 d 段亮
	LED 数码管 e 段	Y4	使 LED 数码管 e 段亮
	LED 数码管 f 段	Y5	使 LED 数码管 f 段亮
	LED 数码管 g 段	Y6	使 LED 数码管 g 段亮

（2）I/O 接线图

LED 数码管顺序显示数字控制的 I/O 接线图如图 5-27 所示。

2．软件设计

（1）信号输入的时序图和示意图如图 5-28 和图 5-29 所示。

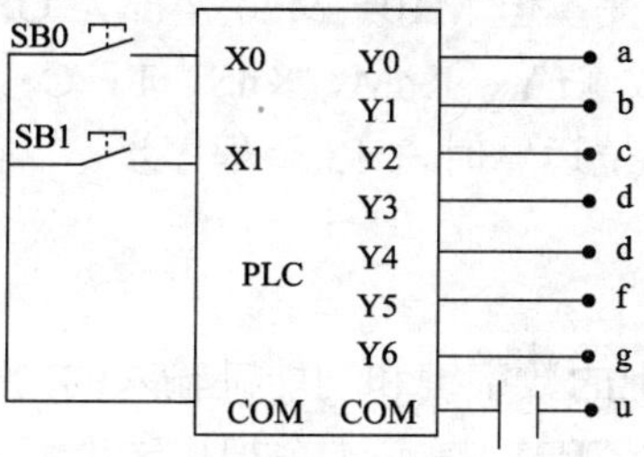

图 5-27　LED 数码管顺序显示数字控制的 I/O 接线图

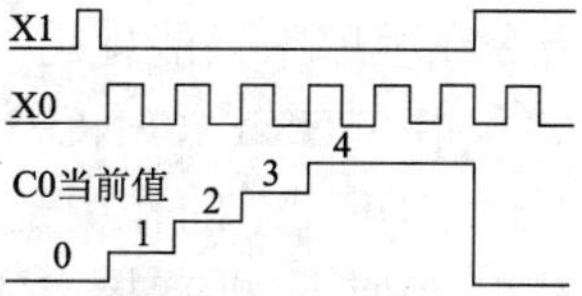

图 5-28　LED 数码管信号输入时序图

（2）梯形图设计

LED 数码管顺序显示数字控制的梯形图如图 5-30 所示。

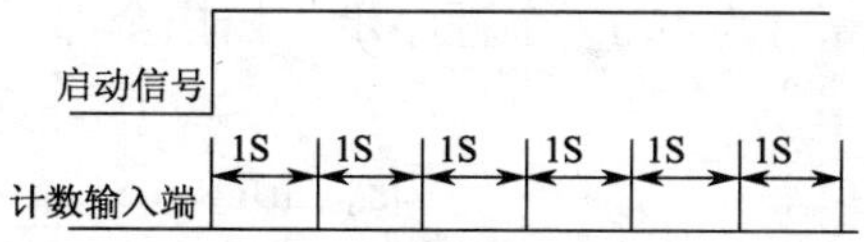

图 5-29　LED 数码管信号输入示意图

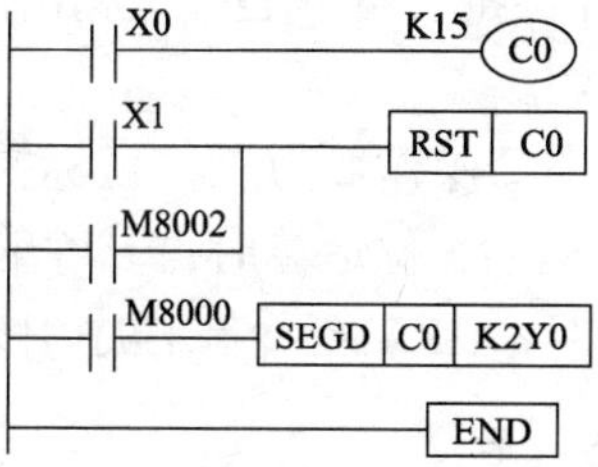

图 5-30　LED 数码管顺序显示数字控制的梯形图

按下启动按钮后，显示 0 到 F，显示间隔 1s。

（3）指令表

LED 数码管顺序显示数字控制指令表。

表 5-6　LED 数码管控制指令表

0	LD	X000	
1	OUT	C0	K15
4	LD	X001	
5	OR	M8002	
6	RST	C0	
8	LD	M8000	
9	SEGD	C0	K2Y000
14	END		

知识点击

5.3.1　外部设备 I/O

（1）10 键输入指令 TKY（FNC70）

10 键输入指令（D）TKY 的使用如图 5-31 所示。源操作数[S.]用 X0 为首元件，10 个键 X0～X11 分别对应数字 0～9。X30 接通时执行 TKY 指令，如果以 X2（2）、X9（8）、X3（3）、

X0（0）的顺序按键，则[D1.]中存入数据为 2830，实现了将按键变成十进制的数字量。当送入的数大于 9999，则高位溢出并丢失。使用 32 位指令 DTKY 时，D1 和 D2 组合使用，高位大于 99999999 则高位溢出。

当按下 X2 后，M12 置 1 并保持至另一键被按下，其他键也一样。M10～M19 动作对应于 X0～X11。任一键按下，键信号置 1 直到该键放开。当两个或更多的键被按下时，则首先按下的键有效。X30 变为 OFF 时，D0 中的数据保持不变，但 M10～M20 全部为 OFF。此指令的源操作数可取 X、Y、M 和 S，目标操作数[D.]可取 KnY、KnM、KnS、T、C、D、V 和 Z，[D2.]可取 Y、M、S。16 位运算占 7 个程序步，32 位运算时占 13 个程序步。

注意：该指令在程序中只能使用一次。

（2）16 键输入指令 HKY（FNC71）

16 键输入指令(D)HKY 的作用是通过对键盘上的数字键和功能键输入的内容实现输入的复合运算。如图 5-32 所示，[S.]指定 4 个输入元件，[D1.]指定 4 个扫描输出点，[D2.]为键输入的存储元件。[D3.]指示读出元件。16 键中 0～9 为数字键，A～F 为功能键，HKY 指令输入的数字范围为 0～9999，以二进制的方式存放在 D0 中，如果大于 9999 则溢出。DHKY 指令可在 D0 和 D1 中存放最大为 99999999 的数据。功能键 A～F 与 M0～M5 对应，按下 A 键，M0 置 1 并保持。按下 D 键，M0 置 0，M3 置 1 并保持。其余类推。如果同时按下多个键则先按下的有效。

该指令源操作数为 X，目标操作数[D1.]为 Y。[D2]可以取 T、C、D、V 和 Z，[D3.]可取 Y、M 和 S。16 位运算时占 9 个程序步，32 位运算时为占 17 个程序步。扫描全部 16 键需 8 个扫描周期。HKY 指令在程序中只能使用一次。

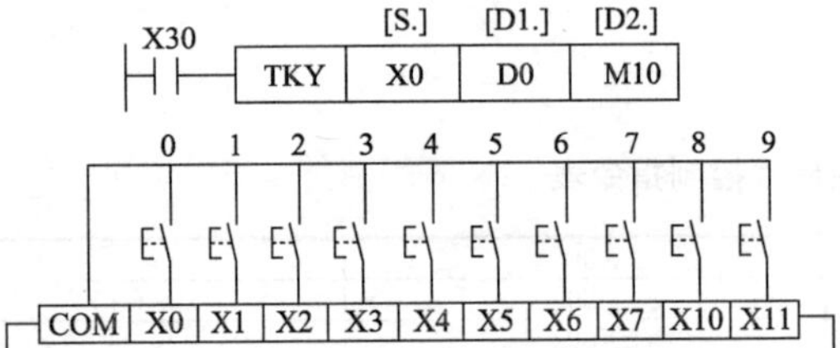

图 5-31　10 键输入指令的使用

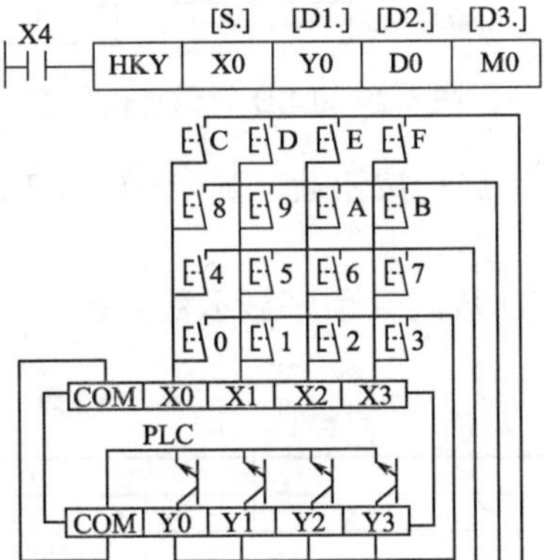

图 5-32　16 键输入指令的使用

（3）数字开关输入指令 DSW（FNC72）

数字开关指令 DSW 的功能是读入 1 组或 2 组 4 位数字开关的设置值。如图 5-33 所示，源操作数[S.]为 X，用来指定输入点。[D1.]为目标操作数为 Y，用来指定选通点。[D2.]指定数据存储单元，它可取 T、C、D、V 和 Z。[n]指定数字开关组数。该指令只有 16 位运算，占 9 个程序步，可使用两次。图 5-33 中，n=1 指有 1 组 BCD 码数字开关，输入开关为 X10～X13，按 Y10～Y13 的顺序选通读入，数据以二进制数的形式存放在 D0 中；若 n=2，则有 2 组开关，第 2 组开关接到 X14～X17 上，仍由 Y10～Y13 顺序选通读入，数据以二进制的形式存放在 D1 中，第 2 组数据只有在 n=2 时才有效。当 X1 保持为 ON 时，Y10～Y13 依次为 ON。一个周期完成后标志位 M8029 置 1。

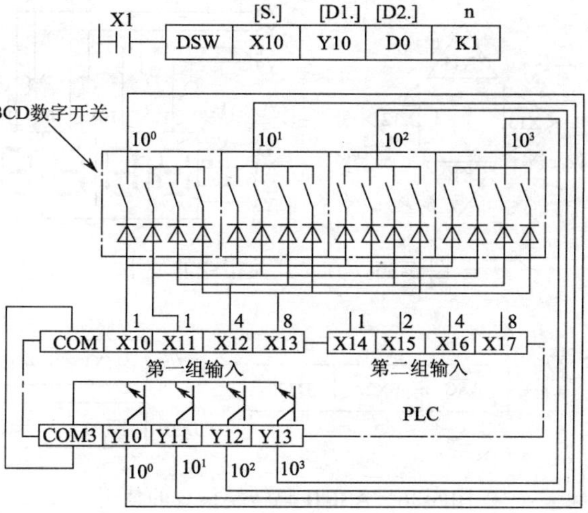

图 5-33　数字开关输入指令的使用

（4）数字译码输出指令 SEGD 和 SEGL（FNC74）

数字译码输出指令有七段译码指令 SEGD（FNC73）和带锁存的七段显示指令 SEGL（FNC74）两条。

七段译码指令 SEGD(P)的使用如图 5-34 所示，将[S.]指定元件的低 4 位所确定的十六进制数（0～F）经译码后存于[D.]指定的元件中，以驱动七段显示器，[D.]的高 8 位保持不变。如果要显示 0，则应在 D0 中放入数据为 3FH。

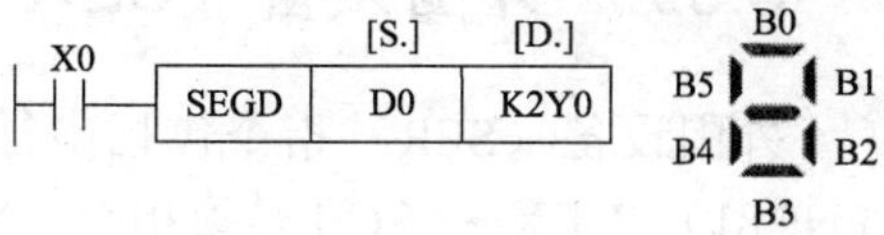

图 5-34　七段译码指令的使用

带锁存的七段显示指令 SEGL 的作用是用 12 个扫描周期的时间来控制一组或两组带锁存的七段译码显示。

（5）方向开关指令 ARWS（FNC75）

方向开关指令 ARWS（FNC75）是用于方向开关的输入和显示。如图 5-35 所示，该指令有 4 个参数，源操作数[S.]可选 X、Y、M、S。图中选择 X10 开始的 4 个按钮，位左移键和右移键用来指定输入的位，增加键和减少键用来设定指定位的数值。X0 接通时指定的是最高位，按一次右移键或左移键可移动一位。指定位的数据可由增加键和减少键来修改，其值可显示在七段显示器上。目标操作数[D1.]为输入的数据，由七段显示器监视其中的值（操作数可用 T、C、D、V、和 Z），[D2.]只能用 Y 作操作数，n=0～3 其确定的方法与 SEGL 指令相同。ARWS 指令只能使用一次，而且必须用晶体管输出 PLC。

（6）ASCII 码转换指令

ASCII 码转换指令 ASC（FNC76）的功能是将字符变换成 ASCII 码，并存放在指定的元件中。如图 5-36 所示，当 X3 有效时，则将 FX2A 变成 ASCII 码并送入 D300 和 D301 中。源操作数是 8 字节以下的字母或数字，目标操作数为 T、C、D。它只有 16 位运算，占 11 程序步。

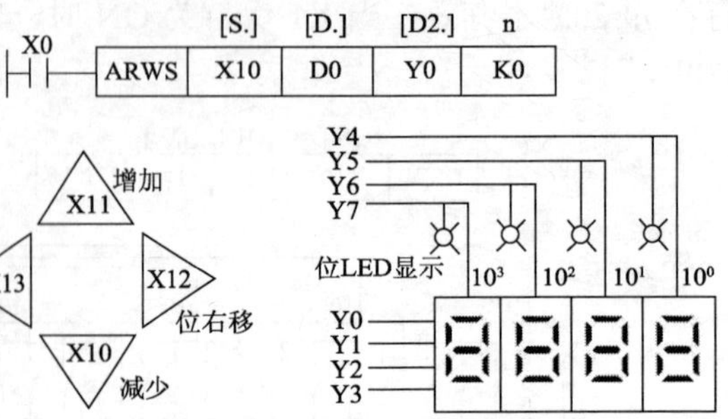

图 5-35　方向开关指令的使用

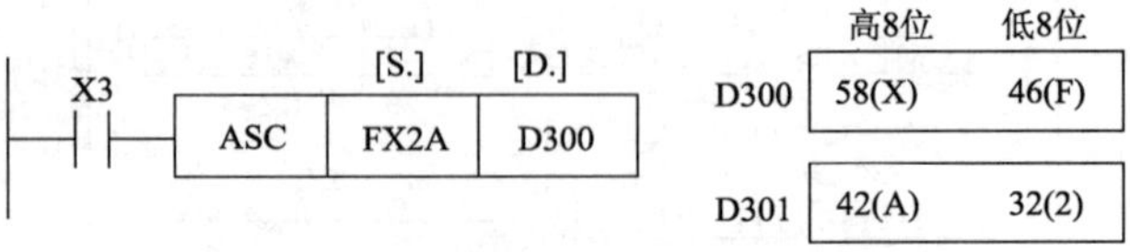

图 5-36　ASCII 码转换指令的使用

特殊功能模块读指令 FROM（FNC78）和特殊功能模块写指令 T0（FNC79）将在后面章节介绍。

5.3.2　外围设备（SER）指令（FNC80～FNC89）

外围设备（SER）指令包括串行通信指令 RS（FNC80）、八进制数据传送指令 PRUN（FNC81）、HEX→ASCII 转换指令 ASCI（FNC82）、ASCII→HEX 转换指令 HEX（FNC83）、校验码指令 CCD（FNC84）、模拟量输入指令 VRRD（FNC85）、模拟量开关设定指令 VRSC（FNC86）和 PID 运算指令 PID（FNC88）8 条指令。

（1）八进制数据传送指令(D)PRUN(P)（FNC81）

八进制数据传送指令(D)PRUN(P)（FNC81）是用于八进制数的传送。如图 5-37 所示，当 X10 为 ON 时，将 X0～X17 内容送至 M0～M7 和 M10～M17（因为 X 为八进制，故 M9 和 M8 的内容不变）。当 X11 为 ON 时，则将 M0～M7 送 Y0～Y7，M10～M17 送 Y10～Y17。源操作数可取 KnX、KnM，目标操作数取 KnY、KnM，n=1～8，16 位和 32 位运算分别占 5 个和 9 个程序步。

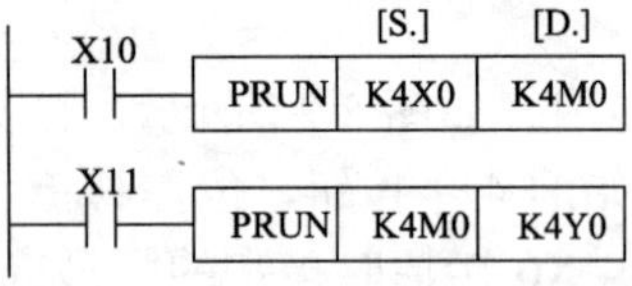

图 5-37　八进制数据传送指令的使用

（2）十六进制数与 ASCII 码转换指令

十六进制数与 ASCII 码转换指令有 HEX→ASCII 转换指令 ASCI（FNC82）、ASCII→HEX 转换指令 HEX（FNC83）两条指令。

HEX→ASCII 转换指令 ASCI(P)的功能是将源操作数[S.]中的内容（十六进制数）转换成 ASCII 码放入目标操作数[D.]中。如图 5-38 所示，n 表示要转换的字符数（n=1～256）。M8161 控制采用 16 位模式还是 8 位模式。16 位模式时每 4 个 HEX 占用 1 个数据寄存器，转换后每两个 ASCII 码占用一个数据寄存器；8 位模式时，转换结果传送到[D.]低 8 位，其高 8 位为 0。

PLC 运行时 M8000 为 ON，M8161 为 OFF，此时为 16 位模式。当 X0 为 ON 则执行 ASCI。如果放在 D100 中的 4 个字符为 OABCH 则执行后将其转换为 ASCII 码送入 D200 和 D201 中，D200 高位放 A 的 ASCII 码 41H，低位放 0 的 ASCII 码 30H，D201 则放 BC 的 ASCII 码，C 放在高位。该指令的源操作数可取所有数据类型，目标操作数可取 KnY、KnM、KnS、T、C 和 D。只有 16 位运算，占用 7 个程序步。

ASCII→HEX 指令 HEX(P)的功能与 ASCI 指令相反，是将 ASCII 码表示的信息转换成十六进制的信息。将源操作数 D200～D203 中放的 ASCII 码转换成十六进制放入目标操作数 D100 和 D101 中。只有 16 位运算，占 7 个程序步。源操作数为 K、H、KnX、KnY、KnM、KnS、T、C 和 D，目标操作数为 KnY、KnM、KnS、T、C、D、V 和 Z。

（3）校验码指令 CCD(P)（FNC84）

校验码指令的功能是对一组数据寄存器中的十六进制数进行总校验和奇偶校验。如图 5-39 所示，是将源操作数[S.]指定的 D100～D102 共 6 字节的 8 位二进制数求和并“异或”，结果分别放在目标操作数 D0 和 D1 中。通信过程中可将数据和、“异或”结果随同发送，对方接收到信息后，先将传送的数据求和并“异或”，再与收到的和及“异或”结果比较，以此判断传送信号的正确与否。源操作数可取 KnX、 KnY、KnM、KnS、T、C 和 D，目标操作数可取 KnM、KnS、T、C 和 D，n 可用 K、H 或 D，n=1～256。为 16 位运算指令，占 7 个程序步。 以上 PRUN、ASCI、HEX、CCD 指令常应用于串行通信中，配合 RS 指令。

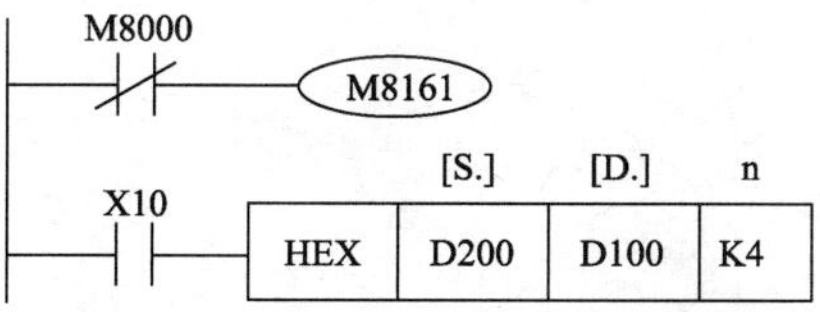

图 5-38 ASCII→HEX 指令的使用

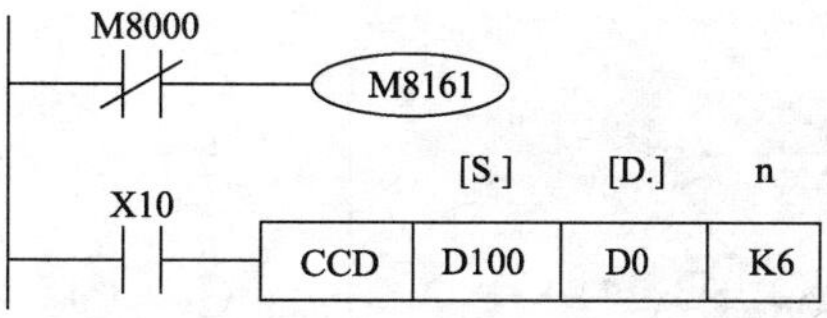

图 5-39 校验码指令的使用

（4）模拟量输入指令 VRRD(P)（FNC85）

模拟量输入指令 VRRD(P)（FNC85）是用来对 FX2N-8AV-BD 模拟量功能扩展板中的电位器数值进行读操作。如图 5-40 所示，当 X0 为 ON 时，读出 FX2N-8AV-BD 中 0 号模拟量的值（由 K0 决定），将其送入 D0 作为 T0 的设定值。源操作数可取 K、H，它用来指定模拟量口的编号，取值范围为 0～7；目标操作数可取 KnY、KnM、KnS、T、C、D、V 和 Z。该指令只有 16 位运算，占 5 个程序步。

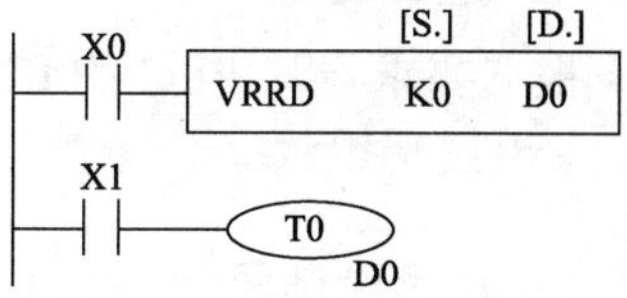

图 5-40 模拟量输入指令的使用

（5）模拟量开关指设定令 VRSC(P)（FNC86）

模拟量开关设定指令的作用是将 FX-8AV 中电位器读出的数四舍五入整量化后以 0～10 之间的整数值存放在目标操作数中。它的源操作数[S.]可取 K 和 H，用来指定模拟量口的编号，取值范围为 0～7；目标操作数[D.]的类型与 VRRD 指令相同。该指令为 16 位运算，占 9 个程序步。

（6）比例积分微分控制指令 PID

PID 指令的编号为 FNC88，用于模拟量闭环控制。PID 运算所需的参数存放在指令指定的数据区内。[S1.]存放置位值，[S2.]存放当前值，[S3.]是用户为 PID 指令定义参数的首址，范围是 D0～D975，[D.]存放输出值。PID 指令使用说明如图 5-41 所示。当 M10 从 OFF 变为 ON 时，执行指令。置位值存入 D10，当前值从 D40 中读出，保留 D100～D124 作为用户定义参数的寄存器，输出值存入 D60。

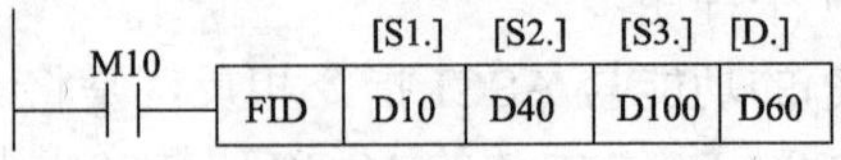

图 5-41　比例积分微分控制指令的使用

5.4　采用八组 LED 发光二极管模拟八段数码管的显示

控制要求

图 5-42 为八组 LED 发光二极管模拟八段数码管的示意图。程序运行显示次序是 0、1、2、3、4、5、6、7、8、9、显示间隔 1s，并循环不止，断开启动开关停止。

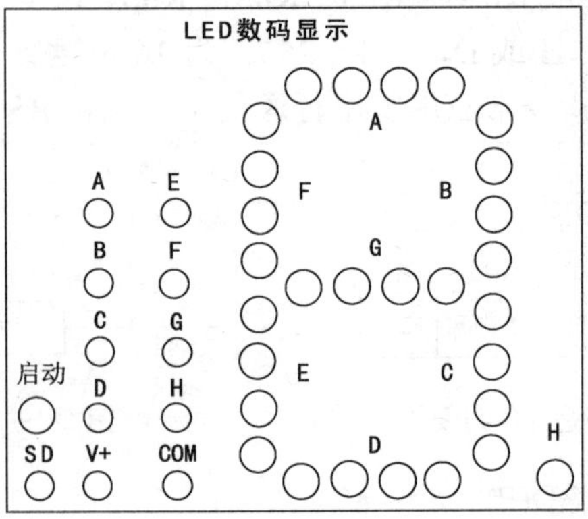

图 5-42　八组 LED 发光二极管模拟八段数码管的示意图

设计要求

根据要求设计 PLC 的 I/O 接线图和梯形图，并写出指令表。

控制设计

1．程序设计原理

首先，分析这个系统所需要的输入/输出，输入只有一个按钮 SB，选择一个输入继电器，用 X000 表示；输出的指示灯，为达到控制要求，把“8”字分成 7 段控制，分别用 Y000、Y001、Y002、Y003、Y004、Y005、Y006 表示，具体分配如表 5-7 所示。

表 5-7　八组 LED 发光二极管模拟八段数码管 I/O 分配表

输入	SB	输出	A	B	C	D	E	F	G	H
接线	X0	接线	Y0	Y1	Y2	Y3	Y4	Y5	Y6	Y7

当 X000 为 ON 后，程序运行，指示灯显示次序是 0、1、2、3、4、5、6、7、8、9，显示间隔 1s，并循环不止，断开启动则停止灯。

为方便控制，需要一些辅助继电器进行程序设计，定时器 T0 与辅助继电器常闭触点 M0 配合使得线圈 M0 每隔 1s 得电，从而使得左位移指令 SFTL 每隔 1s 执行一次；定时器 T1 与其常闭触点 T1 配合，使得线圈 M10 在程序执行 1.5s 后，都无法得电，从而使得与常开触点 M10 相连接的线圈 M100 只有在程序执行的前 1.5s 得电，若常开触点 M2 没有接通，则线圈 M100 以后都无法得电；常开触点 M2、M111、常闭触点 T2、定时器 T2、线圈 M2 实现数字的循环显示。

从程序中可以知道，当常开触点 M101、M103、M104、M106、M107、M108、M109、M110 任何一个接通时，线圈 Y000 都可以通电，即数字 8 的最上边一横杆发亮，这是因为数字 0、2、3、5、6、7、8、9 发亮时，都需要最上边一横杆发亮。同理，控制其他横杆发亮就可以显示组合成需要显示的数值。

最后，开关关闭，X000 失电变为 OFF 时，M100 至 M111 成批复位。

2. 梯形图参考程序

梯形图参考程序如图 5-43 所示。

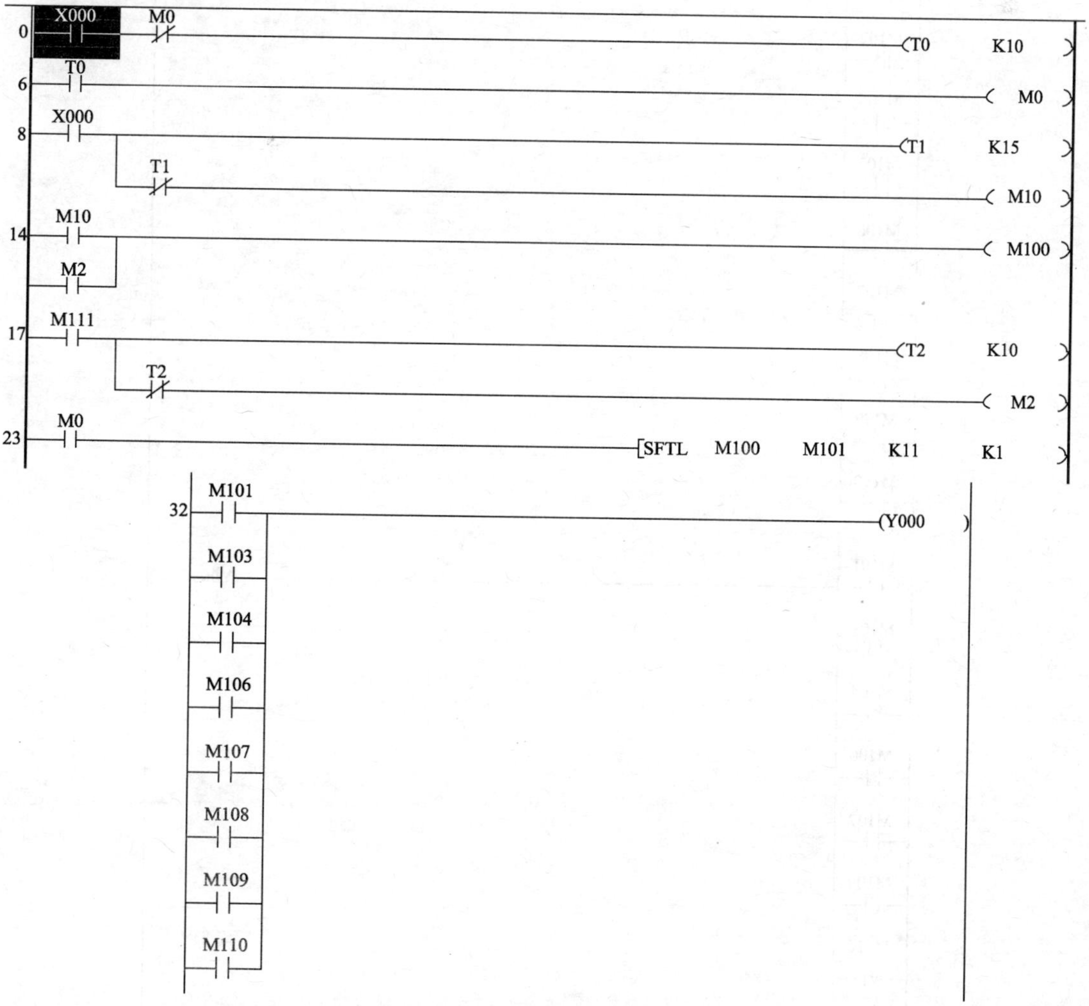

八组 LED 发光二极管模拟八段数码管梯形图

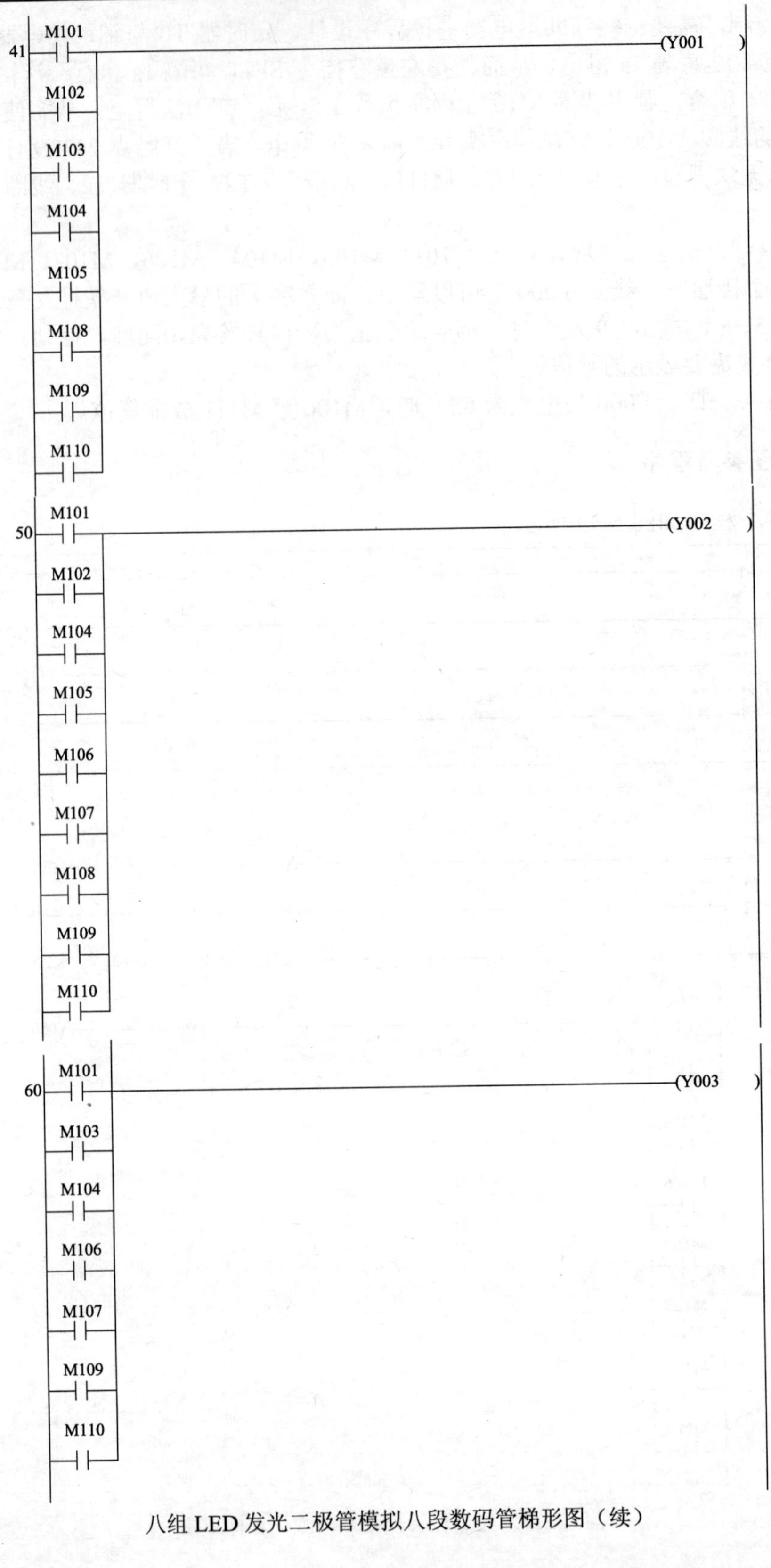

八组 LED 发光二极管模拟八段数码管梯形图（续）

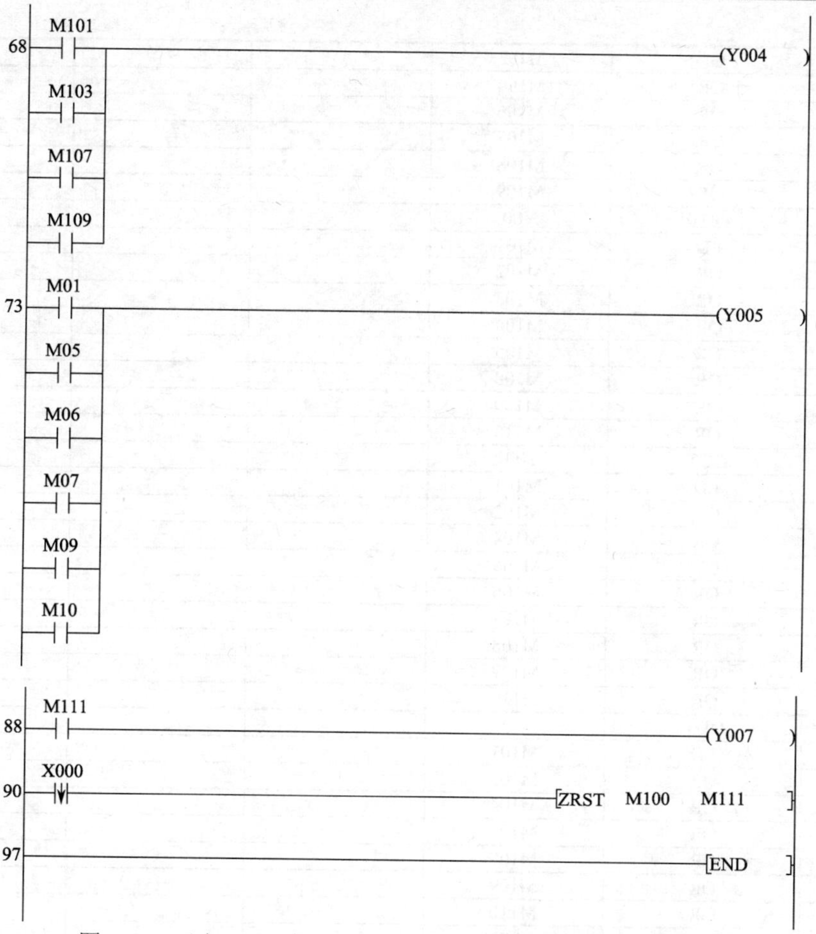

图 5-43 八组 LED 发光二极管模拟八段数码管梯形图（续）

3. 指令表

八组 LED 发光二极管模拟八段数码管指令表如表 5-8 所示。

表 5-8 八组 LED 发光二极管模拟八段数码管指令表

1	ANI	M0			
2	OUT	T0	K10		
5	LD	T0			
6	OUT	M0			
7	LD	X000			
8	OUT	T1	K15		
11	ANI	T1			
12	OUT	M10			
13	LD	M10			
14	OR	M2			
15	OUT	Ml00			
16	LD	Ml111			
17	OUT	T2	K10		
20	ANI	T2			
21	OUT	M2			
22	LD	M0			
23	SFTL	M100	M101	K11	K1
32	LD	M101			

续表

33	OR	M103			
34	OR	M104			
35	OR	M106			
36	OR	M107			
37	OR	M108			
38	OR	M109			
39	OUT	Y00			
40	LD	M101			
41	OR	M102			
42	OR	M103			
43	OR	M104			
44	OR	M105			
45	OR	M108			
46	OR	M109			
47	OR	M110			
48	OUT	Y001			
49	LD	M101			
50	OR	M102			
51	OR	M104			
52	OR	M105			
53	OR	M106			
54	OR	M107			
55	OR	M108			
56	OR	M109			
57	OR	M110			
58	OUT	Y002			
59	LD	M101			
60	OR	M103			
61	OR	M104			
62	OR	M106			
63	OR	M107			
64	OR	M109			
65	OR	M110			
66	OUT	Y003			
67	LD	MIDI			
68	OR	M103			
69	OR	M107			
70	OR	M109			
71	OUT	Y004			
72	LD	MIDI			
73	OR	M105			
74	OR	M106			
75	OR	M107			
76	OR	M109			
77	OR	M110			
78	OUT	Y005			
79	LD	M103			
80	OR	M104			
81	OR	M105			
82	OR	M106			
83	OR	M107			
84	OR	M109			
85	OR	Ml	10		
86	OUT	Y006			
87	LD	Ml11			
88	OUT	Y007			
89	LDF	X000			
91	ZRST	M100	M111		
96	END				

知识点击

1．循环移位指令

（1）右、左循环移位指令(D)ROR(P)和(D)ROL(P)

右、左循环移位指令(D)ROR(P)和(D)ROL(P)编号分别为 FNC30 和 FNC31。执行这两条指令时，各位数据向右（或向左）循环移动 n 位，最后一次移出来的那一位同时存入进位标志 M8022 中，如图 5-44 所示。

（2）带进位的循环移位指令 RCR(P)和(D) RCL(P)

带进位的循环右、左移位指令(D) RCR(P)和(D) RCL(P)编号分别为 FNC32 和 FNC33。执行这两条指令时，各位数据连同进位（M8022）向右（或向左）循环移动 n 位，如图 5-45 所示。

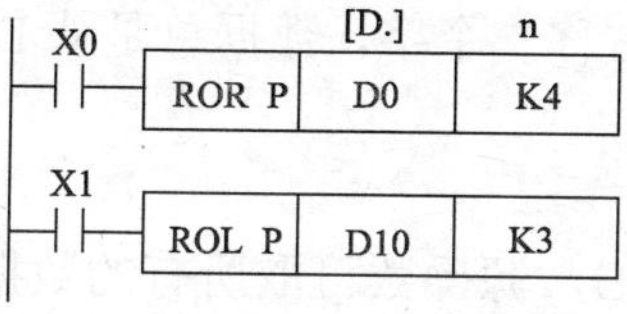

图 5-44 循环移位指令的使用

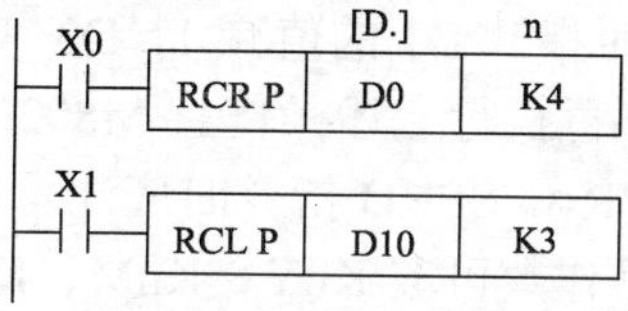

图 5-45 带进位的循环移位指令的使用

使用 ROR/ROL/RCR/RCL 指令时应该注意以下几点。

① 目标操作数可取 KnY、KnM、KnS、T、C、D、V 和 Z，目标元件中指定位元件的组合只有在 K4（16 位）和 K8（32 位指令）时有效。

② 16 位指令占 5 个程序步，32 位指令占 9 个程序步。

③ 用连续指令执行时，循环移位操作每个周期执行一次。

（3）位右移和位左移指令 SFTR(P)和 SFTL(P)

位右、左移指令 SFTR(P)和 SFTL(P)的编号分别为 FNC34 和 FNC35。它们使位元件中的状态成组地向右（或向左）移动。n1 指定位元件的长度，n2 指定移位位数，n1 和 n2 的关系及范围因机型不同而有差异，一般为 n2≤n1≤1024。位右移指令使用如图 5-46 所示。

使用位右移和位左移指令时应注意以下几点。

① 源操作数可取 X、Y、M、S，目标操作数可取 Y、M、S。

② 只有 16 位操作，占 9 个程序步。

（4）字右移和字左移指令 WSFR(P)和 WSFL(P)

字右移和字左移指令 WSFR(P)和 WSFL(P)的编号分别为 FNC36 和 FNC37。字右移和字左移指令以字为单位，其工作的过程与位移位相似，是将 n1 个字右移或左移 n2 个字。

使用字右移和字左移指令时应注意以下几点。

① 源操作数可取 KnX、KnY、KnM、KnS、T、C 和 D，目标操作数可取 KnY、KnM、KnS、T、C 和 D。

② 字移位指令只有 16 位操作，占用 9 个程序步。

③ n1 和 n2 的关系为 n2≤n1≤512。

（5）先入先出写入和读出指令 SFWR(P)和 SFRD(P)

先入先出写入和读出指令 SFWR(P)和 SFRD(P)的编号分别为 FNC38 和 FNC39。先入先出写入指令 SFWR 的使用如图 5-47 所示，当 X0 由 OFF 变为 ON 时，SFWR 执行，D0 中的数据写入 D2，而 D1 变成指针，其值为 1（D1 必须先清零）；当 X0 再次由 OFF 变为 ON 时，D0 中的数据写入 D3，D1 变为 2，以此类推，D0 中的数据依次写入数据寄存器。D0 中的数据从右边的 D2 顺序存入，源数据写入的次数放在 D1 中，当 D1 中的数达到 n–1 后不再执行上述操作，同时进位标志 M8022 置 1。

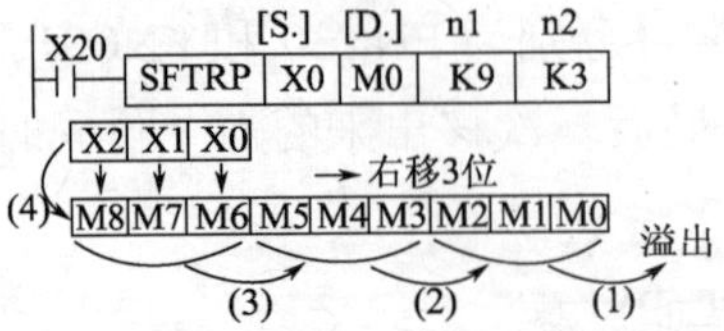

图 5-46　位右移指令的使用

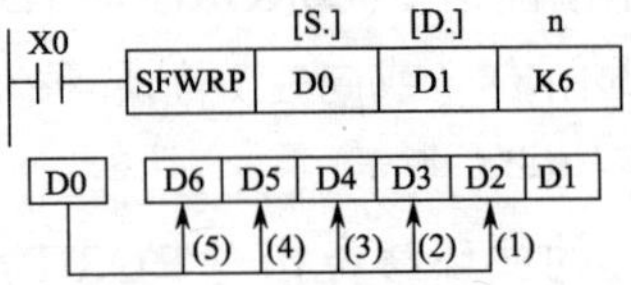

图 5-47　先入先出写入指令的写入

先入先出读出指令 SFRD 的使用如图 5-48 所示，当 X0 由 OFF 变为 ON 时，D2 中的数据送到 D10，同时指针 D1 的值减 1，D3～D9 的数据向右移一个字，数据总是从 D2 读出，指针 D1 为 0 时，不再执行上述操作且 M8020 置 1。

使用 SFWR 和 SFRD 指令时应注意以下几点。

① 目标操作数可取 KnY、KnM、KnS、T、C 和 D，源操数可取所有的数据类型。

② 指令只有 16 位运算，占 7 个程序步。

（6）区间复位指令 ZRST(P)

区间复位指令 ZRST(P)的编号为 FNC40。它是将指定范围内的同类元件成批复位。如图 5-49 所示，当 M8002 由 OFF→ON 时，位元件 M500～M599 成批复位，字元件 C235～C255 也成批复位。

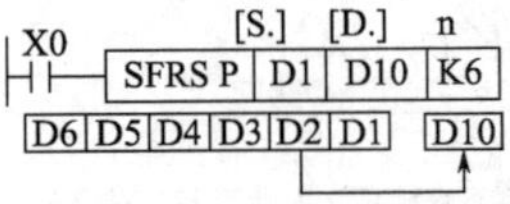

图 5-48　先入先出读出指令的使用

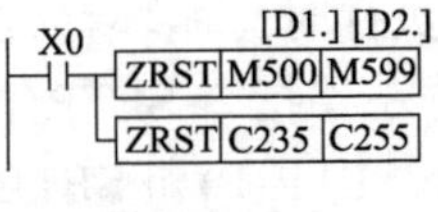

图 5-49　区间复位指令的使用

使用区间复位指令时应注意以下几点。

① [D1.]和[D2.]可取 Y、M、S、T、C、D，且应为同类元件，同时[D1.]的元件号应小于[D2.]指定的元件号，若[D1.]的元件号大于[D2.]元件号，则只有[D1.]指定元件被复位。

② ZRST 指令只有 16 位处理，占 5 个程序步，但[D1.][D2.]也可以指定 32 位计数器。

2．触点比较指令

（1）LD 触点比较指令

LD 触点比较指令的助记符、代码、功能如表 5-9 所示。

表 5-9　LD 触点比较指令

功能指令代码	助 记 符	导 通 条 件	非导通条件
FNC224	(D)LD=	[S1.]=[S2.]	[S1.]≠[S2.]
FNC225	(D)LD>	[S1]>[S2.]	[S1.]≤[S2.]
FNC226	(D)LD<	[S1.]< [S2.]	[S1.]≥[S2.]
FNC228	(D)LD<>	[S1.]≠[S2.]	[S1.]=[S2.]
FNC229	(D)LD≤	[S1.]≤[S2.]	[S1.]>[S2.]
FNC230	(D)LD≥	[S1.]≥[S2.]	[S1.]<[S2.]

如图 5-50 所示为 LD=指令的使用，当计数器 C10 的当前值为 200 时驱动 Y10。其他 LD

触点比较指令不在此一一说明。

（2）AND 触点比较指令

AND 触点比较指令的的助记符、代码、功能如表 5-10 所示。

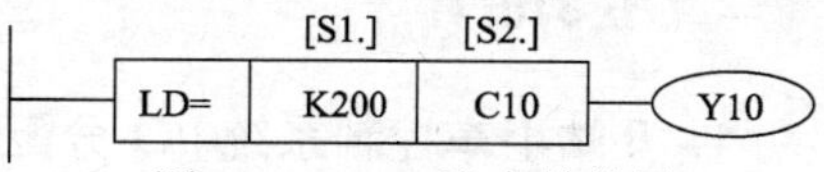

图 5-50　LD=指令的使用

表 5-10　AND 触点比较指令

功能指令代码	助记符	导通条件	非导通条件
FNC232	(D)AND=	[S1.]=[S2.]	[S1.]≠[S2.]
FNC233	(D)AND>	[S1]>[S2.]	[S1.]≤[S2.]
FNC234	(D)AND<	[S1.]< [S2.]	[S1.]≥[S2.]
FNC236	(D)AND<>	[S1.]≠[S2.]	[S1.]=[S2.]
FNC237	(D)AND≤	[S1.]≤[S2.]	[S1.]>[S2.]
FNC238	(D)AND≥	[S1.]≥[S2.]	[S1.]<[S2.]

如图 5-51 所示为 AND=指令的使用，当 X0 为 ON 且计数器 C10 的当前值为 200 时，驱动 Y10。

（3） OR 触点比较指令

该类指令的的助记符、代码、功能如表 5-11 所示。

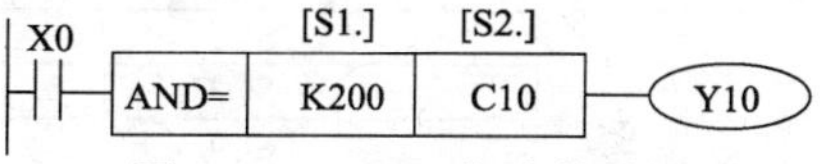

图 5-51　AND=指令的使用

表 5-11　OR 触点比较指令

功能指令代码	助记符	导通条件	非导通条件
FNC240	(D)OR=	[S1.]=[S2.]	[S1.]≠[S2.]
FNC241	(D)OR>	[S1]>[S2.]	[S1.]≤[S2.]
FNC242	(D)OR<	[S1.]< [S2.]	[S1.]≥[S2.]
FNC244	(D)OR<>	[S1.]≠[S2.]	[S1.]=[S2.]
FNC245	(D)OR≤	[S1.]≤[S2.]	[S1.]>[S2.]
FNC246	(D)OR≥	[S1.]≥[S2.]	[S1.]<[S2.]

OR=指令的使用如图 5-52 所示，当 X1 处于 ON 或计数器的当前值为 200 时，驱动 Y0。

触点比较指令源操作数可取任意数据格式。16 位运算占 5 个程序步，32 位运算占 9 个程序步。

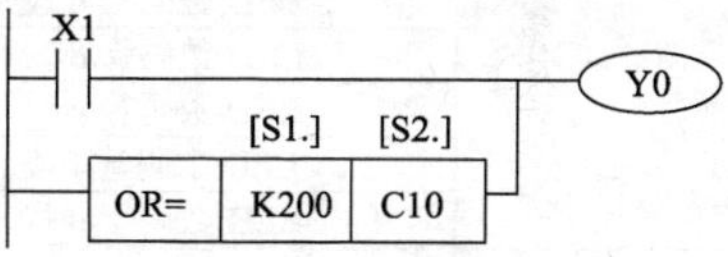

图 5-52　OR=指令的使用

5.5　8 站小车的呼叫控制

☞控制要求

用功能指令设计一个 8 站小车的呼叫控制系统，其控制要求如下。

（1）车所停位置号小于呼叫号时，小车右行至呼叫号处停车；

（2）车所停位置号大于呼叫号时，小车左行至呼叫号处停车。

☞设计要求

根据图 5-53 所示设计 PLC 的 I/O 接线图和梯形图，并写出指令表。

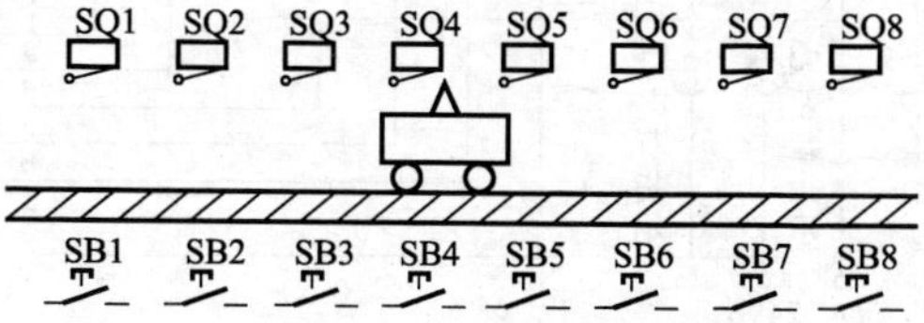

图 5-53　8 站小车运动图

控制设计

1. 8站小车控制系统I/O分配表

8站小车控制系统的I/O分配如表5-12所示。

表5-12　8站小车控制系统的I/O分配表

	器　件	PLC地址	功　能
输入	SB1	X0X1	1号位呼叫
	SB2	X1	2号位呼叫
	SB3	X2	3号位呼叫
	SB4	X3	4号位呼叫
	SB5	X4	5号位呼叫
	SB6	X5	6号位呼叫
	SB7	X6	7号位呼叫
	SB8	X7	8号位呼叫
	SQ1	X10	1号位行程开关
	SQ2	X11	2号位行程开关
	SQ3	X12	3号位行程开关
	SQ4	X13	4号位行程开关
	SQ5	X14	5号位行程开关
	SQ6	X15	6号位行程开关
	SQ7	X16	7号位行程开关
	SQ8	X17	8号位行程开关
输出	KM1	Y0	正转
	KM2	Y1	反转
	HL1	Y4	左行指示
	HL2	Y5	右行指示
	LED数码管a段	Y10	使LED数码管a段亮
	LED数码管b段	Y11	使LED数码管b段亮
	LED数码管c段	Y12	使LED数码管c段亮
	LED数码管d段	Y13	使LED数码管d段亮
	LED数码管e段	Y14	使LED数码管e段亮
	LED数码管f段	Y15	使LED数码管f段亮
	LED数码管g段	Y16	使LED数码管g段亮

2. 8站小车控制系统的I/O接线图

8站小车控制系统的 I/O接线图如图5-54所示。

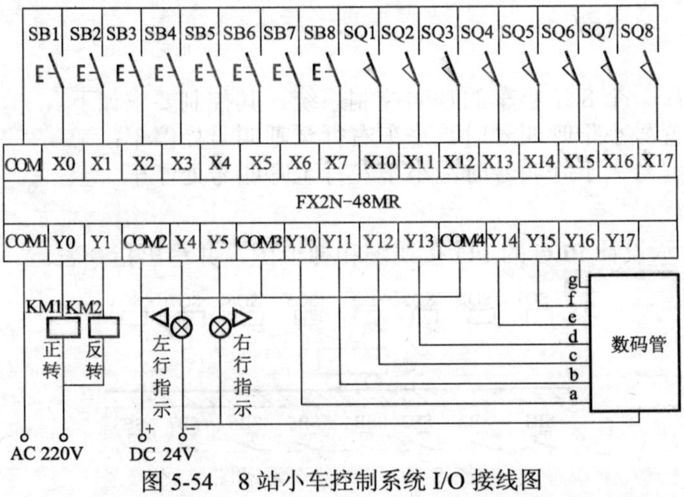

图5-54　8站小车控制系统I/O接线图

3. 梯形图设计

8 站小车控制系统的梯形图如图 5-55 所示。

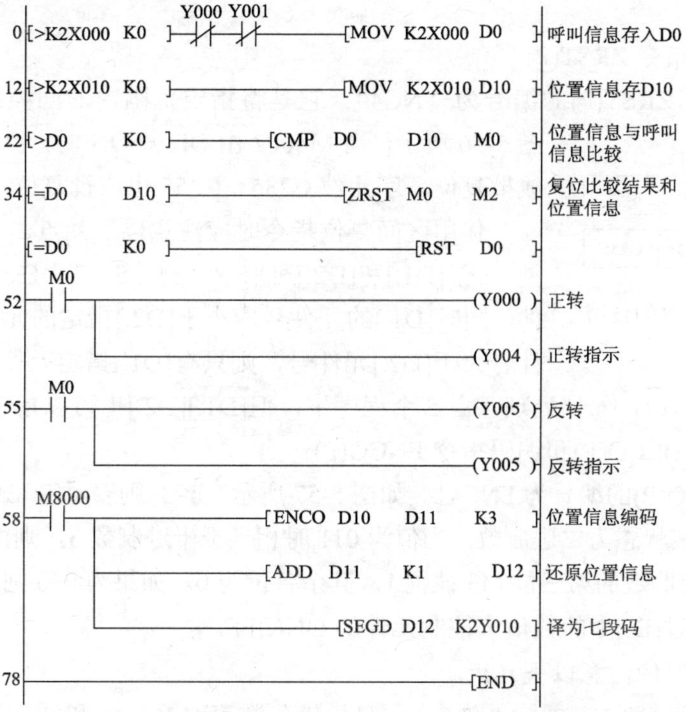

图 5-55　8 站小车控制系统的梯形图呼叫程序

4. 指令表

8 站小车控制系统的指令如表 5-13 所示。

表 5-13　8 站小车控制系统指令表

0	LD>	K2X000	K0	
5	ANI	Y000		
6	ANI	Y001		
7	MOV	K2X000	D0	
12	LD>	K2X010	K0	
17	MOV	K2X010	D10	
22	LD>	D0	K0	
27	CMP	D0	D10	M0
34	LD=	D0	K0	
39	RST	D0		
42	LD	M0		
43	OUT	Y000		
44	OUT	Y004		
45	LD	M2		
46	OUT	Y001		
47	OUT	Y005		
48	LD	M8000		
49	ENCO	D10	D11	K3
56	ADD	D11	K1	D12
63	SEGD	D12	K2Y010	
68	END			

知识点击

5.5.1 数据处理指令（FNC40～FNC49）

（1）区间复位指令 ZRST(P)

区间复位指令 ZRST(P)的编号为 FNC40。它是将指定范围内的同类元件成批复位。如图 5-56 所示，当 M8002 由 OFF→ON 时，位元件 M500～M599 成批复位，字元件 C235～C255 也成批复位。

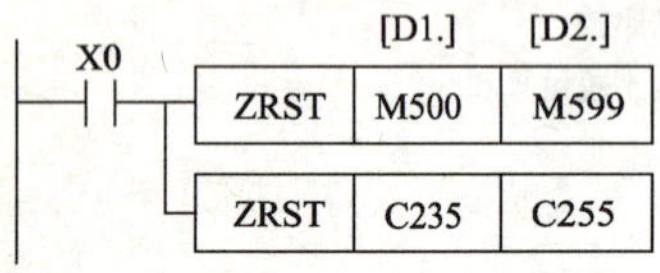

图 5-56 区间复位指令的使用

使用区间复位指令时应注意以下几点。

① [D1.]和[D2.]可取 Y、M、S、T、C、D，且应为同类元件，同时[D1.]的元件号应小于[D2.]指定的元件号，若[D1.]的元件号大于[D2.]元件号，则只有[D1.]指定元件被复位。

② ZRST 指令只有 16 位处理，占 5 个程序步，但[D1.][D2.]也可以指定 32 位计数器

（2）译码指令 DECO(P)和编码指令 ENCO(P)

译码指令 DECO(P)的编号为 FNC41。如图 5-57 所示，n=3 则表示[S.]源操作数为 3 位，即为 X0、X1、X2。其状态为二进制数，当值为 011 时相当于十进制数 3，则由目标操作数 M7～M0 组成的 8 位二进制数的第三位 M3 被置 1，其余各位为 0。如果为 000 则 M0 被置 1。

译码指令可通过[D.]中的数值来控制元件的 ON/OFF。

使用译码指令时应注意以下几点。

① 位源操作数可取 X、T、M 和 S，位目标操作数可取 Y、M 和 S，字源操作数可取 K、H、T、C、D、V 和 Z，字目标操作数可取 T，C 和 D。

② 若[D.]指定的目标元件是字元件 T、C、D，则 n≤4；若是位元件 Y、M、S，则 n=1～8。译码指令为 16 位指令，占 7 个程序步。

编码指令 ENCO ENCO(P)指令的编号为 FNC42。如图 5-58 所示，当 X1 有效时执行编码指令，将[S.]中最高位的 1（M3）所在位数（4）放入目标元件 D10 中，即把 011 放入 D10 的低 3 位。

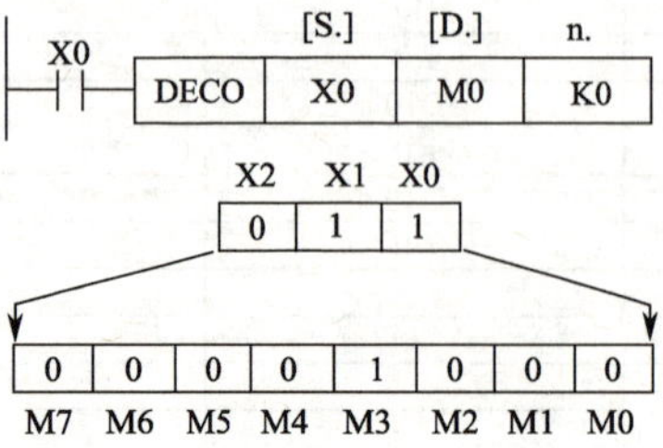

图 5-57 译码指令的使用

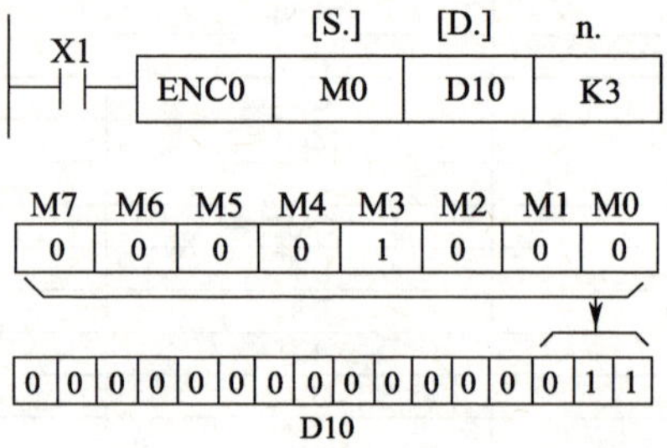

图 5-58 编码指令的使用

使用编码指令时应注意以下几点。

① 源操作数是字元件时，可以是 T、C、D、V 和 Z；源操作数是位元件，可以是 X、Y、M 和 S。目标元件可取 T、C、D、V 和 Z。编码指令为 16 位指令，占 7 个程序步。

② 操作数为字元件时应使用 n≤4，为位元件时则 n=1～8，n=0 时不作处理。

③ 若指定源操作数中有多个 1，则只有最高位的 1 有效。

（3）ON 位数统计指令(D) SUM(P)和 ON 位判别指令(D)BON(P)

ON 位数统计指令(D)SUM(P)的编号为 FNC43。该指令是用来统计指定元件中 1 的个数。如图 5-59 所示，当 X0 有效时执行 SUM 指令，将源操作数 D0 中 1 的个数送入目标操作数 D2 中，若 D0 中没有 1，则零标志 M8020 将置 1。

使用 SUM 指令时应注意以下几点。

① 源操作数可取所有数据类型，目标操作数可取 KnY、KnM、KnS、T、C、D、V 和 Z。

② 16 位运算时占 5 个程序步，32 位运算则占 9 个程序步。

ON 位判别指令 (D)BON(P)的编号为 FNC44。它的功能是检测指定元件中的指定位是否为 1。如图 3-59 所示，当 X1 为有效时，执行 BON 指令，由 K4 决定检测的是源操作数 D10 的第 4 位，当检测结果为 1 时，则目标操作数 M0=1，否则 M0=0。

使用 BON 指令时应注意以下几点。

① 源操作数可取所有数据类型，目标操作数可取 Y、M 和 S。

② 进行 16 位运算，占 7 个程序步，n=0～15；32 位运算时则占 13 个程序步，n=0～31。

（4）平均值指令(D)MEAN(P)

平均值指令(D)MEAN(P)的编号为 FNC45。其作用是将 n 个源数据的平均值送到指定目标（余数省略），若程序中指定的 n 值超出 1～64 的范围将会出错。

（5）报警器置位指令 ANS(P)与复位指令 ANR(P)

报警器置位指令 ANS(P)和报警器复位指令 ANR(P)的编号分别为 FNC46 和 FNC47。如图 5-60 所示，若 X0 和 X1 同时为 ON 时超过 1s，则 S900 置 1；当 X0 或 X1 变为 OFF，虽定时器复位，但 S900 仍保持 1 不变；若在 1s 内 X0 或 X1 再次变为 OFF 则定时器复位。当 X2 接通时，则将 S900～S999 之间被置 1 的报警器复位。若有多于 1 个的报警器被置位则元件号最低的那个报警器被复位。

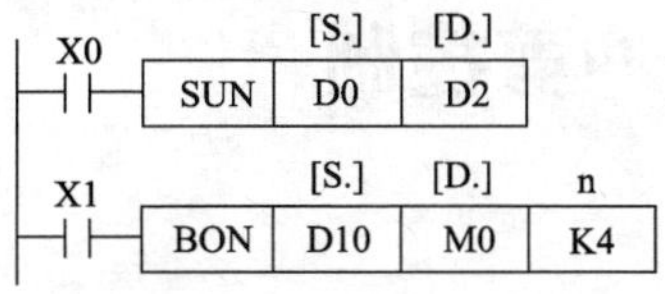

图 5-59 ON 位数统计和 ON 位判别指令的使用

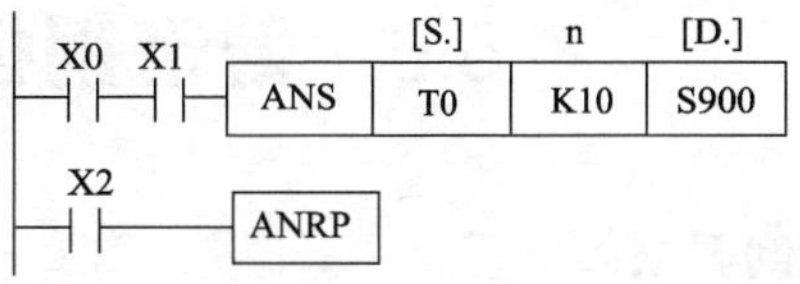

图 5-60 报警器置位与复位指令的使用

使用报警器置位与复位指令时应注意以下几点。

① ANS 指令的源操作数为 T0～T199，目标操作数为 S900～S999，n=1～32767；ANR 指令无操作数。

② ANS 为 16 位运算指令，占 7 个程序步；ANR 指令为 16 位运算指令，占 1 个程序步。

③ ANR 指令如果采用连续执行，则会按扫描周期依次逐个将报警器复位。

（6）二进制平方根指令(D)SQR(P)

二进制平方根指令(D)SQR(P)的编号为 FNC48。如图 5-61 所示，当 X0 有效时，则将存放在 D45 中的数开平方，结果存放在 D123 中（结果只取整数）。

使用 SQR 指令时应注意以下几点。

① 源操作数可取 K、H、D，数据需大于 0，目标操作数为 D。

② 16 位运算占 5 个程序步，32 位运算占 9 个程序步。

（7）二进制整数→二进制浮点数转换指令(D)FLT(P)

二进制整数→二进制浮点数转换指令(D)FLT(P)的编号为 FNC49。如图 5-62 所示，当 X1 有效时，将存入 D10 中的数据转换成浮点数并存入 D12 中。

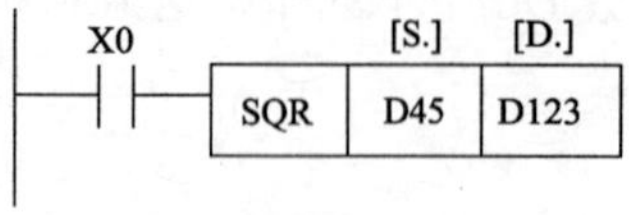

图 5-61　二进制平方根指令的使用

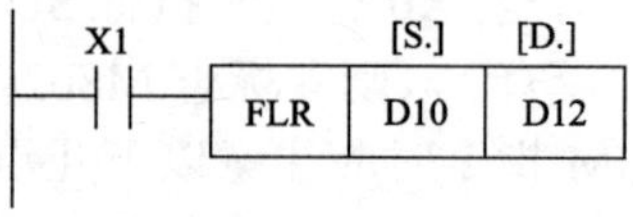

图 5-62　二进制整数→二进制浮点数转换指令的使用

使用 FLT 指令时应注意以下几点。

① 源和目标操作数均为 D。

② 16 位操作占 5 个程序步，32 位占 9 个程序步。

5.5.2　格雷码变换

格雷码转换和逆转换指令有 2 条：GRY(FNC170)和 GBIN(FNC171)，常用于处理光电码盘编码盘的数据。(D)GRY(P)指令的功能是将二进制数转换为格雷码，(D)GBIN(P)指令则是 GRY 的逆变换。如图 5-63 所示，GRY 指令是将源操作数[S.]中的二进制数变成格雷码放入目标操作数[D.]中，而 GBIN 指令与其相反。它们的源操作数可取任意数据格式，目标操作数为 KnY、KnM、KnS、T、C、D、V 和 Z。16 位操作时占 5 个程序步，32 位操作时占 9 个程序步。

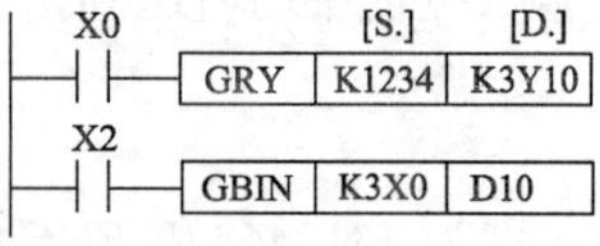

图 5-63　格雷码转换和逆转换指令的使用

5.6　薄带钢板的开平冲剪控制

控制要求

图 5-64 为薄带钢板的开平冲剪设备的结构及工作原理示意图。图中开卷机用来将带钢卷打开，多星辊用来将钢板整平，冲剪机用来将带钢剪成一定长度的钢板。缓冲槽为冲剪送料和开卷给料的缓冲而设计。系统通过变频调速器驱动交流电动机作为送料拖动动力。每剪一块钢板，电动机要经过启动送料、稳定运行、减速、制动停车几个步骤，电动机运行速度如图 5-65 所示。

设计要求

根据控制要求设计控制系统的梯形图并写出指令表。

控制设计

1. 梯形图

根据要求设计控制系统的梯形图如图 5-66 所示。

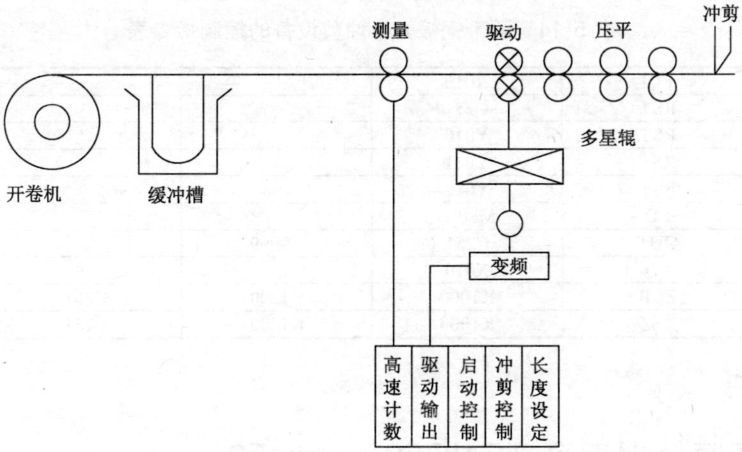

图 5-64　薄带钢板的开平冲剪设备的结构及工作原理

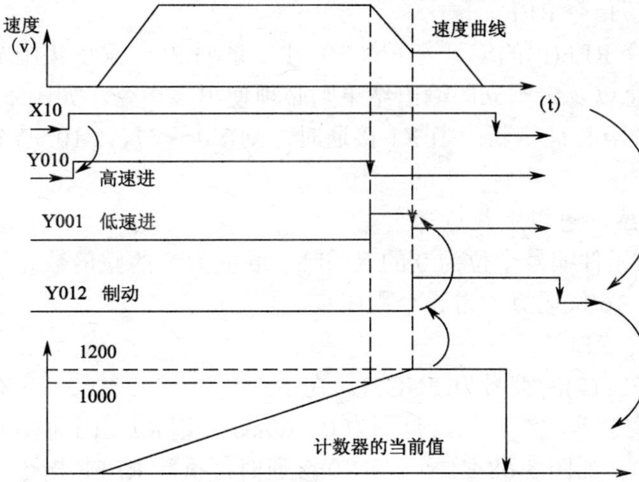

图 5-65　薄带钢板开平冲剪设备的电动机运行速度

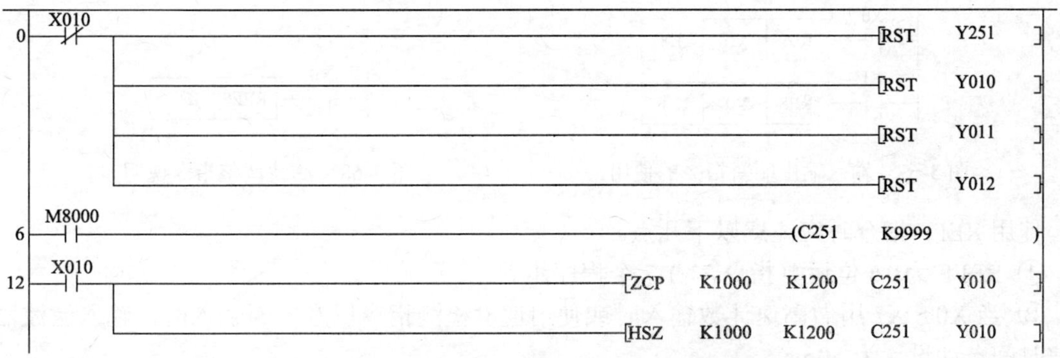

图 5-66　薄带钢板开平冲剪设备的控制梯形图

2. 指令表

薄带钢板开平冲剪设备的控制指令如表 5-14 所示。

表 5-14 薄带钢板开平冲剪设备的控制指令表

0	LDI	X010			
2	RST	C251			
3	RST	Y010			
4	RST	Y011			
5	RST	Y012			
6	LD	M8000			
7	OUT	C251	K9999		
12	LD	X010			
13	ZCP	K1000	K1200	C251	Y010
22	KSZ	K1000	K1200	C251	Y010

知识点击

5.6.1 高速处理指令（FNC50～FNC59）

（1）输入输出刷新指令 REF

输入输出刷新指令 REF(P)的编号为 FNC50。FX 系列 PLC 采用集中输入输出的方式。如果需要最新的输入信息以及希望立即输出结果则必须使用该指令。如图 5-67 所示，当 X0 接通时，X10～X17 共 8 点将被刷新；当 X1 接通时，则 Y0～Y7、Y10～Y17 共 16 点输出将被刷新。

使用 REF 指令时应注意以下几点。

① 目标操作数为元件编号个位为 0 的 X 和 Y，n 应为 8 的整倍数。

② 指令只要进行 16 位运算，占 5 个程序步。

（2）滤波调整指令 REFF

滤波调整指令 REFF(P)的编号为 FNC51。在 FX 系列 PLC 中 X0～X17 使用了数字滤波器，用 REFF 指令可调节其滤波时间，范围为 0～60ms（实际上由于输入端有 RL 滤波，所以最小滤波时间为 50μs）。如图 5-68 所示，当 X0 接通时，执行 REFF 指令，滤波时间常数被设定为 1ms。

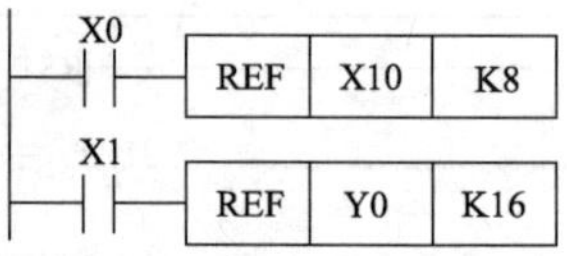

图 5-67 输入输出刷新指令的使用

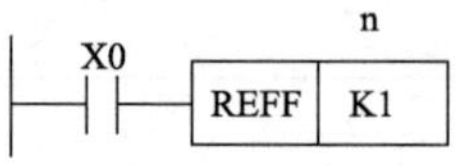

图 5-68 滤波调整指令说明

使用 REFF 指令时应注意以下几点。

① REFF 为 16 位运算指令，占 7 个程序步。

② 当 X0～X7 用做高速计数输入时或使用速度检测指令以及中断输入时，输入滤波器的滤波时间自动设置为 50ms。

（3）矩阵输入指令 MTR

矩阵输入指令 MTR 的编号为 FNC52。利用 MTR 可以构成连续排列的 8 点输入与 n 点输出组成的 8 列 n 行的输入矩阵。如图 5-69 所示，由[S.]指定的输入 X0～X7 共 8 点与 n 点输出 Y0、Y1、Y2（n=3）组成一个输入矩阵。PLC 在运行时执行 MTR 指令，当 Y0 为 ON 时，读入第一行的输入数据，存入 M30～M37 中；Y1 为 ON 时读入第二行的输入状态，存入 M40～M47。其余类推，反复执行。

使用 MTR 指令时应注意以下几点。

① 源操作数[S.]是元件编号个位为 0 的 X，目标操作数[D1.]是元件编号个位为 0 的 Y，目标操作数[D2.]是元件编号个位为 0 的 Y、M 和 S，n 的取值范围是 2～8。

② 考虑到输入滤波应答延迟为 10ms，对于每一个输出按 20ms 顺序中断，立即执行。

③ 利用本指令通过 8 点晶体管输出获得 64 点输入，但读一次 64 点输入所需时间为 20ms×8=160ms，不适应高速输入操作。

④ 该指令只有 16 位运算，占 9 个程序步。

（4）高速计数器指令(D)HSCS

高速计数器置位指令(D)HSCS 的编号为 FNC53。它应用于高速计数器的置位，使计数器的当前值达到预置值时，计数器的输出触点立即动作。它采用了中断方式使置位和输出立即执行而与扫描周期无关。如图 5-70 所示，[S1.]为设定值（100），当高速计数器 C255 的当前值由 99 变 100 或由 101 变为 100 时，Y0 都将立即置 1。

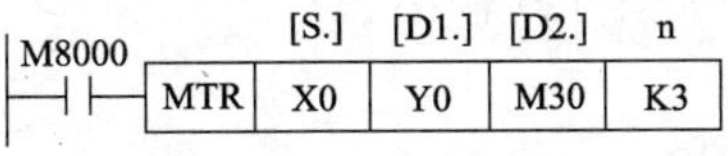

图 5-69　矩阵输入指令的使用

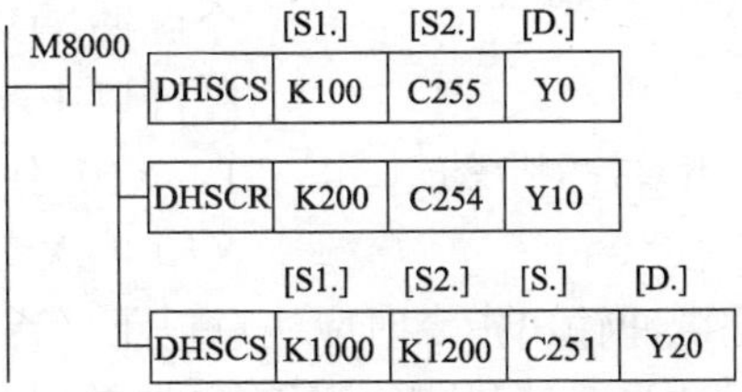

图 5-70　高速计数器指令的使用

（5）高速计速器比较复位指令(D)HSCR

高速计速器比较复位指令 HSCR　DHSCR 的编号为 FNC54。如图 3-63 所示，C254 的当前值由 199 变为 200 或由 201 变为 200 时，则用中断的方式使 Y10 立即复位。

使用 HSCS 和 HSCR 时应注意以下几点。

① 源操作数[S1.]可取所有数据类型，[S2.]为 C235～C255，目标操作数可取 Y、M 和 S。

② 只有 32 位运算，占 13 个程序步。

（6）高速计速器区间比较指令(D)HSZ

(D)HSZ 指令的编号为 FNC55。如图 5-71 所示，目标操作数为 Y20、Y21 和 Y22。如果 C251 的当前值<K1000 时，Y20 为 ON；K1000≤C251 的当前值≤K1200 时，Y21 为 ON；C251 的当前值>K1200 时，Y22 为 ON。

使用高速计速器区间比较指令时应注意以下几点。

① 操作数[S1.]、[S2.]可取所有数据类型，[S.]为 C235～C255，目标操作数[D.]可取 Y、M、S。

② 指令为 32 位操作，占 17 个程序步。

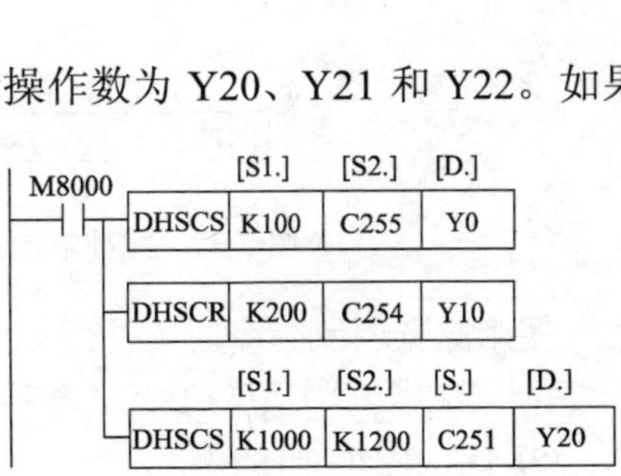

图 5-71　高速计速器区间比较指令

（7）速度检测指令 SPD

速度检测指令 SPD 的编号为 FNC56。它的功能是用来检测给定时间内从编码器输入的脉冲个数，并计算出速度。如图 5-72 所示，[D.]占 3 个目标元件。当 X12 为 ON 时，用 D1 对 X0 的输入上升沿计数，100ms 后计数结果送入 D0，D1 复位，D1 重新开始对 X0 计数。D2 在计数结束后计算剩余时间。

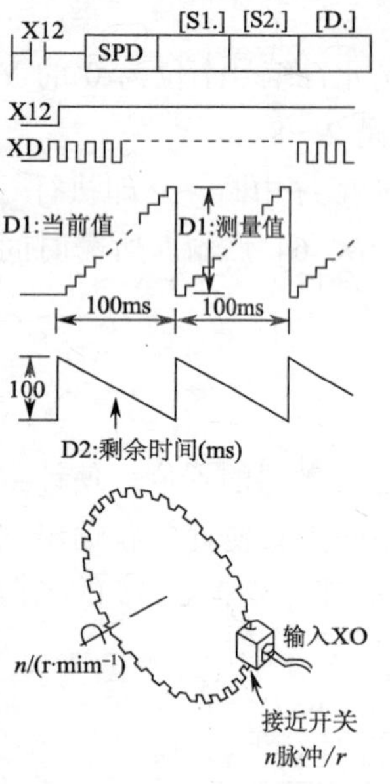

图 5-72　速度检测指令的使用

使用速度检测指令时应注意以下几点。

① [S1.]为 X0～X5，[S2.]可取所有的数据类型，[D.]可以是 T、C、D、V 和 Z。

② 指令只有 16 位操作，占 7 个程序步。

（8）脉冲输出指令(D)PLSY

脉冲输出指令(D)PLSY 的编号为 FNC57。它用来产生指定数量的脉冲。如图 5-73 所示，[S1.]用来指定脉冲频率（2～20000Hz），[S2.]指定脉冲的个数（16 位指令的范围为 1～32767， 32 位指令则为 1～2147483647）。如果指定脉冲数为 0，则产生无穷多个脉冲。[D .]用来指定脉冲输出元件号。脉冲的占空比为 50%，脉冲以中断方式输出。指定脉冲输出完后，完成标志 M8029 置 1。X10 由 ON 变为 OFF 时，M8029 复位，停止输出脉冲。若 X10 再次变为 ON 则脉冲从头开始输出。

使用脉冲输出指令时应注意以下几点。

① [S1.]、[S2.]可取所有的数据类型，[D.]为 Y1 和 Y2。

② 该指令可进行 16 和 32 位操作，分别占用 7 个和 13 个程序步。

③ 本指令在程序中只能使用一次。

（9）脉宽调制指令 PWM

脉宽调制指令 PWM 的编号为 FNC58。它的功能是用来产生指定脉冲宽度和周期的脉冲串。如图 5-74 所示，[S1.] 用来指定脉冲的宽度，[S2.]用来指定脉冲的周期，[D.]用来指定输出脉冲的元件号（Y0 或 Y1），输出的 ON/OFF 状态由中断方式控制。

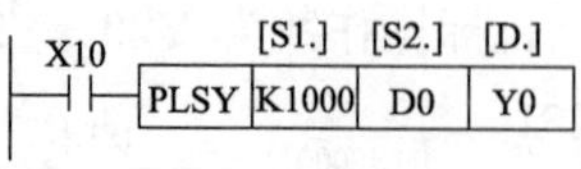

图 5-73　脉冲输出指令

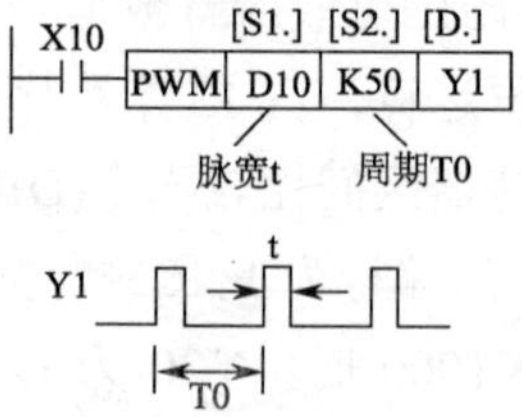

图 5-74　脉宽调制指令的使用

使用脉宽调制指令时应注意以下几点。

① 操作数的类型与 PLSY 相同；该指令只有 16 位操作，需 7 个程序步。

② [S1.]应小于[S2.]。

（10）可调速脉冲输出指令(D)PLSR

可调速脉冲输出指令(D)PLSR 的编号为 FNC59。该指令可以对输出脉冲进行加速，也可进行减速调整。源操作数和目标操作数的类型和 PLSY 指令相同，只能用于晶体管 PLC 的 Y0 和 Y1，可进行 16 位操作也可进行 32 位操作，分别占 9 个和 17 个程序步。该指令在程序中只能使用一次。

5.6.2　时钟运算指令（FNC160～FNC169）

共有七条时钟运算类指令，指令的编号分布为 FNC160～FNC169。时钟运算类指令是对时钟数据进行运算和比较，对 PLC 内置实时时钟进行时间校准和时钟数据格式化操作。

（1）时钟数据比较指令 TCMP（FNC160）

时钟数据比较指令 TCMP（FNC160）的功能是用来比较指定时刻与时钟数据的大小。如图 5-75 所示，将源操作数[S1.]、[S2.]、[S3.]中的时间与[S.]起始的 3 点时间数据比较，根据它们的比较结果决定目标操作数[D.]中起始的 3 点单元中取 ON 或 OFF 的状态。该指令只有 16 位运算，占 11 个程序步。它的源操作数可取 T、C 和 D，目标操作数可以是 Y、M 和 S。

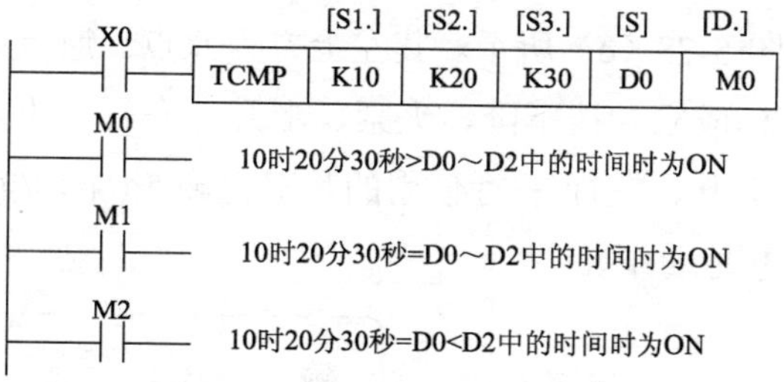

图 5-75　时钟数据比较指令的使用

（2）时钟数据加法运算指令 TADD(FNC162)

时钟数据加法运算指令 TADD(FNC162)的功能是将两个源操作数的内容相加结果送入目标操作数。源操作数和目标操作数均可取 T、C 和 D。TADD 为 16 位运算，占 7 个程序步。如图 5-76 所示，将[S1.]指定的 D10～D12 和 D20～D22 中所放的时、分、秒相加，把结果送入[D.]指定的 D30～D32 中。当运算结果超过 24 小时时，进位标志位变为 ON，将进行加法运算的结果减去 24 小时后作为结果进行保存。

（3）时钟数据读取指令 TRD(FNC166)

时钟数据读取指令 TRD(FNC166)为 16 位运算，占 7 个程序步。[D.]可取 T、C 和 D。它的功能是读出内置的实时时钟的数据放入由[D.]开始的 7 个字内。如图 5-77 所示，当 X1 为 ON 时，将实时时钟（它们以年、月、日、时、分、秒、星期的顺序存放在特殊辅助寄存器 D8013～8019 之中）传送到 D10～D16 之中。

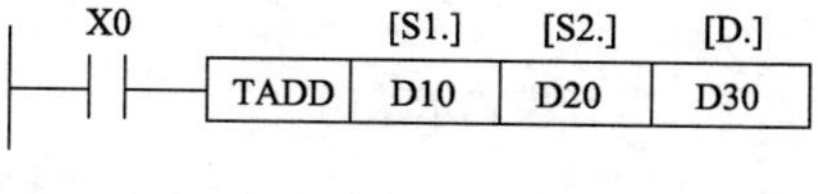

图 5-76　时钟数据加法运算指令的使用

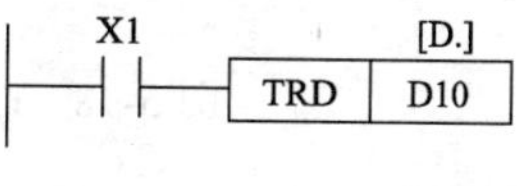

图 5-77　时钟数据读取指令的使用

5.7 机械手控制

控制要求

PLC 控制机械手传送工件运行模式如图 5-78（a）所示，其操作按钮如图 5-78（b）所示，该机械手的控制操作方式有以下 5 种。

（1）手动：用单个按钮接通或切断各负载的模式。

（2）回原点：按下回原点按钮时使机械手自动复归原点的模式。

（3）单步运行：每次按启动按钮，前进一个工序。

（4）单周期运行：在原点位置上按启动按钮时，进行一次循环的自动运行并在原点停止。途中按停止按钮，其工作停止，若再按启动按钮，继续动作至原点自动停止。

（5）自动运行：在原点位置按启动按钮 开始连续运行。若按停止按钮 则运转至原点位置后停止。

机械手的传送机构如图 5-78（c）所示。其左上方为原点。原点条件是:上限(X2=ON)、左限(X4=ON)及松开(Y1=OFF)成立。按下降、夹紧、上升、右行、下降、松开、上升、左行的顺序从左向右传送。下降/上升、左行/右行使用的是双电磁阀(驱动/非驱动 2 个输入)，夹紧使用的是单电磁阀（只在通电时动作）。

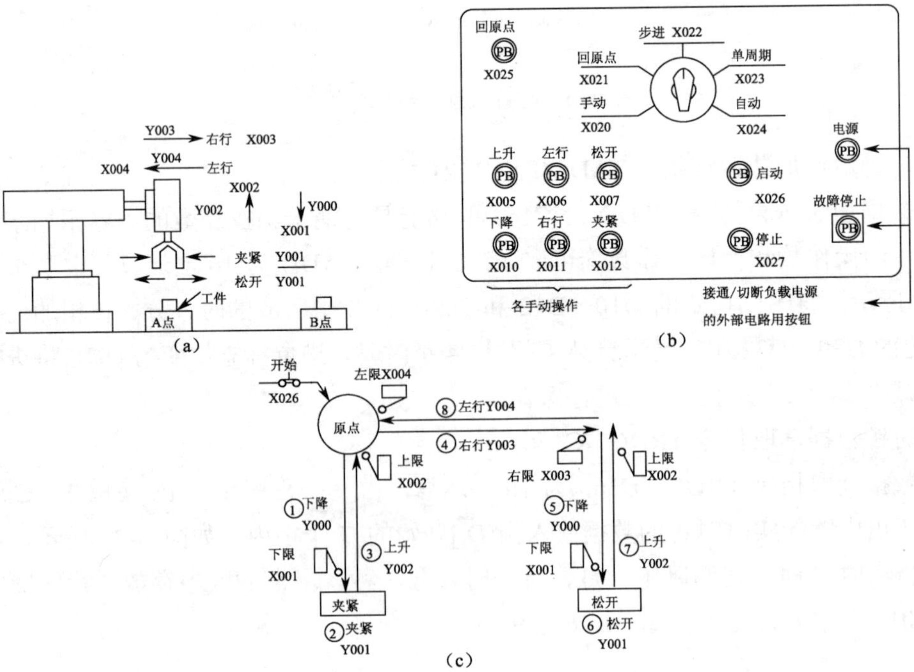

图 5-78 PLC 控制机械手传送工件运行模式示意图

设计要求

根据要求设计 PLC 控制硬件接线及软件程序。

控制设计

1．PLC 接线图 PLC 的输入点和输出点 PLC 接线如图 5-79 所示。

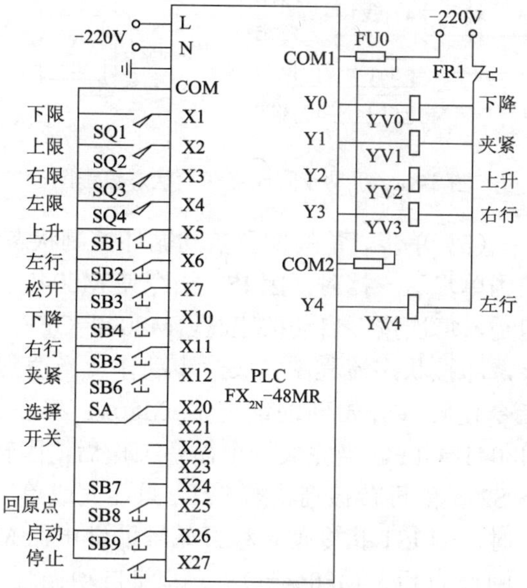

图 5-79 输入点和输出点 PLC 接线图

2．初始化程序 初始化程序梯形图如图 5-80 所示。

在 M8000 常开触点闭合时，IST 指令使 S0、S1、S2、M8040、M8041、M8042、M8047 等元件自动受控，同时 IST 指令还指定了(X20、X27)8 种操作方式。

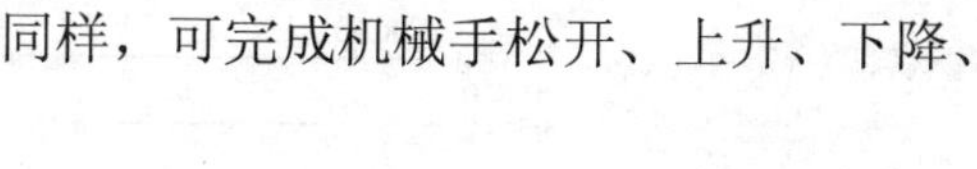

图 5-80 初始化程序梯形图

3．状态流程图

（1）手动操作方式初始状态已被指定由状态继电器 S0 控制。其流程图如图 5-81（a）所示。因 IST 指令置状态继电器 S0 为 ON，按下夹紧按钮 SB6，X12 闭合，SET 指令使 Y1 接通，Y1 输出信号使电磁阀线圈得电，机械手夹紧工件。同样，可完成机械手松开、上升、下降、右行、左行等动作。

（2）回原点也称为回零。规定用状态继电器 S10～S19 控制回零动作。回原点初始状态流程图如图 5-81（b）所示。因 IST 指令置状态继电器 S1 为 ON，当按下回原点按钮 SB7 时，转移到状态 S10，机械手上升，压合上限位行程开关 SQ2，由 S10 转移到 S11 状态，机械手左行，压合左限位行程开关 SQ4，由 S11 转移到 S12 状态，返回原点结束继电器 M8043 置位，完成机械手回原点动作。如果选择开关在 M8043 接通前，企图改变运行方式，则由于 IST 指令的作用，使所有输出被关断。

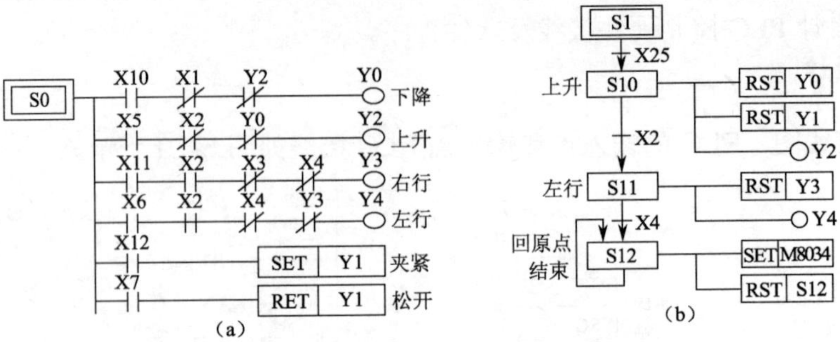

图 5-81　手动及回原点初始状态流程图

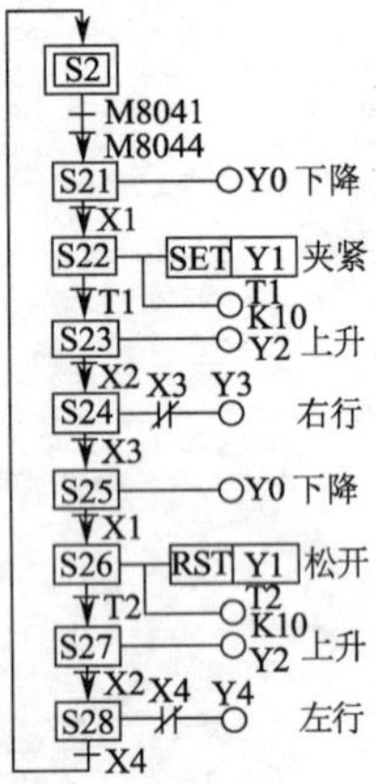

图 5-82　自动循环控制流程图状态

（3）单步、单周期及自动循环控制状态流程图如图 5-82 所示。当拨到单步这一挡时，因 IST 指令使 M8040 接通，禁止所有状态转移。但是，每次按下启动按钮时，M8040=OFF，可以使状态按顺序转移一步，即按状态流程图完成一步动作。当拨到单周期这一挡时，因 IST 指令使转移开始辅助继电器 M8041 仅在按启动按钮时接通，然后 M8041=OFF。当完成一个循环工作后，因转移条件 M8041=OFF，状态 S2 不能再转移到状态 S21，只能完成单周期运行。当拨到自动循环挡时，因 IST 指令使转移开始辅助继电器 M8041 一直保持 ON。机械手回原点后，M8044=ON，因此自动循环工作一直能按流程图连续进行。

4．梯形图

机械手控制的梯形图如图 5-83 所示。

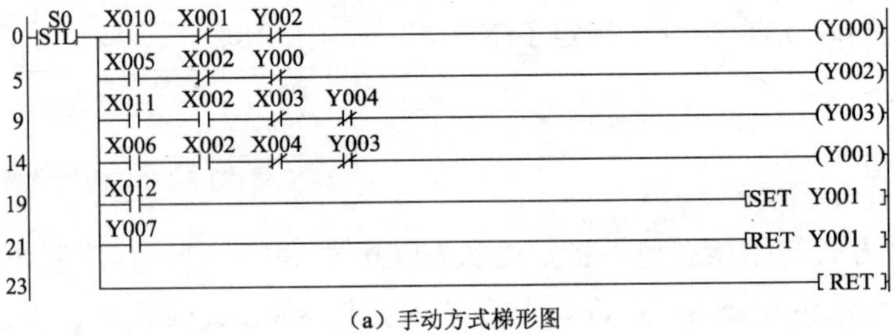

（a）手动方式梯形图

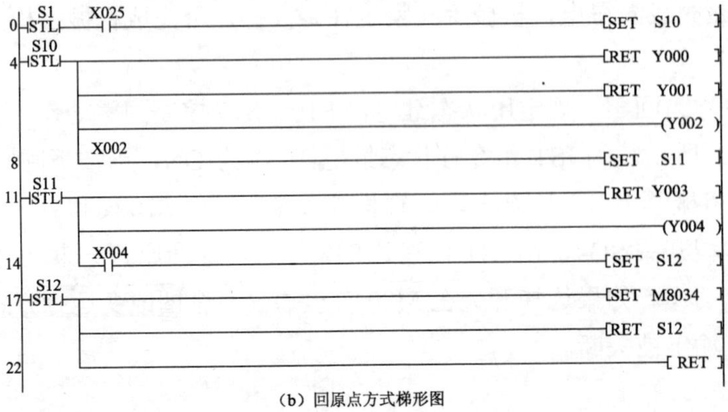

（b）回原点方式梯形图

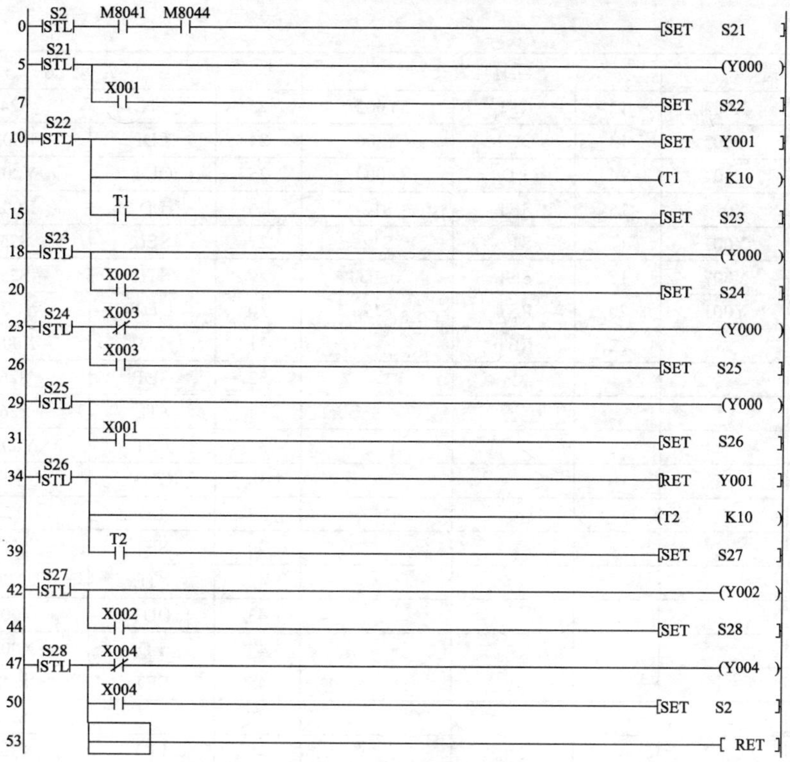

（c）自动方式梯形图

图 5-83　机械手控制的梯形图

5. 指令表

机械手控制的指令表如表 5-15 所示。

表 5-15　机械手控制的指令表

手动方式			回复点方式			自动方式			
0	STL	S0				1	LD	M8041	
1	LD	X010				2	AND	M8044	
2	ANI	X001				3	SET	S21	
3	ANI	Y002				5	STL	S21	
4	OUT	Y000				6	OUT	Y000	
5	LD	X005				7	LD	X001	
6	ANI	X002	0	STL	S1	8	SET	S22	
7	ANI	Y000	1	LD	X025	10	STL	S22	
8	OUT	Y002	2	SET	S10	11	SET	Y001	
9	LD	X011	4	STL	S10	12	OUT	T1	K10
10	AND	X002	5	RST	Y000	15	LD	T1	
11	ANI	X003	6	RST	Y001	16	SET	S23	
12	ANI	Y004	7	OUT	Y002	18	STL	S23	
13	OUT	Y003	8	LD	X002	19	OUT	Y002	
14	LD	X006	9	SET	S11	20	LD	X002	
15	AND	X002	11	STL	S11	21	SET	S24	

续表

手动方式			回复点方式			自动方式			
16	ANI	X004	12	RST	Y003	23	STL	S24	
17	ANI	Y003	13	OUT	Y004	24	LDI	X003	
18	OUT	Y004	14	LD	X004	25	OUT	Y003	
19	LD	X012	15	SET	S12	26	LD	X003	
20	SET	Y001	17	STL	S12	27	SEL	S25	
21	LD	Y007	18	SET	M8034	29	STL	S25	
22	RST	Y001	20	RST	S12	30	OUT	Y000	
23	RET		22	RET		31	LD	X001	
						32	SET	S26	
						34	STL	S26	
						35	RST	Y001	
						36	OUT	T2	K10
						39	LD	T2	
						40	SET	S27	
						42	STL	S27	
						43	OUT	Y002	
						44	LD	X002	
						45	SET	S28	
						47	STL	S28	
						48	LDI	X004	
						49	OUT	Y004	
						50	LD	X004	
						51	SET	S2	
						53	RET		

知识点击

5.7.1 方便指令（FNC60～FNC69）

FX 系列共有 10 条方便指令：初始化指令 IST（FNC60）、数据搜索指令 S（FNC61）、绝对值式凸轮顺控指令 ABSD（FNC62）、增量式凸轮顺控指令 INCD（FNC63）、示教定时器指令 TIMR（FNC64）、特殊定时器指令 STMR（FNC65）、交替输出指令 ALT（FNC66）、斜坡信号指令 RAMP（FNC67）、旋转工作台控制指令 ROTC（FNC68）和数据排序指令 SORT（FNC69）。以下仅对其中部分指令加以介绍。

（1）初始化指令

IST 指令的功能是自动设定初始状态和特殊辅助继电器，其助记符、指令代码、操作数如表 5-16 所示，使用说明如图 5-84 所示。

表 5-16　IST 指令的功能

指令名称	助记符	指令代码	操作元件		
状态初始化	IST	FNC60	[S.]	[D1.]	[D2.]
			X、Y、M、S，用 8 个连号元件	S(D1<D2)	

源操作元件[S.]指定操作方式输入的首元件，一共 8 个连号的元件。这些元件可以是 X、Y、M、S。图 5-84 中 8 个连号元件是 X20、X21、X22、X23、X24、X25、X26、X27。目标操作元件[D1.]指定自动运行方式的最小状态号，[D2.]指定自动运行方式的最大状态号。为了使 X20～X27 不同时导通，要求使用选择开关。

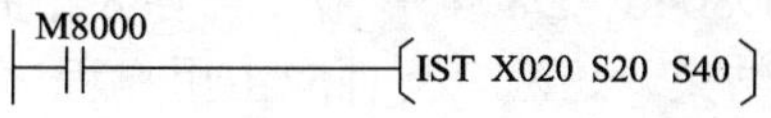

图 5-84　IST 指令的使用

特殊辅助继电器 M8000 为运行（RUN）监控(PLC 运行时即自动接通)，当 M8000 由 OFF→ON 时，IST 指令使 S0、S1、S2、M8040、M8041、M8042、M8047 元件自动受控，但 M8000 为 OFF 时，这些元件的状态保持不变。以图 5-79 所示的机械手的控制为例，状态初始化指令的初始状态 S0～S2 运行方式按照图 5-85 所示的形式进行切换。

状态初始化指令自动动作的特殊辅助继电器 M8040～M8042 和 M8047 的动作内容可用图 5-86 所示的梯形图来说明。

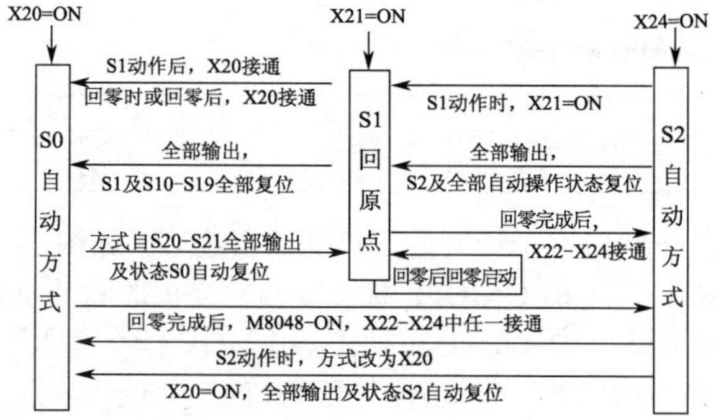

图 5-85　S0、S1、S2 的切换

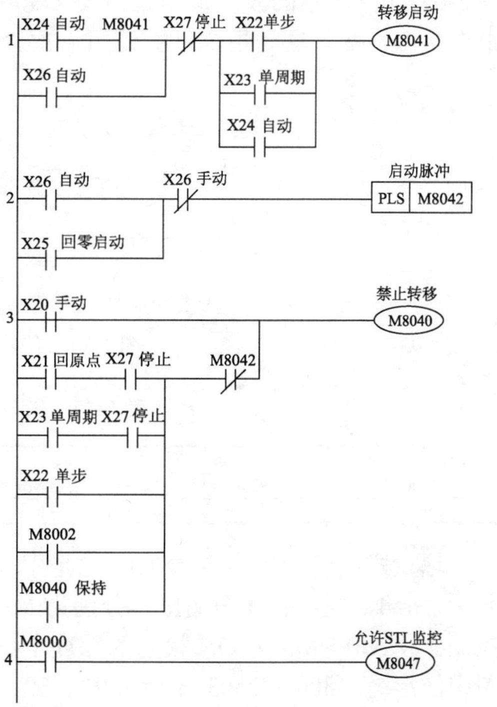

图 5-86　M8040～M8042 和 M8047 的使用说明

在图 5-86 所示的梯形图程序段 1 中，转移开始辅助继电器 M8041 是从自动方式的初始状态 S2 向另一状态转移的转移条件辅助继电器。手动回原点时，M8041 不动作，步进、单周期时，仅在按动启动按钮时动作。自动时，按动启动按钮后保持为 ON，按停止按钮后为 OFF。程序段 2 中，启动脉冲辅助继电器 M8042 是在启动按钮按下的瞬时接通一个周期。 程序段 3 中，M8040 是禁止转移的辅助继电器，当 M8040 为 ON 时，禁止所有状态转移。手动状态下，X20=ON 时，M8040 总是接通的。在回原点、单周期运行时，按动停止按钮后(X21 或 X23 =ON，X27 =ON)一直到再按启动按钮期间，M8040 一直保持为 ON。单步执行(X22=ON)时，M8040 常通，但是在按动启动按钮(X26=ON)时，M8040 为 OFF，使状态可以按顺序转移一步。当 PLC 由 STOP→RUN 切换时，M8040 保持 ON，按启动按钮后，M8040 为 OFF。程序段 4 中，当

M8047 为 ON 时，状态 S0～S899 中正在动作的状态从最低号开始顺序存入特殊数据寄存器 D8040～D8047，最多可存 8 个状态。 特殊辅助继电器 M8044 是原点条件，M8043 是回原点结束，这两个元件应由用户程序控制。若选择开关在回原点完成且辅助继电器 M8043 未置 1 之前改变运行方式，则所有输出将变为 OFF。

（2）凸轮顺控指令

凸轮顺控指令有绝对值式凸轮顺控指令 ABSD（FNC62）和增量式凸轮顺控指令 INCD（FNC63）两条。

绝对值式凸轮顺控指令 ABSD 是用来产生一组对应于计数值在 360° 范围内变化的输出波形，输出点的个数由 n 决定，如图 5-87（a）所示。图中 n 为 4，表明[D.]由 M0～M3 共 4 点输出。预先通过 MOV 指令将对应的数据写入 D300～D307 中，开通点数据写入偶数元件，关断点数据放入奇数元件，如表 3-17 所示。当执行条件 X0 由 OFF 变 ON 时，M0～M3 将得到如图 3-67（b）所示的波形，通过改变 D300～D307 的数据可改变波形。若 X0 为 OFF，则各输出点状态不变。这一指令只能使用一次。

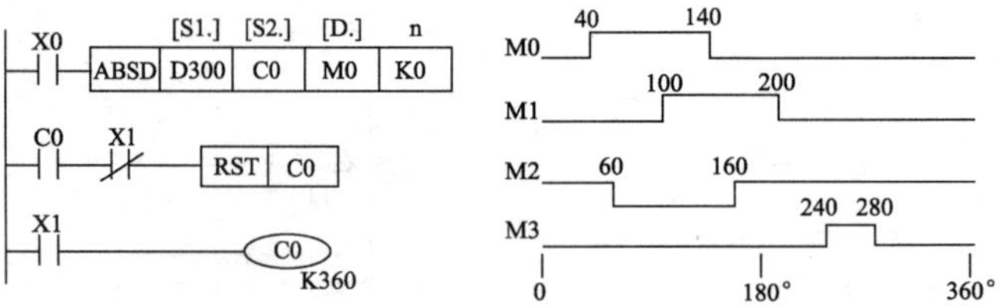

（a）绝绝对值式凸轮顺控指令　　（b）输出波形

图 5-87　绝对值式凸轮顺控指令的使用

表 5-17　旋转台旋转周期 M0～M3 状态

开　通　点	关　断　点	输　　出	开　通　点	关　断　点	输　　出
D300=40	D301=140	M0	D304=160	D305=60	M2
D302=100	D303=200	M1	D306=240	D307=280	M3

增量式凸轮顺控指令 INCD 也是用来产生一组对应于计数值变化的输出波形。如图 5-88 所示，n=4，说明有 4 个输出，分别为 M0～M3，它们的 ON/OFF 状态受凸轮提供的脉冲个数控制。使 M0～M3 为 ON 状态的脉冲个数分别存放在 D300～D303 中（用 MOV 指令写入）。图中波形是 D300～D303 分别为 20、30、10 和 40 时的输出。当计数器 C0 的当前值依次达到 D300～D303 的设定值时将自动复位。C1 用来计复位的次数，M0～M3 根据 C1 的值依次动作。由 n 指定的最后一段完成后，标志 M8029 置 1，以后周期性重复。若 X0 为 OFF，则 C0、C1 均复位，同时 M0～M3 变为 OFF，当 X0 再接通后重新开始工作。

凸轮顺控指令源操作数[S1.]可取 KnX、KnY、KnM、KnS、T、C 和 D，[S2.]为 C，目标操作数可取 Y、M 和 S。INCD 为 16 位操作指令，占 9 个程序步。

（3）定时器指令

定时器指令有示教定时器指令 TTMR（FNC64）和特殊定时器指令 STMR（FNC65）两条。

使用示教定时器指令 TTMR，可用一个按钮来调整定时器的设定时间。如图 5-89 所示，当 X10 为 ON 时，执行 TTMR 指令，X10 按下的时间由 M301 记录，该时间乘以 10n 后存入 D300。如果按钮按下时间为 t 存入 D300 的值为 10n×t 。X10 为 OFF 时，D301 复位，D300 保持不变。TTMR 为 16 位指令，占 5 个程序步。

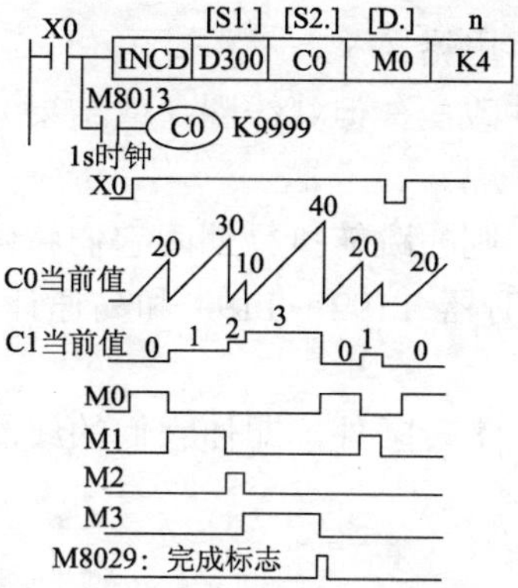

图 5-88 增量式凸轮顺控指令的使用

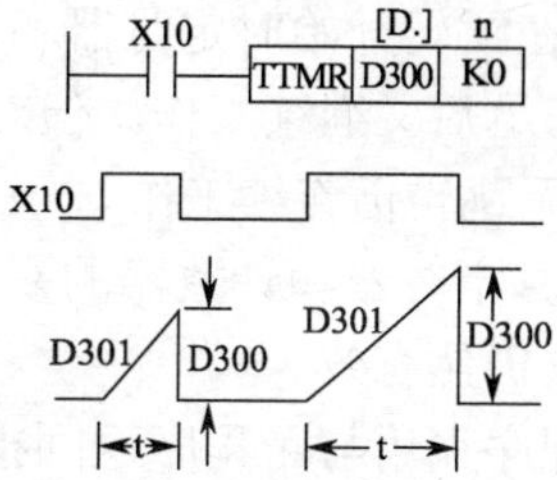

图 5-89 示教定时器指令的使用

特殊定时器指令 STMR 是用来产生延时断开定时器、单脉冲定时器和闪动定时器。如图 5-90 所示，m=1～32767，用来指定定时器的设定值；[S.]源操作数取 T0～T199（100ms 定时器）。T10 的设定值为 100ms×100=10s，M0 是延时断开定时器，M1 为单脉冲定时器，M2、M3 为闪动而设。

（4）交替输出指令

交替输出指令 ALT(P)的编号为 FNC66，用于实现由一个按钮控制负载的启动和停止。如图 5-91 所示，当 X0 由 OFF 到 ON 时，Y0 的状态将改变一次。若用连续的 ALT 指令则每个扫描周期 Y0 均改变一次状态。[D.]可取 Y、M 和 S。ALT 为 16 为运算指令，占 3 个程序步。

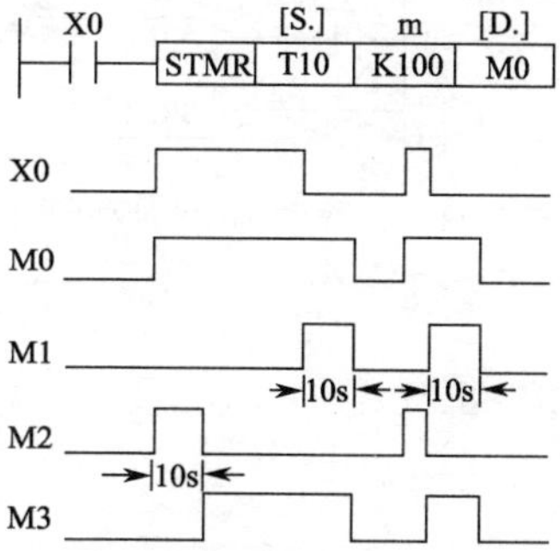

图 5-90 特殊定时器指令的使用

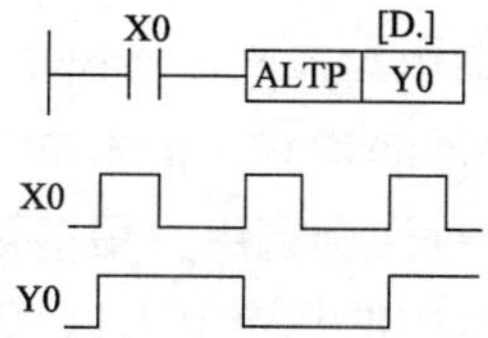

图 5-91 交替输出指令的使用

5.7.2 程序流程指令

（1）条件跳转指令 CJ（P）

条件跳转指令 CJ（P）的编号为 FNC00，操作数为指针标号 P0～P127，其中 P63 为 END 所在步序，不需标记。指针标号允许用变址寄存器修改。CJ 和 CJP 都占 3 个程序步，指针标号占 1 程序步。

如图 5-92 所示，当 X20 接通时，则由 CJ P9 指令跳到标号为 P9 的指令处开始执行，跳过了程序的一部分，减少了扫描周期。如果 X20 断开，跳转不会执行，则程序按原顺序进行执行。

使用跳转指令时应注意以下几点。

① CJP 指令表示为脉冲执行方式。

② 在一个程序中一个标号只能出现一次，否则将出错。

③ 在跳转执行期间，即使被跳过程序的驱动条件改变，但其线圈（或结果）仍保持跳转前的状态，因为跳转期间根本没有执行这段程序。

④ 如果在跳转开始时定时器和计数器已在工作，则在跳转执行期间它们将停止工作，到跳转条件不满足后又继续工作。但对于正在工作的定时器 T192～T199 和高速计数器 C235～C255 不管有无跳转仍连续工作。

⑤ 若积算定时器和计数器的复位（RST）指令在跳转区外，即使它们的线圈被跳转，但对它们的复位仍然有效。

（2）子程序调用与子程序返回指令 CALL、SRET

子程序调用指令 CALL 的编号为 FNC01。操作数为 P0～P127，此指令占用 3 个程序步。

子程序返回指令 SRET 的编号为 FNC02。无操作数，占用 1 个程序步。如图 5-93 所示，如果 X0 接通，则转到标号 P10 处去执行子程序。当执行 SRET 指令时，返回到 CALL 指令的下一步执行。

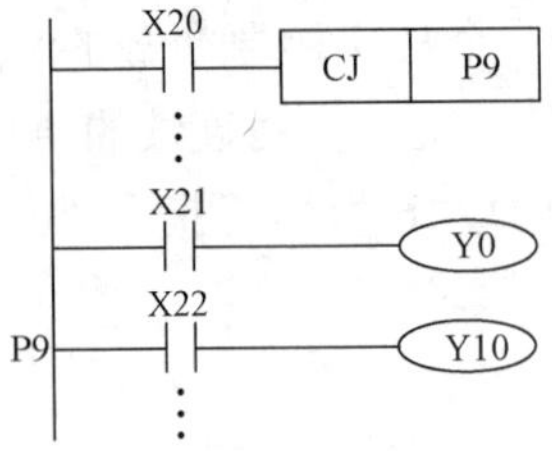

图 5-92　跳转指令的使用

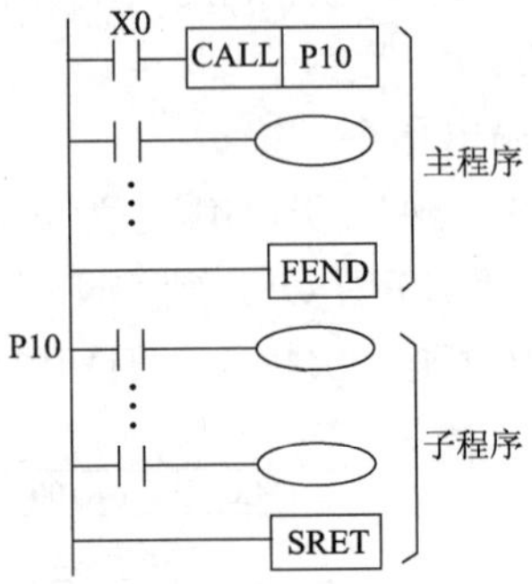

图 5-93　子程序调用与返回指令的使用

使用子程序调用与返回指令时应注意以下几点。

① 转移标号不能重复，也不可与跳转指令的标号重复。

② 子程序可以嵌套调用，最多可 5 级嵌套。

（3）与中断有关的指令 IRET、EI、DI

与中断有关的三条功能指令是：中断返回指令 IRET（FNC03）、中断允许指令 EI（FNC04）、中断禁止 DI（FNC05）。它们均无操作数，占用 1 个程序步。

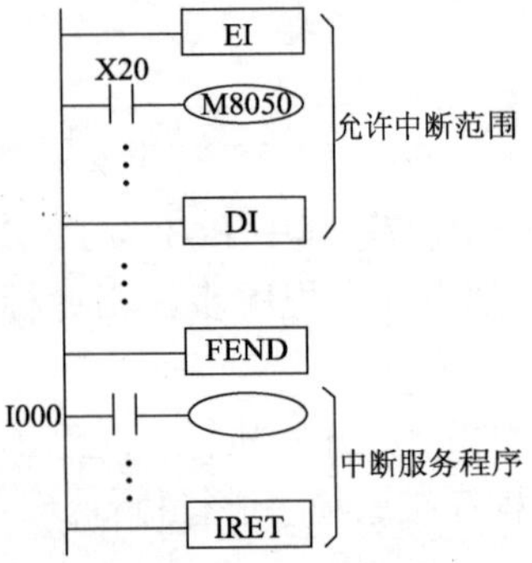

图 5-94　中断指令的使用

PLC 通常处于禁止中断状态，由 EI 和 DI 指令组成允许中断范围。在执行到该区间，如有中断源产生中断，CPU 将暂停主程序执行转而执行中断服务程序。当遇到 IRET 时返回断点继续执行主程序。如图 5-94 所示，允许中断范围中若中断源 X0 有一个下降沿，则转入 I000 为标号的中断服务程序，但 X0 可否引起中断还受 M8050 控制，当 X20 有效时则 M8050 控制 X0 无法中断。

使用中断相关指令时应注意以下几点。

① 中断的优先级排队如下，如果多个中断依次发生，则以发生先后为序，即发生越早级别越高，如果多个中断源同时发出信号，则中断指针号越小优先级越高。

② 当 M8050～M8058 为 ON 时，禁止执行相应 I0□□～I8□□的中断，M8059 为 ON 时则禁止所有计数器中断。

③ 无须中断禁止时，可只用 EI 指令，不必用 DI 指令。

④ 执行一个中断服务程序时，如果在中断服务程序中有 EI 和 DI，可实现二级中断嵌套，否则禁止其他中断。

（4）主程序结束指令 FEND

主程序结束指令 FEND 的编号为 FNC06，无操作数，占用 1 个程序步。FEND 表示主程序结束，当执行到 FEND 时，PLC 进行输入/输出处理，监视定时器刷新，完成后返回启始步。

使用 FEND 指令时应注意以下几点。

① 子程序和中断服务程序应放在 FEND 之后。

② 子程序和中断服务程序必须写在 FEND 和 END 之间，否则出错。

（5）监视定时器指令 WDT

监视定时器指令 WDT（P）编号为 FNC07，没有操作数，占有 1 个程序步。WDT 指令的功能是对 PLC 的监视定时器进行刷新。

FX 系列 PLC 的监视定时器默认值为 200ms（可用 D8000 来设定），正常情况下 PLC 扫描周期小于此定时时间。如果由于有外界干扰或程序本身的原因使扫描周期大于监视定时器的设定值，使 PLC 的 CPU 出错灯亮并停止工作，可通过在适当位置加 WDT 指令复位监视定时器，以使程序能继续执行到 END。

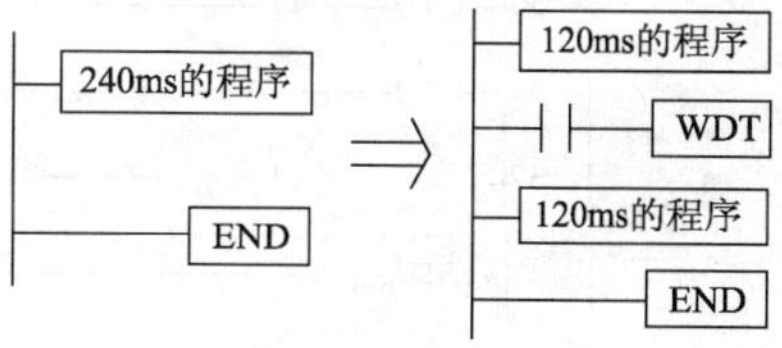

图 5-95 监视定时器指令的使用

如图 5-95 所示，利用一个 WDT 指令将一个 240ms 的程序一分为二，使它们都小于 200ms，则不再会出现报警停机。

使用 WDT 指令时应注意以下几点。

① 如果在后续的 FOR-NEXT 循环中，执行时间可能超过监控定时器的定时时间，可将 WDT 插入循环程序中。

② 当与条件跳转指令 CJ 对应的指针标号在 CJ 指令之前时（即程序往回跳）就有可能连续反复跳步使它们之间的程序反复执行，使执行时间超过监控时间，可在 CJ 指令与对应标号之间插入 WDT 指令。

（6）循环指令 FOR、NEXT

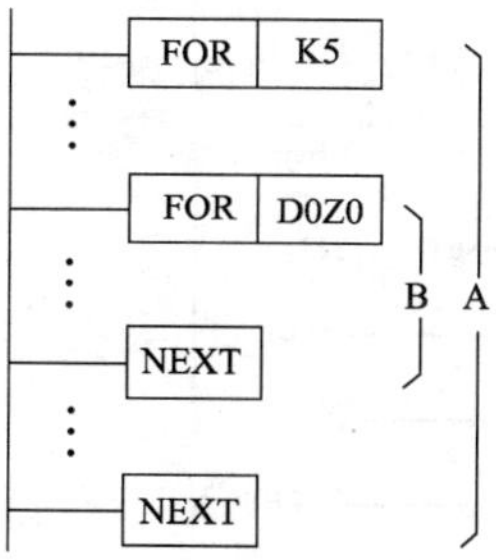

图 5-96 循环指令的使用

循环指令共有两条：循环区起点指令 FOR（FNC08），占 3 个程序步；循环结束指令 NEXT（FNC09），占用 1 个程序步，无操作数。

在程序运行时，位于 FOR-NEXT 间的程序反复执行 n 次（由操作数决定）后再继续执行后续程序。循环的次数 n=1～32767。如果 N= –32767～0 之间，则当作 n=1 处理。

图 5-96 为一个二重嵌套循环，外层执行 5 次。如果 D0Z 中的数为 6，则外层 A 每执行一次则内层 B 将执行 6 次。

使用循环指令时应注意以下几点。

① FOR 和 NEXT 必须成对使用。
② FX2N 系列 PLC 可循环嵌套 5 层。
③ 在循环中可利用 CJ 指令在循环没结束时跳出循环体。
④ FOR 应放在 NEXT 之前，NEXT 应在 FEND 和 END 之前，否则均会出错。

▲程序流程指令应用示例：

机械手控制的自动和手动也可用图 5-97 所示的编程方法进行控制。

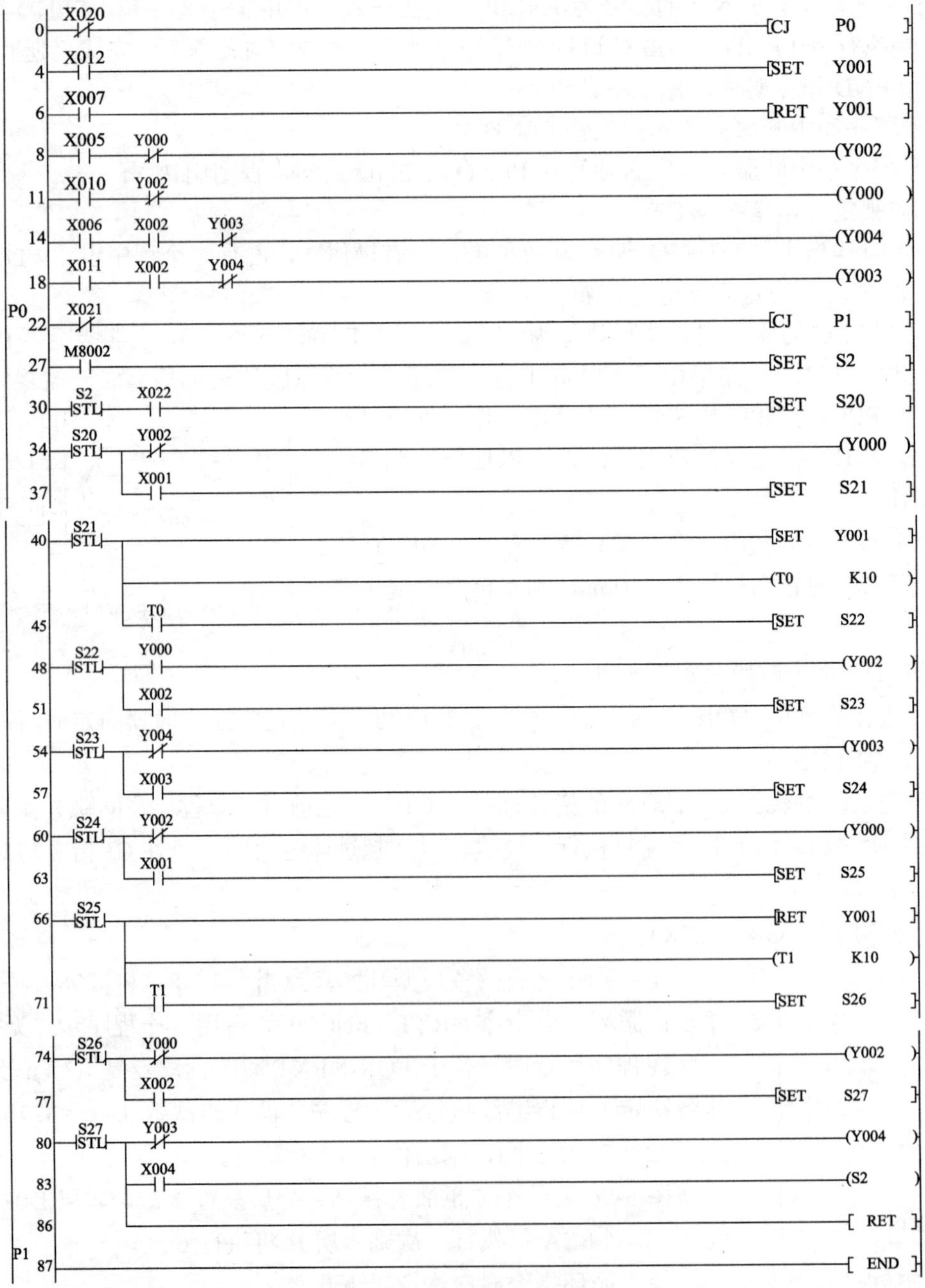

图 5-97 机械手控制的梯形图与指令语句

0	LDI	X020	
1	CJ	P0	
4	LD	X012	
5	SET	Y001	
6	LD	X007	
7	RET	Y001	
8	LD	X005	
9	ANI	Y000	
10	OUT	Y002	
11	LD	X010	
12	ANI	Y002	
13	OUT	Y000	
14	LD	X006	
15	AND	X002	
16	ANI	Y003	
17	OUT	Y004	
18	LD	X011	
19	AND	X003	
20	ANI	Y004	
21	OUT	Y003	
22	P0		
23	LDI	X021	
24	CJ	P1	
27	LD	M8002	
28	SET	S2	
30	STL	S2	
31	LD	X022	
32	SET	S20	
24	STL	S20	
35	LDI	Y002	
36	OUT	Y000	
37	LD	X001	
38	SET	S21	
40	STL	S21	
41	SET	Y001	
42	OUT	T0	K10
45	LD	T0	
46	SET	S22	
48	STL	S22	
49	LDI	Y000	
50	OUT	Y002	
51	LD	X002	
52	SET	S23	
54	STL	S23	
55	LDI	Y004	
58	OUT	Y003	
57	LD	X003	
58	SET	S24	
60	STL	S24	
61	LDI	Y002	
62	OUT	Y000	
63	LD	X001	
64	SET	S25	
68	STL	S25	
67	RST	Y001	
68	OUT	T1	K10
71	LD	T1	
72	SET	S26	
74	STL	S26	
75	LDI	Y000	
76	OUT	Y002	
77	LD	X002	
78	SET	S27	
80	STL	S27	
81	LDI	Y003	
82	OUT	Y004	
83	LD	X004	
84	OUT	S2	
86	RET		
87	P1		
88	END		

图 5-97　机械手控制的梯形图与指令语句（续）

第 6 章　顺序控制设计法及步进指令的应用

6.1　液压进给装置运动控制

控制要求

如图 6-1 所示的液压进给装置，活塞杆最初停在 X2 处，按下启动按钮后，活塞杆在油压的作用下左行到 X1 处，碰到限位开关 X1 后返回，右行碰到限位开关 X2 后左行，碰到限位开关 X0 后右行，再次碰到限位开关 X2 后停止。

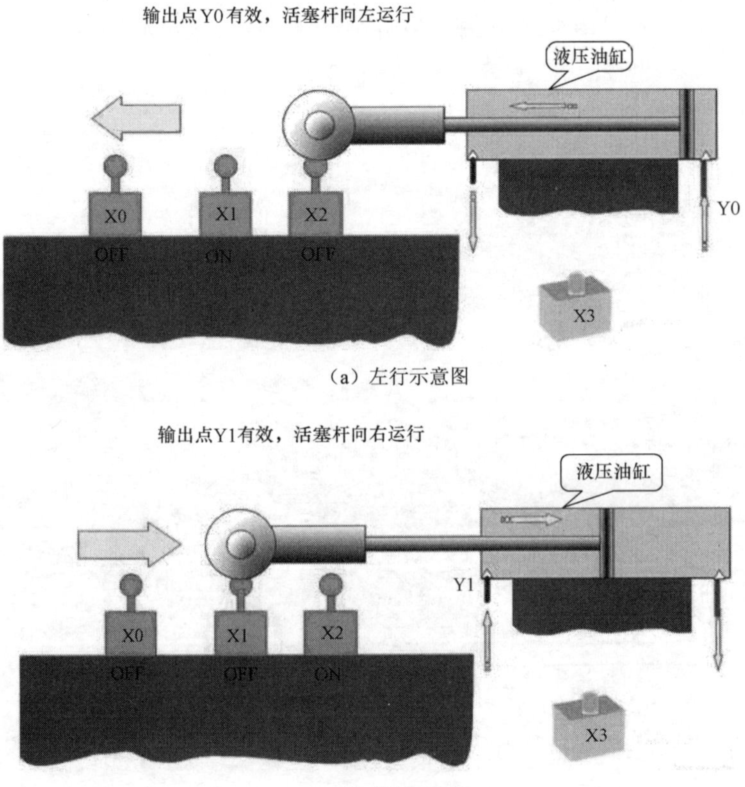

（a）左行示意图

（b）右行示意图

图 6-1　液压进给装置

设计要求

用顺序控制设计法按控制要求设计出系统 PLC 梯形图及指令表。

控制设计

1. 控制分析

根据控制要求，顺序功能图中的转换条件分别为 X0、X1、X2、X3 控制开关，根据顺序功能图设计法，若初始步为 M0，则由起始步转为第一步 M1 的条件为 X3 闭合，第二步 M2 变为活动步的条件为 X1 闭合，第三步 M3 变为活动步的条件为 X2 闭合，第四步 M4 变为活动步的条件为 X0 闭合，回到初始步的条件为 X2 闭合，如图 6-2 所示。

经分析后可确定，该设计的顺序功能图应该是单序列结构。

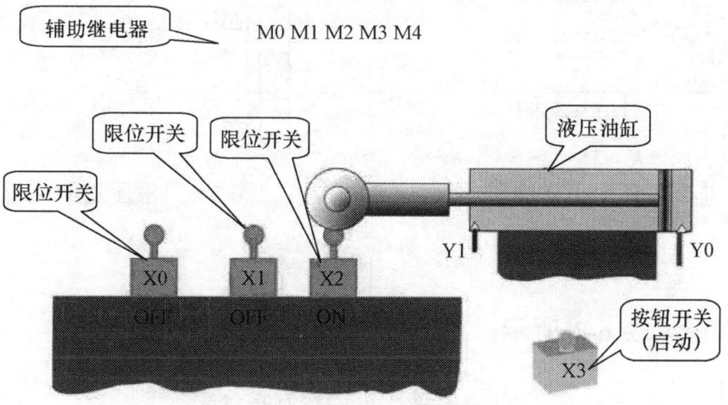

图 6-2　顺序功能图转换条件示意图

具体的运动过程分析如图 6-3 所示。

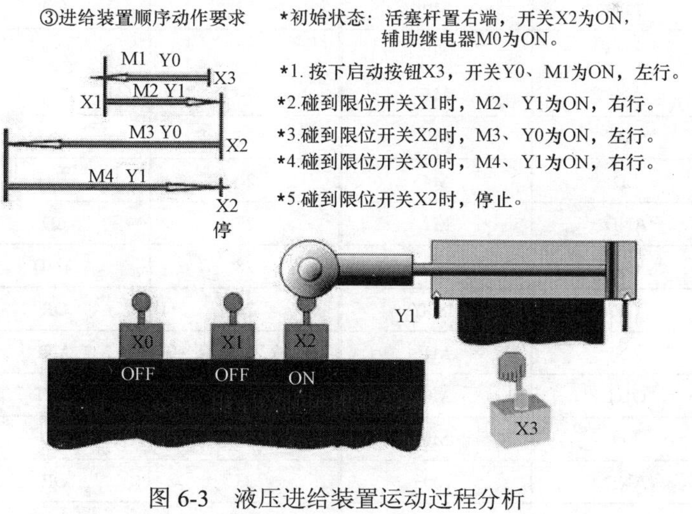

图 6-3　液压进给装置运动过程分析

2. 顺序功能图

液压进给装置顺序功能图如图 6-4 所示。

3. 梯形图

液压进给装置梯形图如图 6-5 所示。

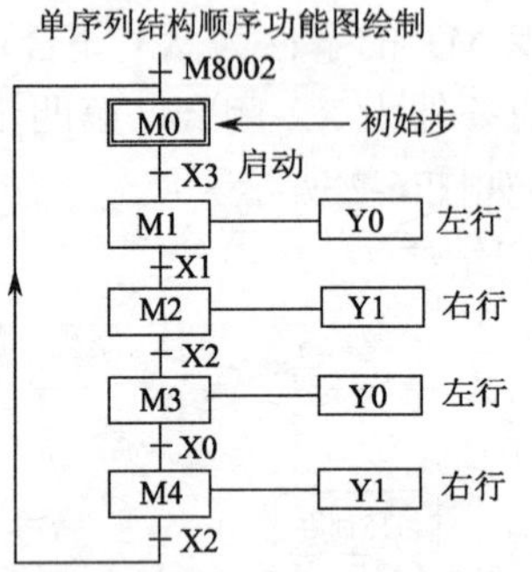

图 6-4　液压进给装置顺序功能图

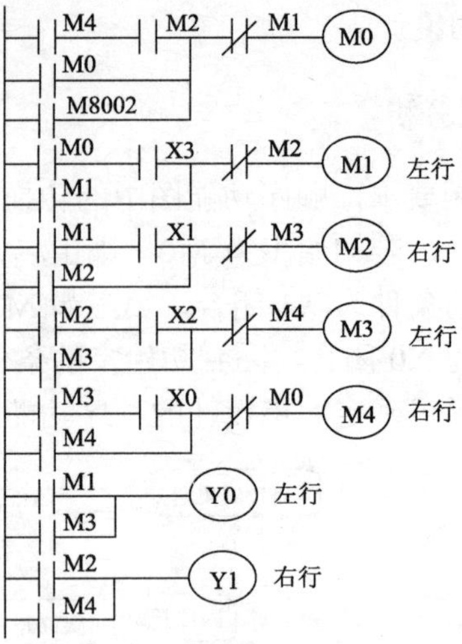

图 6-5　液压进给装置梯形图

4．指令表

液压进给控制指令如表 6-1 所示。

表 6-1　液压进给控制指令表

0	LD	M4	20	ANI	M3
1	AND	M2	21	OUT	M2
2	OR	M0	22	LD	M2
3	OR	M8002	23	AND	X002
4	ANI	M1	24	OR	M3
5	OUT	M0	25	ANI	M4
6	LD	M4	26	OUT	M3
7	AND	M2	27	LD	M3
8	OR	M0	28	AND	M1
9	OR	M8002	29	OR	M4
10	ANI	M1	30	ANI	M0
11	OUT	M0	31	OUT	M4
12	LD	M0	32	LD	M1
13	AND	X003	33	OR	M3
14	OR	M1	34	OUT	Y000
15	ANI	M2	35	LD	M2
16	OUT	M1	36	OR	M4
17	LD	M1	37	OUT	Y001
18	AND	X001			
19	OR	M2			

知识点击

6.1.1　顺序控制设计法

在前面的章节中，我们介绍过用经验设计法设计梯形图。使用经验设计法设计梯形图时，没有一套固定的方法和步骤可以循环，具有很大的试探性和随意性，对于不同的控制系统，没有一种通用的容易掌握的设计方法。在设计较为复杂系统的梯形图时，用大量的中间单元来完成记忆、连锁和互锁等功能，由于需要考虑的因素很多，它们往往又交织在一起，分析起来非常困难，并且很容易遗漏一些应该考虑的问题。修改某一局部电路时，可能对系统的其他部分产生意想不到的影响，因此梯形图的修改也很麻烦，花了很长的时间还得不到一个满意的结果。用经验法设计出的梯形图往往很难阅读，给系统的修改和改进带来了很大的困难。

所谓顺序控制，就是按照生产预先规定的顺序，在各个输入信号的作用下，根据内部状态和时间的顺序，在生产过程中各个执行机构自动地、有序地进行操作。使用顺序控制设计法时首先根据系统的工艺过程，画出顺序功能图，然后根据顺序功能图画出梯形图。有的 PLC 编程软件为用户提供了顺序功能图（SFC）语言，在编程软件中生成顺序功能图后便完成了编程工作。

顺序控制设计法是一种先进的设计方法，很容易被初学者接受，对于有经验的设计者也会提高设计的效率，程序的阅读和测试修改也很方便。某厂有经验的电气工程师用经验设计法设计某控制系统的梯形图，花了两周的时间，同一系统改用顺序控制设计法，只用了不到半天的时间，就完成了梯形图的设计和模拟调试，现场试车一次成功。

使系统由当前步进入下一步的信号为转换条件，转换条件可以是外部的输入信号，如按扭、指令开关、限位开关的接通和断开等，也可以是 PLC 内部产生的信号，如定时器、计数器常开触点的接通等，转换条件还可能是若干个信号的与、或、非逻辑组合。

顺序控制设计法用转换条件控制代表各步的编程元件，让它们的状态按一定的顺序变化，然后用代表各步的编程元件去控制 PLC 的各输出继电器。

顺序功能图（Sequential Function Chart，SFC）是描述控制系统的控制过程、功能和特性的一种图形，也是设计 PLC 的顺序控制程序的有力工具。

顺序功能图并不涉及所描述的控制功能的具体技术，它是一种通用的技术语言，可以供进一步设计和不同专业的人员之间进行技术交流之用。

1993 年 5 月公布的 IEC PLC 标准（IEC1131）中，顺序功能图被定为 PLC 位居首位的编程语言。顺序功能图主要由步、有向连线、转换、转换条件和动作（或指令）组成。

顺序控制设计法的设计基本步骤如下。

1．步的划分

分析被控对象的工作过程及控制要求，将系统的工作过程划分成若干个阶段，这些阶段称为“步”。步是根据 PLC 输出量的状态划分的，只要系统的输出量状态发生变化，系统就从原来的步进入新的步，用方框表示。在每一步内 PLC 各输出量状态均保持不变，但是相邻两步输出量总的状态是不同的。

如本实例项目图 6-4 中的 M0（活塞杆在初始位置），M1（活塞杆左行），M2（活塞杆右行），M3（活塞杆第二次左行），M4（活塞杆第二次右行）。

其中，与系统的初始状态相对应的步称为初始步，即 M0。初始步用双线方框表示，每一个顺序功能图至少应该有一个初始步。

当系统正处于某一步所在的阶段时，该步处于活动状态，称该步为“活动步”。步处于活动状态时，相应的动作被执行；处于不活动状态时，相应的非存储型动作被停止执行。

2. 动作或命令

一个控制系统划分为被控制系统和施控系统，例如在数控车床系统中，数控装置是施控系统，而车床是被控系统。对于被控系统，在某一步中要完成某些“动作”；对于施控系统，在某一步中则要向被控系统发出某些“命令”。为了叙述方便，下面将命令或动作统称为动作，并用矩形框中的文字或符号表示，该矩形框应与相应的步的符号相连。

如本实例项目图 6-4 中的 Y0、Y1。

如果某一步有几个动作，可以用图 6-6 中的两种画法来表示，但是并不隐含这些动作之间的任何顺序。说明命令的语句应清楚地表明该命令是存储型的还是非存储型的。

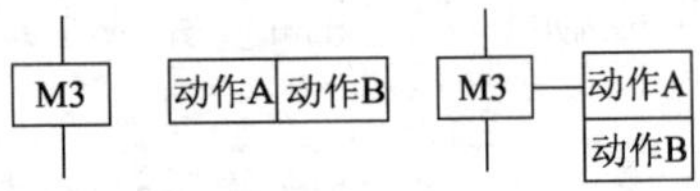

图 6-6　多个动作的表示方法

例如，某步的存储型命令“打开 1 号阀并保持”，是指该步为活动步时 1 号阀打开，该步为不活动步时继续打开；非存储型命令“打开 1 号阀”，是指该步为活动步时打开，为不活动步时关闭。

除了以上的基本结构之外，使用动作的修饰词（表 6-3）可以在一步中完成不同的动作。修饰词允许在不增加逻辑的情况下控制动作。例如，可以使用修饰词 L 来限制配料阀打开的时间。

表 6-2　动作的修饰词

N	非存储型	当步变为不活动步时动作终止
S	置位（存储）	当步变为不活动步时动作继续，直到动作被复位
R	复位	被修饰词 S、SD、SL 或 DS 启动的动作被终止
L	时间限制	步变为活动步时动作被启动，直到步变为不活动步或设定时间到
D	时间延迟	步变为活动步时延迟定时器被启动，如果延迟之后步仍然是活动的，动作被启动和继续，直到步变为不活动步
P	脉冲	当步变为活动步，动作被启动并且只执行一次
SD	存储与时间延迟	在时间延迟之后动作被启动，一直到动作被复位
DS	延迟与存储	在延迟之后如果步仍然是活动的，动作被启动直到被复位
SL	存储与时间限制	步变为活动步时动作被启动，一直到设定的时间到或动作被复位

3. 有向连线

在顺序功能图中，随着时间的推移和转换条件的实现，将会发生步的活动状态的进展，这种进展按有向连线规定的路线和方向进行。在画顺序功能图时，将代表各步的方框按它们成为活动步的向后次序顺序排列，并用有向连线将它们连接起来。步的活动状态习惯的进展方向是从上到下或从左至右，在这两个方向有向连线上的箭头可以省略。如果不是上述的方向，应在有向连线上用箭头注明进展方向。在可以省略箭头的有向连线上，为了更易于理解也可以加箭头。

如果在画图时有向连线必须中断（例如，在复杂的图中或用几个图来表示一个顺序功能图时），应在有向连线中断之处标明，下一步的标号和所在的页数，如步 12、8 页。

4．转换

转换用有向连线上与有向连线垂直的短画线来表示，转换将相邻两步分隔开。步的活动状态的进展是由转换的实现来完成的，并与控制过程的发展相对应。

5．转换条件

转换条件是使系统从当前步进入下一步的条件，可以用文字语言、布尔代数表达式或图形符号标注在表示转换的短线的旁边，使用得最多的是布尔代数表达式。

常见的转换条件有按钮、行程开关、定时器和计数器的触点的动作（通/断）等。

为了便于将顺序功能图转换为梯形图，最好用代表各步的编程元件的元件号作为步的代号，并用编程元件的元件号来标注转换条件和各步的动作或命令。例如，本实例图 6-4 中的 X0、X1、X2、X3，即为从前一步进入到后一步的转换条件。

6．顺序功能图的绘制

根据以上分析画出描述系统工作过程的顺序功能图。这是顺序功能设计法中最关键的一个步骤。绘制顺序功能图的具体方法将在下节介绍。

7．梯形图的绘制

根据顺序功能图，采用某种编程方式设计出梯形图。常用的设计方法有三种：启－保－停电路设计法、以转换为中心设计法、步进顺控指令设计法。

6.1.2　顺序功能图的结构

顺序功能图可以是单序列结构、选择序列结构或并行序列结构，根据控制要求的不同，选择合适的结构。

1．单序列结构

单序列结构的顺序功能图如图 6-7（a）所示，每一步只对应一个转换条件，或者说每一个转换条件只对应一步。

2．选择序列结构

选择序列的开始称为分支［图 6-7（b）］，转换符号只能标在水平连线之下。如果步 2 是活动步，并且转换条件 c=1，将发生有步 2→步 3 的进展。如果步 2 是活动步，并且 h=1，将发生由步 2→步 5 的进展。如果将选择条件 h 改为 ch，则当 c 和 h 同时为 ON 时，将优先选择 c 对应的序列，一般只允许同时选择一个序列，即选择序列中的各序列是互相排斥的，其中的任何两个序列都不会同时执行。

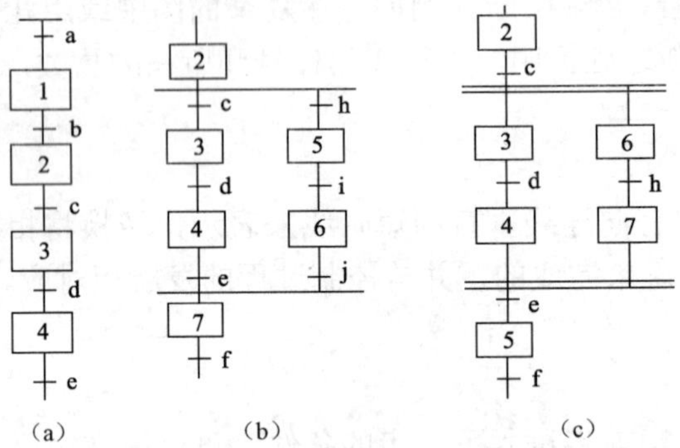

图 6-7　单序列、选择序列和并行序列

选择序列的结束称为合并［图 6-7（b)］，几个选择序列合并到一个公共序列时，用需要重新组合的序列相同数量的转换符号和水平连线来表示，转换符号只允许标在水平连线之上。如果步 4 是活动步，并且转换条件 e=1，将发生由步 4→步 7 的进展。如果步 6 是活动步，并且 j=1，将发生由步 6→步 7 的进展。

3．并行序列结构

并行序列的开始称为分支［图 6-7（c)］，当转换的实现导致几个序列同时激活时，这些序列成为并行序列。当步 2 是活动步，并且转换条件 c=1，3 和 6 这两步同时变为活动步，同时步 2 变为不活动步。为了强调转换的同步实现，水平连线用双线表示。步 3、6 被同时激活后，每个序列中活动步的进展将是独立的。在表示同步的水平双线之上，只允许有一个转换符号。并行序列用来表示系统的几个同时工作的独立部分的工作情况。

并行序列的结束称为合并［图 6-7（c)］，在表示同步的水平双线之下，只允许有一个转换符号。当直接连在双线上的所有前级步（步 4、7）都处于活动状态，并且转换条件 e=1 时才会发生步 4、7 到步 5 的进展，即步 4、7 同时变为不活动步，而步 5 变为活动步。

在每一个分支点，最多允许 8 条支路，每条支路的步数不受限制。

4．跳步、重复和循环

（1）跳步。在生产过程中，有时要求在一定条件下停止执行某些原定动作，可用图 6-8（a）所示的跳步序列。这是一种特殊的选择序列，当步 1 为活动步时，若转换条件 f=1、b=0 时，则步 2、3 不被激活而直接转入步 4。

（2）重复。在一定条件下，生产过程需重复执行某几个工步的动作，可按图 6-8（b）所示的重复序列。它也是特殊的选择序列，当步 4 为活动步时，若转换条件 e=0 而 h=1 时，序列返回到步 3，重复执行步 3、4，直到转换条件 e=1 才转入步 7。

（3）循环。在序列结束后，用重复的办法直接返回到初始步，就形成了系统的循环，如图 6-8（c）所示。

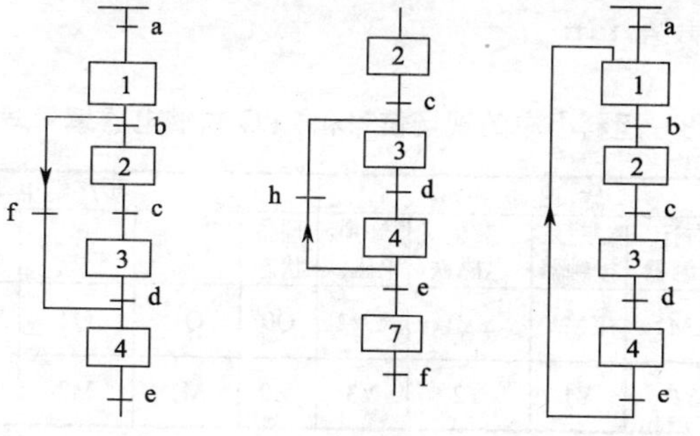

图 6-8　跳步、重复和循环

6.2　运料小车自动循环的控制

控制要求

按图 6-9 所示的运料小车自动循环过程设计控制方案。

小车具体运动过程为：装料小车在原点处开始装料，10s 后右行，到 SQ2 位置后卸料，停 5s 后左行至行程开关 SQ1 处，再重复上述过程。

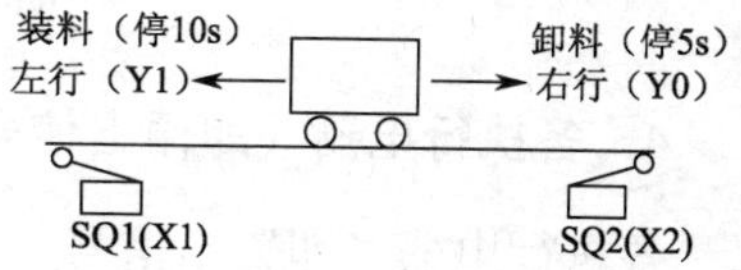

图 6-9　运料小车行程示意图

设计要求

用顺序控制设计法按控制要求设计顺序功能图，并用启保停的编程方法编写梯形图及指令表。

控制设计

1．根据控制要求绘制功能图

首先把工作循环分成预备、装料、右行、卸料和左行共 5 步，绘制出运行状态的示意图，如图 6-10 所示。各步转换条件分别为 SB（X0）、T0、SQ2（X2）、T1 和 SQ1（X1）。图 6-11 画出了运料小车控制的顺序功能图，并且填写了各步对应的动作及执行电器的工作情况。

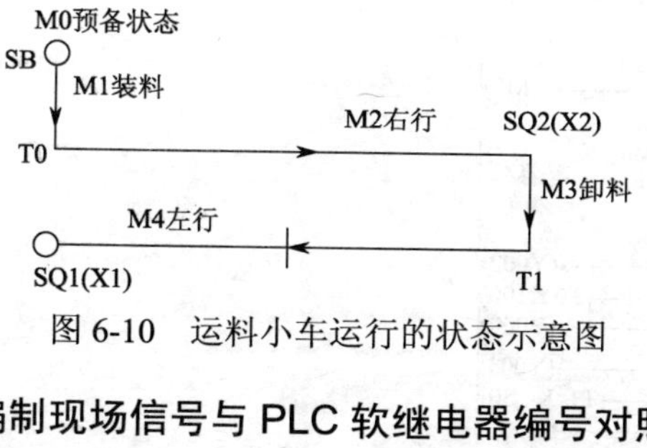

图 6-10　运料小车运行的状态示意图

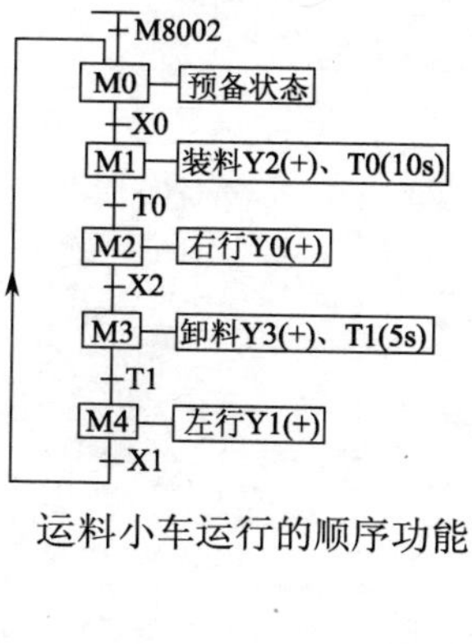

图 6-11　运料小车运行的顺序功能图

2．编制现场信号与 PLC 软继电器编号对照表

根据运料小车的功能图，给标在功能图上的各个现场信号或工步，分配一个 PLC 软继电

器编号与之对应，可列出表 6-3 中。

表 6-3 运料小车的现场信号和 PLC 软继电器编号对照表

分类	输入信号			输出信号				步序继电器					其他	
信号名称	启动按钮	左限位开关	右限位开关	右行接触器	左行接触器	装料电磁铁	卸料电磁铁	预备状态	一工步	二工步	三工步	四工步	激活初始步	装料卸料时间
现场信号	SB	SQ1	SQ2	KM1	KM2	YV1	YV2	Q0	Q1	Q2	Q3	Q4	L	t0t1
PLC 地址	X0	X1	X2	Y0	Y1	Y2	Y3	M0	M1	M2	M3	M4	M8002	T0T1

3．工步状态的逻辑表达式

根据功能图直接写出五个工步状态的逻辑式：

$$M0=(M4\cdot X001+M8002+M0)\overline{M1}$$
$$M1=(M0\cdot X000+M1)\overline{M2}$$
$$M2=(M1\cdot T0+M2)\overline{M3}$$
$$M3=(M2\cdot X002+M3)\overline{M4}$$
$$M4=(M3\cdot T1+M4)\overline{M0}$$

4．各执行电器（即输出信号）的逻辑表达式

各执行电器（即输出信号）的逻辑表达式为：

Y002=M1，T0=M1
Y000=M2
Y003=M3，T1=M3
Y001=M4

5．根据逻辑表达式画出梯形图

由电路的逻辑表达规律，可画出步序继电器和输出信号的梯形图，如图 6-12 所示。

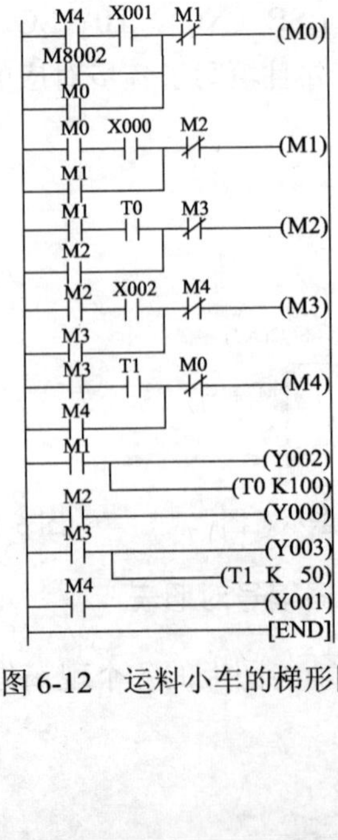

图 6-12 运料小车的梯形图

6. 指令语句表

指令语句如表 6-4 所示。

表 6-4　运料小车控制的指令表

0	LD	M4	19	ANI	M4		
1	AND	X001	20	OUT	M3		
2	OR	M0	21	LD	M3		
3	OR	M8002	22	AND	T1		
4	ANI	MI	23	OR	M4		
5	OUT	M0	24	ANI	M0		
6	LD	M0	25	OUT	M4		
7	AND	X000	26	LD	M1		
8	OR	M1	27	OUT	Y002		
9	ANI	M2	28	OUT	T0	K100	
10	OUT	MI	31	LD	M2		
11	LD	M1	32	OUT	Y000		
12	AND	T0	33	LD	M3		
13	OR	M2	34	OUT	Y003		
14	ANI	M3	35	OUT	Tl	K50	
15	OUT	M2	38	LD	M4		
16	LD	M2	39	OUT	Y00l		
17	AND	X002	40	END			
18	OR	M3					

知识点击

6.2.1　使用启保停电路的编程方法

根据控制系统的顺序功能图设计梯形图的方法，称为顺序控制梯形图的编程方法。主要有使用启保停电路的编程方法、以转换为中心的编程方法、使用步进梯形指令（STL）的编程方法三种，在本节内主要介绍使用启保停电路的编程方法。

根据顺序功能图设计梯形图时，可用内部辅助继电器 M（特殊辅助继电器除外）来代表各步。某一步为活动步时，对应的辅助继电器为 ON，某一转换实现时，该转换的后续步变为活动步，前一步变为不活动步。很多转换条件都是短信号，即它存在的时间比它激活的后续步为活动步的时间短，因此应使用有记忆（或称保持）功能的电路来控制代表步的辅助继电器，如常用的有启、保、停电路和置位、复位指令组成的电路。

启保停电路仅仅使用与触点和线圈有关的通用逻辑指令，各种型号 PLC 都有这一类指令，所以这是一种的编程方法，适用于任何型号 PLC。

如图 6-13 所示，采用了启保停电路进行顺序控制梯形编程。图中 M2、M3 和 M4 是顺序功能图中顺序相连的 3 步，X2 是步 M3 之前的转换条件。设计启保停电路的关键是找出它的启动条件和停止条件。根据转换实现的基本规则，转换实际的条件是它的前级步为活动步，并且满足相应的转换条件，所以步 M3 变为活动步的条件是它的前级步 M2 为活动步，且转换条件 X2=1。在启保停电路中，则应将前级步 M2 和转换条件 X2 对应的常开触点串联，作为控制 M2 的启动电路。

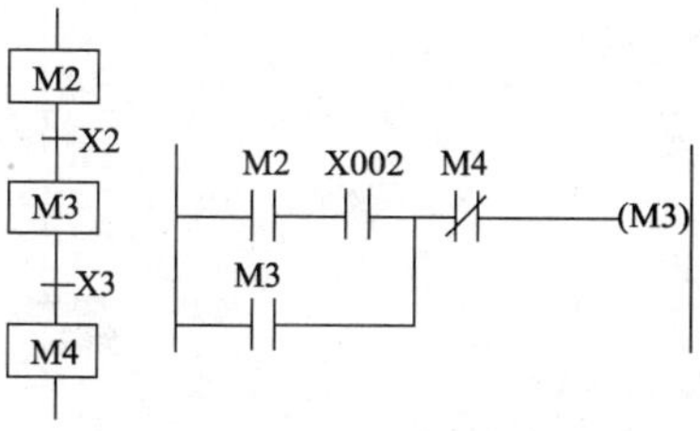

图 6-13　用启保停电路控制步

当 M3 和 X3 均为 ON 时，步 M4 变为活动步，这时步 M3 应变为不活动步，因此可以将

M4=1 作为使辅助继电器 M3 变为 OFF 的条件，即将后续步 M4 的常闭触点与 M3 的线圈串联，作为启保停电路的停止电路。图 6-12 中的梯形图可以用逻辑代数式表示为

$$M3 = (M2 \cdot X002 + M3)\overline{M4}$$

在这个例子中，M4 的常闭触点可以用 X3 的常闭触点来代替。但是当转换条件由多个信号经“与、或、非”逻辑运算组合而成，应将它的逻辑表达式求反，再将对应的触点串并联电路作为启保停电路的停止电路，不如使用后续步的常闭触点这样简单方便。

6.2.2 使用启保停电路的选择序列结构的编程方法

复杂控制系统的顺序功能图由单序列、选择序列和并行序列组成，掌握了选择序列和并行序列的编程方法，就可以将复杂的顺序功能图转换为梯形图。

对选择序列和并行序列编程的关键在于对它们的分支和合并的处理，转换实现的基本规则是设计复杂系统梯形图的基本规则。

如图 6-14 是自动门控制系统的顺序功能图。人靠近自动门时，感应器 X0 为 ON，Y0 变为 ON，驱动电动机正转高速开门，碰到开门减速开关 X1 时，Y1 变为 ON，减速开门。碰到开门极限开关 X2 时电动机停转，开始延时。若在 1s 内感应器检测到无人，Y2 变为 ON，启动电动机反转高速关门。碰到关门减速开关 X4 时，Y3 变为 ON，改为减速关门，碰到关门极限开关 X5 时电动机停转。在关门期间若感应器检测到有人停止关门，T1 延时 1s 后自动转换为高速开门。

1. 选择序列的分支的编程方法

如果某一步的后面有一个由 N 条分支组成的选择序列，该步可能转到不同的 N 步中去，应将这 N 个后续步对应的辅助继电器的常闭触点与该步的线圈串联，作为结束该步的条件。

在图 6-14 中，步 M4 之后有一个选择序列的分支，当它的后续步 M5、M6 变为活动步时，它应变为不活动步。所以需将 M5 和 M6 的常闭触点与 M4 的线圈串联。同样 M5 之后也有一个选择序列的分支，处理方法同上（见图 6-15 中的下部）。

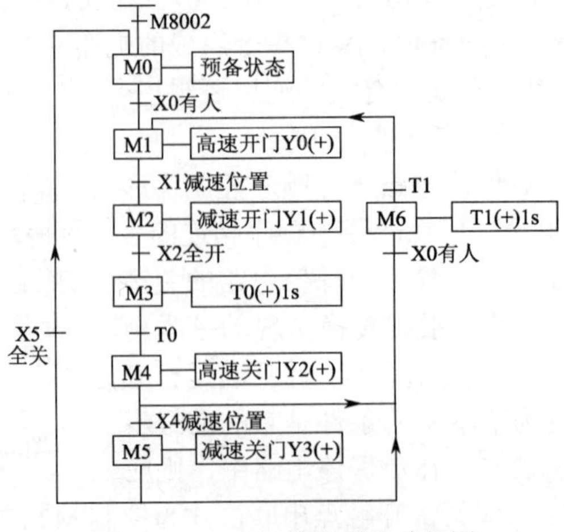

图 6-14　自动门控制系统功能图

2．选择序列的合并的编程方法

对于选择序列的合并，如果每一步之前有 N 个转换（即有 N 条分支在该步之前合并后进入该步），则代表该步的辅助继电器的启动电路由 N 条支路并列而成，各支路由某一前级步对应的辅助继电器的常开触点与相应转换条件对应的触点或电路串联而成。

在图 6-14 中，步 M1 之前有一个选择序列的合并，当步 M0 为活动步并且转换条件 X0 满足，或 M6 为活动步，并且转换条件 T1 满足时，步 M1 都应变为活动步，即控制 M1 的启动、保持、停止电路的启动条件应为 M0 和 X0 的常开触点串联电路与 M6 和 T1 的常开触点串联电路进行并联（见图 6-15 中的上部）。

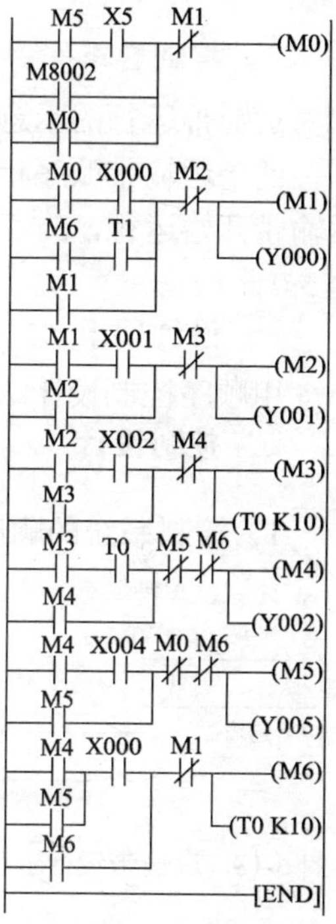

图 6-15　自动门控制系统梯形图

6.2.3　使用启保停电路的并行序列结构的编程方法

1．并行序列的分支的编程方法

并行序列中各单序列中的第一步应同时变为活动步。对控制这些步的启动、保持、停止电路使用相同的启动电路，可以实现这一要求。如图 6-16 中 M2 之后有一个并行序列的分支，当步 M2 为活动步时，并且转换条件 X0=1 时，步 M3 和步 M5 同时变为活动步，即 M2 和 X0 的常开触点串联电路同时作为控制步 M3 和步 M5 的启动电路。

2．并行序列的合并的编程方法

图 6-16 中步 M7 之前有一个并行序列的合并，该转换实现的条件是所有的前级步（即步 M4 和步 M6）都是活动步且转换条件 X3=1 满足。由此可知，应将 M4、M6 和 X3 的常开触点串联，作为控制步 M7 的启动电路。

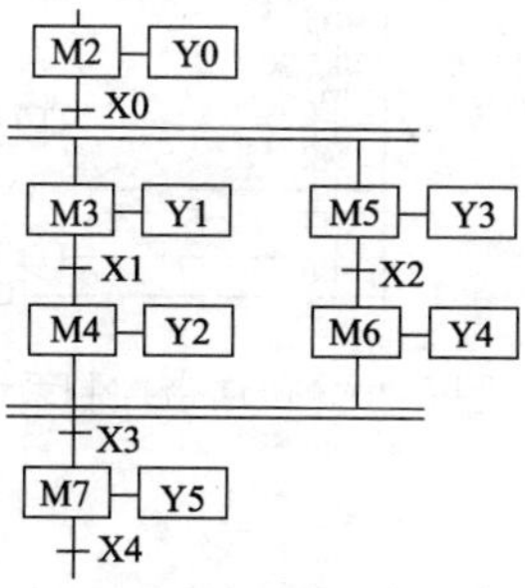

图 6-16　并行序列功能图

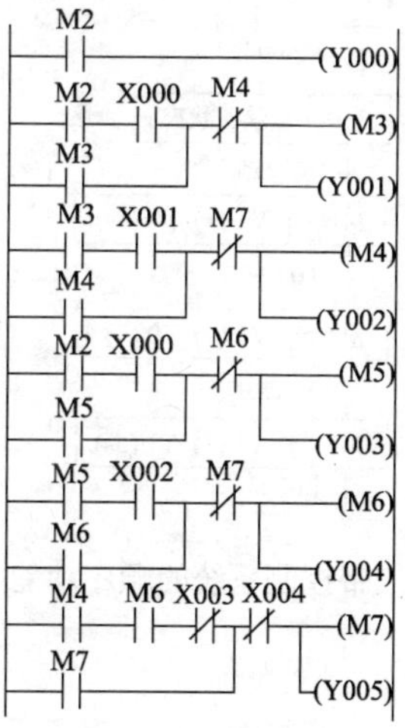

图 6-17　并行序列梯形图

6.3 两条运输带输送控制

控制要求

运输带运行的示意图如图 6-18 所示，具体的控制要求如下。

两条运输带顺序相连，为了避免运送的物料在 2 号运输带上堆积，按下启动按钮后，2 号运输带开始运行，5s 后 1 号运输带自动启动。停机的顺序与启动的顺序刚好相反，间隔仍然为 5s。

设计要求

用顺序控制设计法设计出顺序功能图，并用转换法编写梯形图及指令表。

控制设计

1．控制系统的顺序功能图设计

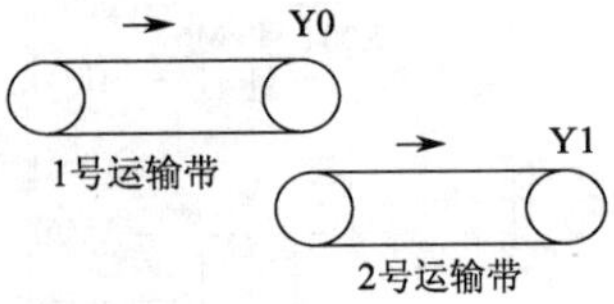

图 6-18 运输带运行示意图

根据控制，首先把工作循环分成预备（M0）、1 号带运行（M1）、1 号和 2 号带同时运行（M2）、停止（M3）共四步，各步转换条件分别为启动 X0、定时 T0、停止 X1、定时 T1。图 6-19 画出了运料小车控制的顺序功能图，并且填写了各步对应的动作及执行电器的工作情况。

2．用转换法编写梯形图

用转换法编写梯形图如图 6-20 所示。

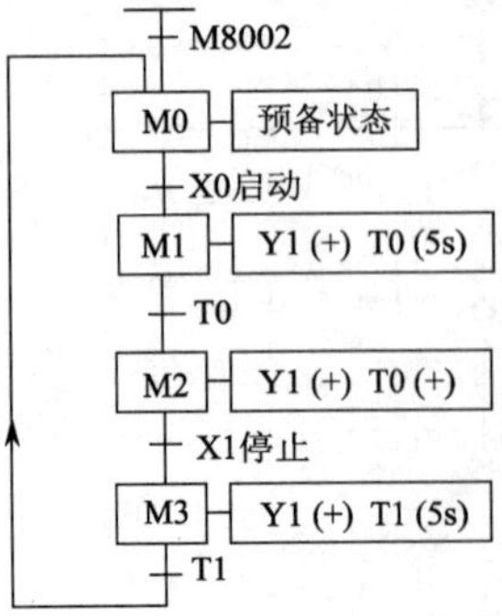

图 6-19 传送带控制系统的顺序功能图

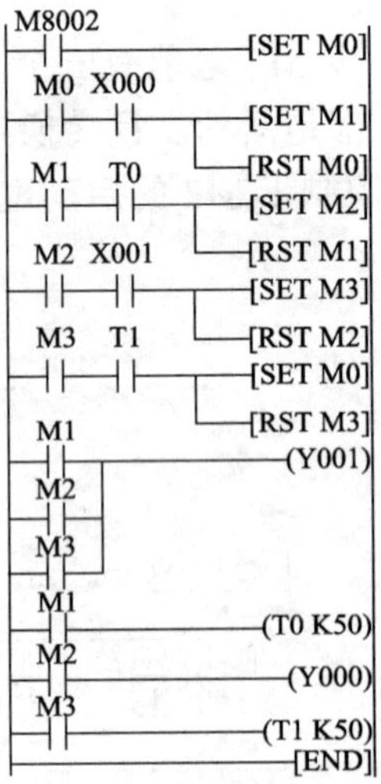

图 6-20 传送带控制系统的梯形图

3．指令表

传送带控制系统指令如表 6-5 所示。

表 6-5　传送带控制系统指令表

0	LD	M8002	15	AND	T1	
1	SET	M0	16	SET	M0	
2	LD	M0	17	RST	M3	
3	AND	X000	18	LD	M1	
4	SET	M1	19	OR	M2	
5	RST	M0	20	OR	M3	
6	LD	M1	21	OUT	Y001	
7	AND	T0	22	LD	M1	
8	SET	M2	23	OUT	T0	K50
9	RST	M1	26	LD	M2	
10	LD	M2	27	OUT	Y000	
11	AND	X001	28	LD	M3	
12	SET	M3	29	OUT	T1	K50
13	RST	M2	32	END		
14	LD	M3				

知识点击

6.3.1　以转换为中心的编程方法

图 6-21 给出了以转换为中心的单序列编程方法的顺序功能图与梯形图的对应关系。实现图中 X2 对应的转换需要同时满足两个条件，即该转换的前级步是活动步（M2=1）和转换条件满足（X2=1）。在梯形图中，可以用 M2 和 X2 的常开触点组成的串联电路来表示上述条件。该电路接通时，两个条件同时满足，此时应完成两个操作，即将该转换的后续步变为活动步（用 SET　M3 指令将 M3 置位）和将该转换的前级步变为不活动步（用 RST M2 指令将 M2 复位），这种编程方法与转换实现的基本原则之间有着严格的对应关系，用它编制复杂的顺序功能图的梯形图时，更能显示出它的优越性。

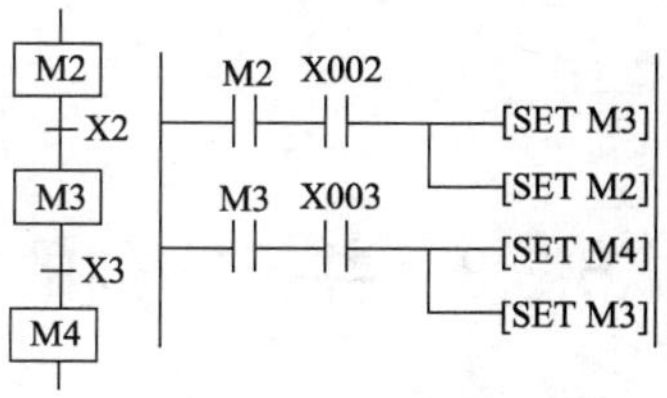

图 6-21　以转换为中心的编程方式

在顺序功能图中，如果某一转换所有的前级步都是活动步并且相应的转换条件满足，则转换可实现。即所有由有向连线与相应转换符号相连的后续步都变为活动步，而所有由有向连线与相应转换符号相连的前级步都变为不活动步。在以转换为中心的编程方法中，用该转换所有前级步对应的辅助继电器的常开触点与转换对应的触点或电路串联，作为使所有后续步对应的辅助继电器置位（使用 SET 指令）和使所有前级步对应的辅助继电器复位（使用 RST 指令）的条件。在任何情况下，代表步的辅助继电器的控制电路都可以用这一原则来设计，每一个转换对应一个这样的控制置位和复位的电路块，有多少个转换就有多少个这样的电路块。这种设计方法特别有规律，在设计复杂的顺序功能图的梯形图时既容易掌握，又不容易出错。

使用这种编程方法时，不能将输出继电器的线圈与 SET 和 RST 指令并联，这是因为图 6-21 中前级步和转换条件对应的串联电路接通时间是相当短的（只有一个扫描周期），转换条件满足后前级步马上被复位，在下一扫描周期控制置位、复位的串联电路被断开，而输出继电器的线圈至少应该在某一步对应的全部时间内被接通。所以应根据顺序功能图，用代表步的辅助继电器的常开触点或它们的并联电路来驱动输出继电器的线圈。

6.3.2 以转换为中心的选择序列的编程方法

如果某一转换与并行序列的分支、合并无关，那么它的前级步和后续步都只有一个，需要复位、置位的辅助继电器也只有一个，因此对选择序列的分支与合并的编程方法实际上与对单序列的编程方法完全相同。

图 6-22 是图 6-14 自动门控制系统顺序功能图的梯形图。每一个控制置位、复位的电路块都由前级步对应的辅助继电器的常开触点和转换条件对应的常开触点组成的串联电路、一条 SET 指令和一条 RST 指令组成。

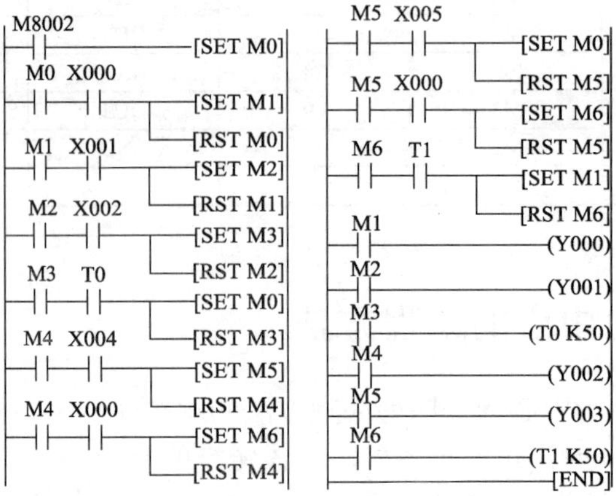

图 6-22 以转换为中心选择序列的编程

6.3.3 并行序列的编程方法

组合机床是针对特定工件和特定加工要求设计的自动化加工设备，通常由标准通用部件和专用部件组成，PLC 是组合机床电气控制系统中的主要控制设备。

用于双面钻孔的组合机床在工件相对的两面钻孔，机床由动力滑台提供进给运动，刀具电动机固定在动力滑台上。工件装入夹具后，按下启动按钮 X0，工件被夹紧，限位开关 X1 变为 ON，并行序列中两个子序列的起始步 M2 和 M6 变为活动步，两侧的左、右动力滑台同时进行快速进给、工作进给和快速退回的加工循环，同时刀具电动机也启动工作。两侧的加工均完成后，系统进入步 M10，工件被松开，限位开关 X10 变为 ON，系统返回初始步 M0，动力滑台返回原位，一次加工的工作循环结束。

在图 6-23 的并行序列中的两个子序列分别用来表示左、右侧滑台的进给运动，两个子序列应同时开始工作和同时结束。实际上左、右滑台的工作是先后结束的，为了保证并行序列中的各子序列同时结束，在各子序列的末尾增设了一个等待步（即步 M5 和 M9），它们没有什么操作，如果两个子序列分别进入了步 M5 和 M9，表示两侧滑台的快速退回均已结束（限位开关 X4 和 X7 均已动作），应转换到步 M10，将工件松开。因此步 M5 和 M9 之后的转换条件为“=1”，表示应无条件转换，在梯形图中，该转换可等效为一根短接线，或理解为不需要转换条件。

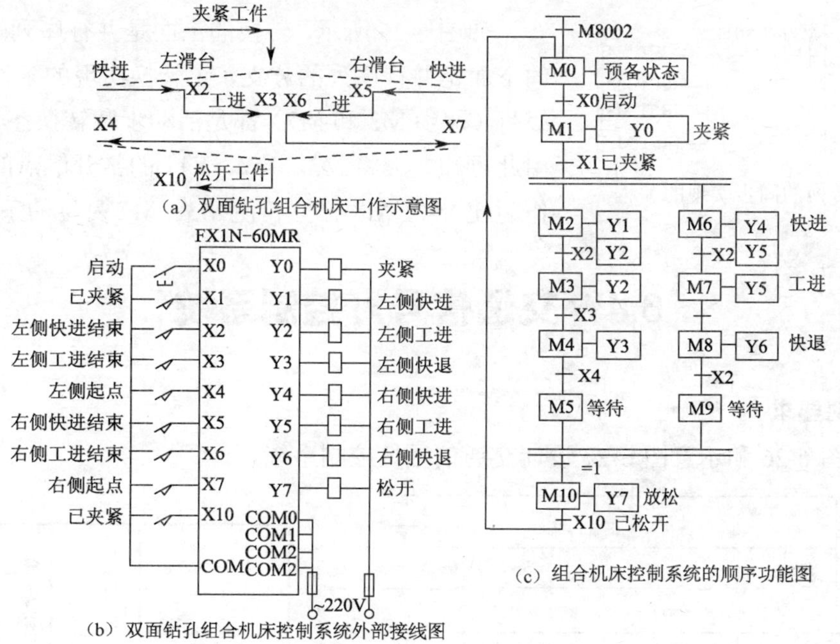

图 6-23　双面钻孔组合机床工作示意图、控制系统的外部接线图和顺序功能图

图 6-23（c）中的步 M1 之后有一个并行序列的分支，当 M1 是活动步，并且转换条件满足时，步 M2 与步 M6 应同时变为活动步，这是用 M1 和 X1 的常开触点组成的串联电路使 M2 和 M6 同时置位来实现的；与此同时，步 M1 应变为不活动步，这是用复位指令来实现的。

步 M10 之前有一个并行序列的合并，该转换实现的条件是所有的前级步（即步 M5 和 M9）都是活动步，因为转换条件是“=1”，即不需要转换条件，只需将 M5 和 X9 的常开触点串联，作为使 M10 置位和使 M5、M9 复位的条件。

图 6-23（c）对应的梯形图如图 6-24 所示。

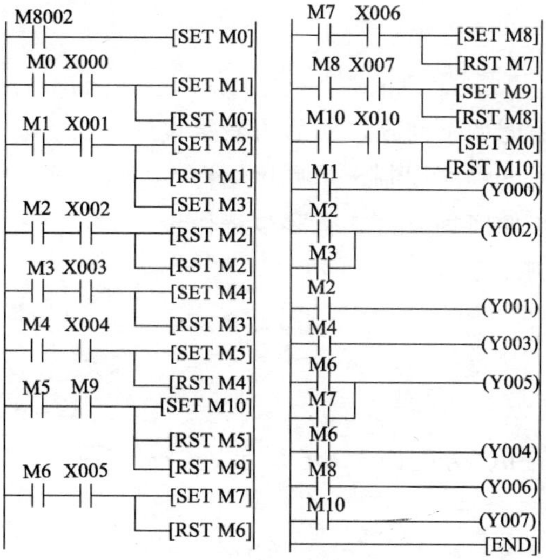

图 6-24　并行序列的编程之组合机床控制系统的梯形图

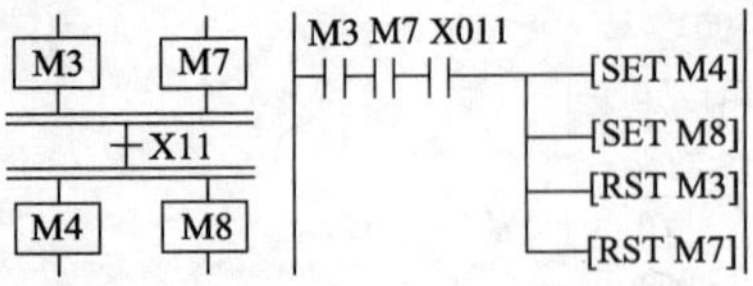

图 6-25　转换的同步实现的编程

如图 6-25 所示，转换的上面是并行序列的合并，转换的下面是并行序列的分支，该转换实现的条件是所有的前级步（即步 M3 和 M7）都是活动步和转换条件 X11 满足。由此可知，应将 M3、M7、X11 的常开触点的串并联电路作为使 M4、M8 置位和使 M3、M7 复位的条件。

6.4　交通信号灯控制系统

控制要求

按时序图 6-26 和示意图 6-27 设计交通信号灯控制系统。

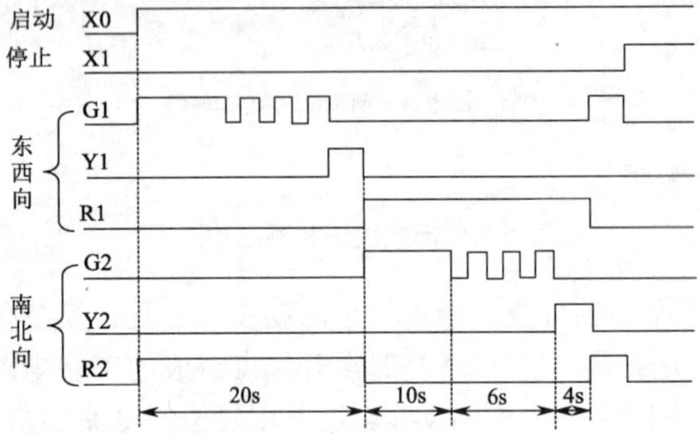

图 6-26　交通信号灯控制系统时序图

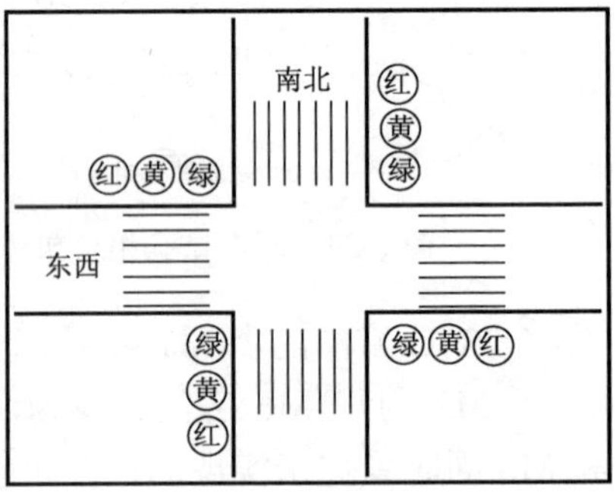

图 6-27　交通信号灯控制系统示意图

设计要求

用步进顺序控制指令按要求设计 PLC 梯形图并写出指令表。

控制设计

1．设计分析

设计过程中，首先要考虑如下问题，然后再着手设计。

（1）该控制系统是否属于顺序控制？是哪种结构？

（2）该控制系统工作步如何划分？共有多少工作步？

（3）输入/输出信号有哪些？

（4）信号如何分配？

2．I/O 分配表

交通信号灯控制系统的 I/O 分配如表 6-6 所示。

3．I/O 接线图

交通信号灯控制系统的 I/O 接线图如图 6-28 所示。

表 6-6　交通信号灯控制系统 I/O 分配表

	器　件	PLC 地址	功　能
输入	SB0	X0	控制信号
	SB1	X1	复位信号
输出	G1	Y0	东西向绿灯
	Y1	Y1	东西向黄灯
	R1	Y2	东西向红灯
	G2	Y3	南北向绿灯
	Y2	Y4	南北向黄灯
	R2	Y5	南北向红灯

4．功能图的绘制

交通信号灯控制系统的功能图如图 6-29 所示。

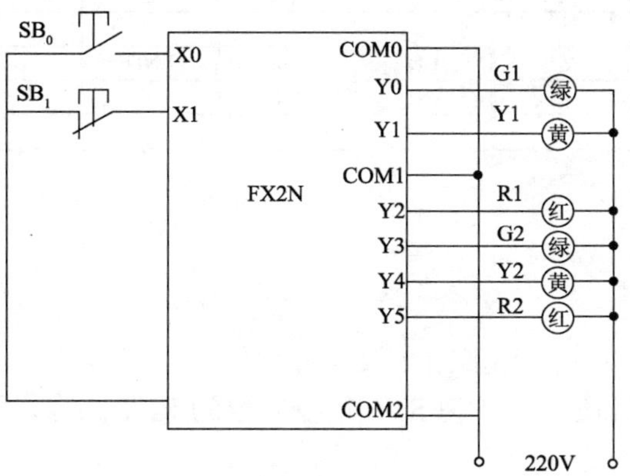

图 6-28　交通信号灯控制系统的 I/O 接线图

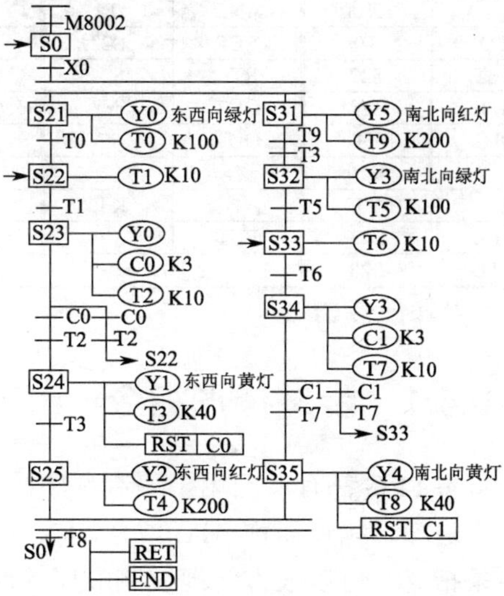

图 6-29　交通信号灯控制系统的功能图

5．梯形图程序

交通信号灯控制系统的梯形图如图 6-30 所示。

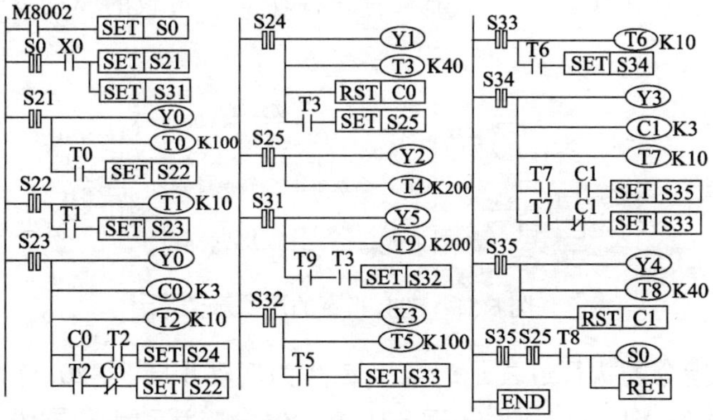

图 6-30　交通信号灯控制系统的梯形图

6. 指令程序

交通信号灯控制系统的指令如表 6-7 所示。

表 6-7　交通信号灯控制系统的指令

LD	M8002	OUT	Y0	LD	T3		K100	SET	S35
SET	S0	OUT	C0	SET	S25	LD	T5	LD	T7
STL	S0		K3	STL	S25	SET	S33	ANI	C1
LD	X0	OUT	T2	OUT	Y2	STL	S33	SET	S33
SET	S21		K10	OUT	T4	OUT	T6	STL	S35
SET	S31	LD	C0		K200		K10	OUT	Y4
STL	S21	AND	T2	STL	S31	LD	T6	OUT	T8
OUT	Y0	SET	S24	OUT	Y5	SET	S34		K40
OUT	T0	LDI	C0	OUT	T9	STL	S34	RST	C1
	K100	AND	T2		K200	OUT	Y3	STL	S35
LD	T0	SET	S22	LD	T9	OUT	C1	STL	S25
SET	S22	STL	S24	AND	T3		K3	LD	T8
STL	S22	OUT	Y1	SET	S32	OUT	T7	OUT	S0
OUT	T1	OUT	T3	STL	S32		K10	RET	
	K10								
LD	T1		K40	OUT	Y3	LD	T7	END	
SEL	S23	RST	C0	OUT	T5	AND	C1		
STL	S23								

知识点击

6.4.1　步进梯形指令

许多 PLC 都有专门用于编制顺序控制程序的步进梯形指令及编程元件。

步进梯形指令简称 STL 指令，FX 系列 PLC 还有一条使 STL 指令复位的 RET 指令。利用这两条指令，可以很方便地编制顺序控制梯形图程序。

步进梯形指令 STL 只有与状态继电器 S 配合才具有步进功能。S0～S9 用于初始步，S10～S19 用于自动返回原点。使用 STL 指令的状态继电器的常开触点称为 STL 触点，用符号 ─┨┠─ 或 ─┤STL├─ 表示，没有常闭的 STL 触点。

STL 指令的用法如图 6-31 所示，从图中可以看出顺序功能图与梯形图之间的关系。用状态继电器表示顺序功能图工步，每一步都具有三种功能：负载的驱动处理、指定转换条件和指定转换目标。

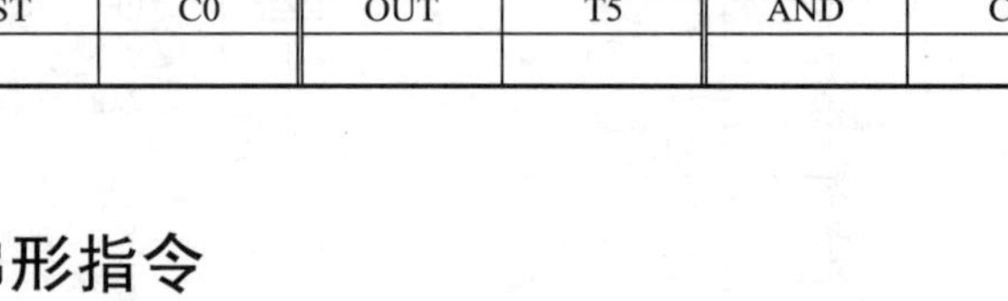

图 6-31　STL 指令的用法示例

图 6-31 中 STL 指令的执行过程是：当步 S20 为活动步时，S20 的 STL 触点接通，负载 Y2 输出。如果转换条件 X1 满足，后续步 S21 被置位变成活动步，同时前级步 S20 自动断开变成不活动步，输出 Y2 也断开。

使用 STL 指令使新的状态置位，前一状态自动复位。STL 触点接通后，与此相连的电路被执行；当 STL 触点断开时，与此相连的电路停止执行。

STL 触点与左母线相连，同一状态继电器的 STL 触点只能使用一次（除了后面介绍的并行序列的合并）。

与 STL 触点相连的起始触点要使用 LD、LDI 指令。使用 STL 指令后，LD 触点移至 STL 触点右侧，一直到出现下一条 STL 指令或者出现 RET 指令止，RET 指令使 LD 触点返回左母线。

梯形图中同一元件的线圈可以被不同的 STL 触点驱动，也就是说使用 STL 指令时允许双线圈输出。

STL 触点可以直接驱动或通过别的触点驱动 Y、M、S、T 等元件的线圈和功能指令。STL 触点右边不能使用入栈（MPS）指令。

STL 指令不能与 MC-MCR 指令一起使用。

STL 指令仅对状态继电器有效，当状态继电器不作为 STL 指令的目标元件时，就具有一般辅助继电器的功能。

STL 指令和 RET 指令是一对步进梯形（开始和结束）指令。在一系列步进梯形指令 STL 之后，加上 RET 指令，表明步进梯形指令功能的结束，LD 触点返回到左母线。

在主机的状态开关由 STOP 状态切换到 RUN 状态时，可用初始化脉冲 M8002 来将初始状态继电器置为 ON，可用区间复位指令（ZRST）来将除初始步以外的其余各步的状态继电器复位。

6.4.2　步进梯形指令的编程的方法

如前面图 6-10 所述运料小车自动循环的控制过程，小车运动系统一个周期由 5 步组成。它们可分别对应 S0、S20～S23，步 S0 代表初始步。其顺序功能图和梯形图如图 6-32 所示。

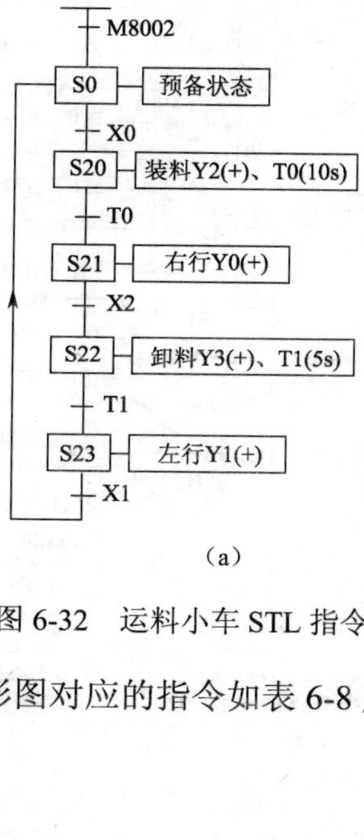

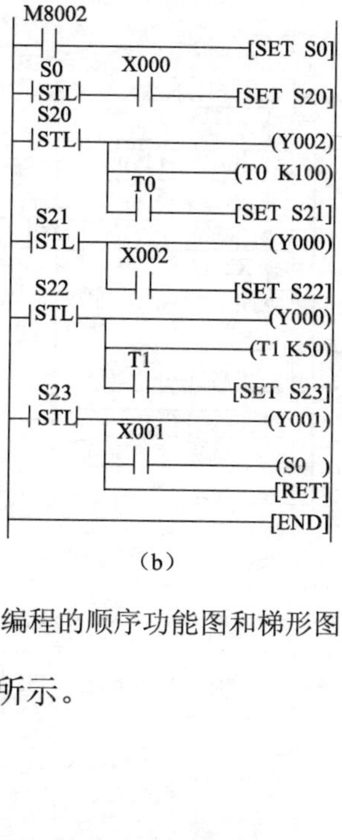

图 6-32　运料小车 STL 指令编程的顺序功能图和梯形图

图 6-32 所示的梯形图对应的指令如表 6-8 所示。

表 6-8 指令表

0	LD	M8002	13	SET	S21	26	SET	S23
1	SET	S0	15	STL	S21	28	STL	S23
3	STL	S0	16	OUT	Y000	29	OUT	Y001
4	LD	X000	17	LD	X002	30	LD	X001
5	SET	S20	18	SET	S22	31	OUT	S0
7	STL	S20	20	STL	S22	33	RET	
8	OUT	Y002	21	OUT	Y003	34	END	
9	OUT	T0 K100	22	OUT	T1 K50			
12	LD	T0	25	LD	T1			

PLC 上电进入 RUN 状态，初始化脉冲 M8002 的常开触点闭合一个扫描周期，梯形图中第一行的 SET 指令将初始步 S0 置为活动步。

在梯形图的第二行中，S0 的 STL 触点和 X0 的常开触点组成的串联电路代表转换实现的两个条件。当初始步 S0 为活动步，按下启动按钮 X0 时，转换实现的两个条件同时满足，置位指令 SET S20 被执行，后续步 S20 变为活动步，同时 S0 自动复位为不活动步。

S20 的 STL 触点闭合后，该步的负载被驱动，Y2 变为 ON，打开储料斗的闸门，开始装料，同时用定时器 T0 定时，10s 后关闭储料斗的闸门，转换条件 T0=1 得到满足，下一步的状态继电器 S21 被置位，同时状态继电器 S20 被自动复位。系统将这样依次工作下去，直到最后返回到起始位置，碰到限位开关 X1 时，用 OUT S0 指令使 S0 变为 ON 并保持，系统返回并停在初始步。

在图 6-32 中梯形图的结束处，一定要使用 RET 指令，使 LD 触点回到左母线上，否则系统将不能正常工作。

6.4.3 步进梯形指令的选择序列结构的编程方法

图 6-33 是采用步进梯形指令编程的自动门控制系统的顺序功能图和梯形图。

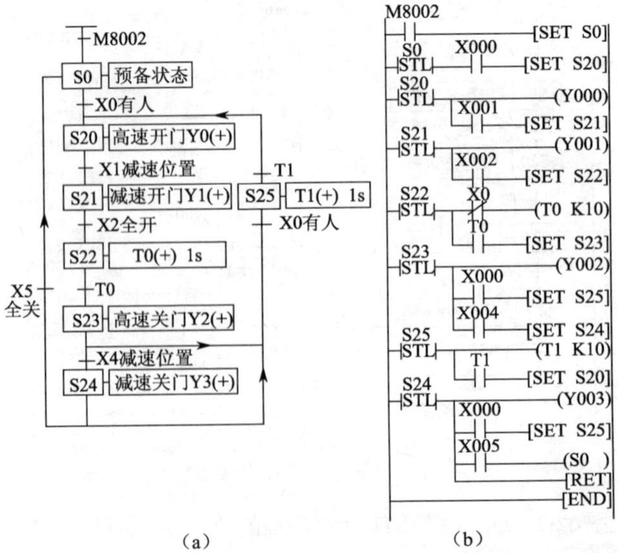

图 6-33 自动门控制系统 STL 指令编程的顺序功能图和梯形图

1. 选择序列分支的编程方法

图 6-33 中步 S23 之后有一个选择序列的分支。当 S23 为活动步时，如果转换条件 X0 满足，将转换到步 S25；如果转换条件 X4 满足，将转换到步 S24。

如果某一步的后面有 N 条选择序列的分支，则该步的 STL 触点开始的电路块中应有 N 条分别指明各转换条件和转换目标的并联电路。对于图 6-33 中步 S23 之后的这两条支路，有两个转换条件 X4 和 X0，可能进入步 S24 和步 S25，所以在 S23 的 STL 触点开始的电路块中，有两条分别由 X4 和 X0 作为置位条件的串联电路。

2. 选择序列合并的编程方法

图 6-33 中步 S20 之前有一个由两条支路组成的选择序列的合并。当 S20 为活动步，转换条件 X0 得到满足时，或者步 S25 为活动步，转换条件 T1 得到满足时，都将使步 S20 变为活动步，同时将步 S0 或步 S25 变为不活动步。

在梯形图中，由 S0 和 S25 的 STL 触点驱动的电路块中均有转换目标 S20，对它们的后续步 S20 的置位是用 SET 指令实现的，对相应的前级步的复位是由系统程序自动完成的。其实在设计梯形图时，没有必要特别留意选择序列的合并如何处理，只要正确地确定每一步的转换条件和转换目标，就能自然地实现选择序列的合并。

6.4.4 步进梯形指令的并行序列结构的编程方法

如图 6-34 所示由 S22～S23 和 S24～S25 组成的两个单序列是并行工作的，设计梯形图时应保证这两个单序列同时开始工作和同时结束，即步 S22 和 S24 应同时变为活动步，步 S23 和 S25 应同时变为不活动步。

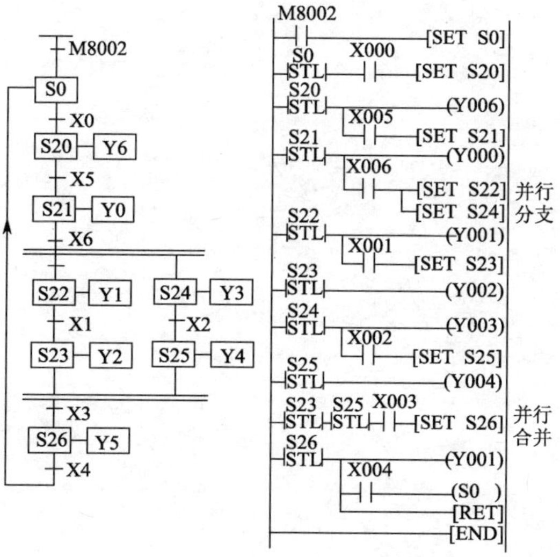

图 6-34　STL 指令编程的并行序列的顺序功能图和梯形图

并行序列分支的处理是很简单的，在图 6-34 中，当步 S21 是活动步，且转换条件 X6 满足时，步 S22 和 S24 同时变为活动步，两个序列同时开始工作。在梯形图中，用 S21 的 STL

触点和 X6 的常开触点组成的串联电路来控制 SET 指令对 S22 和 S24 同时置位，同时系统程序将前级步 S21 变为不活动步。

图 6-34 中并行序列合并处的转换有两个前级步 S23 和 S25，根据转换实现的基本规则，当它们均为活动步且转换条件满足时，将实现并行序列的合并。在梯形图中，用 S23 和 S25 的 STL 触点和 X3 的常开触点组成的串联电路使步 S26 置位变为活动步，同时系统程序将两个前级步 S23 和 S25 变为不活动步。

6.4.5 PLC 程序设计方法比较

下面将经验设计法和顺序控制设计法进行适当比较，以便设计时选用。如图 6-35 和图 6-36 所示。

采用经验设计法设计梯形图时，不可能找出一种简单通用的设计方法。顺序控制设计法将整个程序分成了控制程序和输出程序两个部分。由于步是根据输出 Y 的状态划分的，因此 M 和 Y 之间具有很简单的逻辑关系，输出程序的设计极为简单。而代表步的辅助继电器或状态继电器的控制程序，不管多么复杂，其设计方法都是相同的，并且很容易掌握。

图 6-35　经验设计法示意图

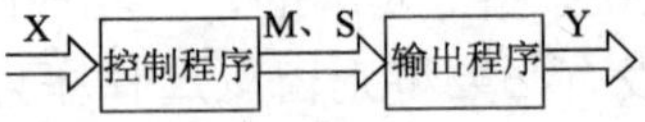

图 6-36　顺序控制设计法示意图

第 7 章　PLC 的编程器与编程软件的使用方法

7.1　FX-20P-E 型手持式编程器的使用方法

编程器除了用来给 PLC 编程外，还可以用来监视 PLC 的工作状态。手持式编程器具有体积小、重量轻、价格低等特点，广泛用于小型 PLC 的用户程序编制、现场调试和监控。FX-10P-E、FX-20P-E-SET0 型手持式编程器的显示器分别可以显示 2 行和 4 行，每行 16 个字符。

7.1.1　FX-20P-E 型手持式编程器的组成与面板布置

1．FX-20P-E 型手持式编程器的组成

FX-20P 型手持式编程器主要包括以下部件。

（1）FX-20P-E 型编程器。

（2）FX-20P-CAB 型电缆。

（3）FX-20P-RWM 型 ROM 写入器模块。

（4）FX-20P-ADP 型电源适配器。

（5）FX-20P-FKIT 型接口，用于对三菱的 F1、F2 系列 PLC 编程。

其中编程器与电缆是必须的，其他部分是选配件。编程器右侧面的上方有一个插座，将 FX-20P-CAB 电缆的一端输入该插座内（图 7-1），电缆的另一端插到 FX 系列 PLC 的 RS-422 编程器插座内。

FX-20P-E 型编程器的顶部有一个插座，可以连接 FX-20P-RWM 型 ROM 型写入器，编程器底部插有系统程序存储器卡盒，需要将编程器的系统程序更新时，只要更换系统程序存储器即可。

在 FX-20P-E 型编程器与 PLC 不相连的情况下（脱机或离线方式），需要用编程器编制用户程序时，可以使用 FX-20P-ADP 型电源适配器对编程器供电。

FX-20P-E 型编程器内附有 8KB 步 RAM，在脱机方式时用来保存用户程序。编程器内附有高性能的电容器，通过 1 小时后，在该电容器的支持下，RAM 内的信息可以保存 3 天。

2．FX-20P-E 型编程器的面板布置

FX-20P-E 型编程器的面板布置如图 7-1 所示。面板的上方是一个 4 行，每行 16 个字符的液晶显示器。它的下面共有 35 个键，最上面一行和最右边一列为 11 个功能键，其余的 24 个键为指令键和数字键。

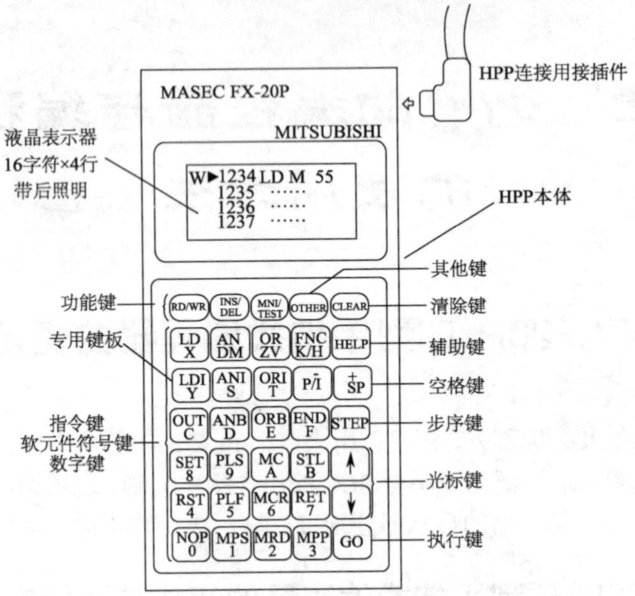

图 7-1　FX-20P 型手持式编程器面板布置示意图

（1）功能键

11 个功能键在编程时的功能简述如下。

RD/WR：读出/写入键。INS/DEL：输入/删除。MNT/TEST：监视/测试键。3 个键都是双功能键，以 RD/WR 键为例，按第一下选择读出方式，按第二下选择写入方式，按第三下又回到读出方式，编程器当时的工作状态显示在液晶显示屏的左上角。

GO 键，用于对指令的确认和执行命令，在输入某指令后，在按 GO 键，编程器就将该指令写入 PLC 的用户程序存储器，该键还用来选择工作方式。

CLEAR 键为清除键，在未按 GO 键之前，按下 CLERR 键，刚刚输入的操作码或操作数被清除。另外，该键还用来清除屏幕上的错误内容或恢复原来的画面。

SP 键为空格键，输入多参数的指令时，用来指定操作数或常数。在监视工作方式下，若要监视位编程元件，先按下 SP 键，再送该编程元件和元件号。

STEP 键为步序键，如果需要显示某步的指令，先按 STEP 键，再送步序号。

↑、↓ 键为光标键，使光标上移或下移。

HELP 键为帮助键，按下 FNC 键后按 HELP 键，屏幕上显示应用指令的分类菜单，再按下相应的数字键，就会显示出该类指令的全部指令名称。在监视方式下按 HELP 键，用于使数字编程元件内的数据在十进制和十六进制数之间进行切换。

OTHER 键为其他键，无论什么时候按下它，立即进入方式的选择。

（2）指令键、元件符号键和数字键

它们都是双功能键，键的上面是指令助记符，下面是元件符号或数字，上、下档功能自动切换，下面的元件符号 Z/V，K/H 和 P/I 交替起作用，反复按键时相互切换。

R ▶	100	LD	M	10
	101	OUT	T	5
			K	130
	104	LDI	X	003

图 7-2　液晶显示屏的画面

（3）液晶显示屏

在编程时，液晶显示屏的画面示意图如图 7-2 所示。

液晶显示屏可显示 4 行，每行 16 个字符，第一行第一列的字符代表编程器的工作方式。其中 R 为读出用户程序；W 为写入用户程序；I 为将编制的程序插入光标所指的指令之前；D 为删除光标所指的指令；M 表示编程器处于监视工作状态，可以监视位编程元件的 ON/OFF 状态、字编程元件内的程序，以及对基本逻辑指令的通断状态及其进行监视。T 表示编程器处于测试(TEST)工作状态，可以对编程元件的状态以及定时器和计数器的线圈强制 ON 或 OFF，也可以对自编程元件内的数据进行修改。

第 3～6 列为指令步序号，第 7 列为空格，第 8～11 列为指令助记符，第 12 列为操作数或元件类型，第 13～16 列为操作数或元件号。

7.1.2　编程器工作方式选择与用户程序存储器初始化

1．编程器的工作方式选择

FX-20P-E 型编程器具有在线（ON LINE 或称联机）编程和离线（OFF LINE 或称脱机）编程两种工作方式。在线编程时编程器于 PLC 直接相连，编程器直接对 PLC 的用户程序存储器进行读/写操作。或 PLC 内装有 EEPROM 卡盒，程序写入该卡盒，若没有 EEPROM 卡盒，程序写入 PLC 内的 RAM 中。在离线编程时，编制的程序首先写入编程器内的 RAM 中，以后再成批传入 PLC 的存储器。

FX-20P-E 型编程器上电后，其液晶屏幕上显示的内容如图 7-3 所示。

其中闪烁的符号“■”指明编程器处工作方式。用↑或↓键将“■”移动到选中的方式上，然后再按 GO 键，就进入所选定的编程方式。

在联机方式下，用户可用编程器直接对 PLC 的用户程序存储器进行读/写操作，在执行写操作时若 PLC 内没有安装 EEPROM 存储器卡盒，程序写入 PLC 的 RAM 存储器内；反之，则写入 EEPROM 内，此时，EEPROM 存储器的写保护开关必须处于“OFF”位置。只有用 FX-20P-RWM 型 ROM 写入器才能将用户程序写入 EPROM。

按 OTHER 键，进入工作方式选择的操作。此时，液晶屏幕显示的内容如图 7-4 所示。

```
 PROGRAM   MODE
■ONLINE    (PC)
 OFFLINE   (HPP)
```

图 7-3　工作方式选择

```
ONLINE MODE  FX
■ 1. OFFLINE  MODE
  2. PROGRAM  CHECK
  3. DATA  TRANSFER
```

图 7-4　液晶显示屏显示的内容

闪烁的符号“■”表示编程器所选的工作方式，按↑或↓键，将“■”上移或下移到所需的位置，在按 GO 键，就进入选定的工作方式。在联机编程方式下，可供选择的工作方式共有以下 7 种。

（1）OFFLINEMODE（脱机方式）：进入脱机编程方式。

（2）PROGRAMCHECK：程序检查，若没有错误，显示“NO ERROR”（没有错误）；若有错，显示出错的指令步序号及出错代码。

（3）DATA TRANSFER：数据传送，若 PLC 内安装存储器卡盒，在 PLC 的 RAM 和外装的存储器之间进行程序和参数的传送。反之则显示“NO　MEM CASSETTE”（没有存储器卡盒），不进行传送。

（4）PARAMETER：对 PLC 的用户程序存储器容量、各种具有断电保持功能的编程元件的范围以及文件寄存器的数量进行设置。

（5）XYM.. NO.CONV.：修改 X、Y、M 的元件号。

（6）BUZZERLEVEL：对编程器的蜂鸣器的音量调节。

（7）LATCHCLEAR：复位有断电保持功能的编程元件。对文件寄存器的复位与它使用的存储器类别有关，只能对 RAM 和写保护开关处于 OFF 位置的 EEPROM 中的文件寄存器复位。

2. 用户程序存储器初始化

在写入程序之前，一般将存储器中原有的内容全部清除，在按 RD/WR 键，使编程器处于写（W）工作方式，接着按以下顺序按键：

NOP→A→GO→GO

7.1.3 指令的读出

1. 根据步序号读出指令

基本操作如图 7-5 所示，先按 RD/WR 键，使编程器处于读（R）工作方式，如果要读出步序号为 60 的指令，再按下列的顺序操作，60 的指令就显示在屏幕上。

STEP→6→0→GO

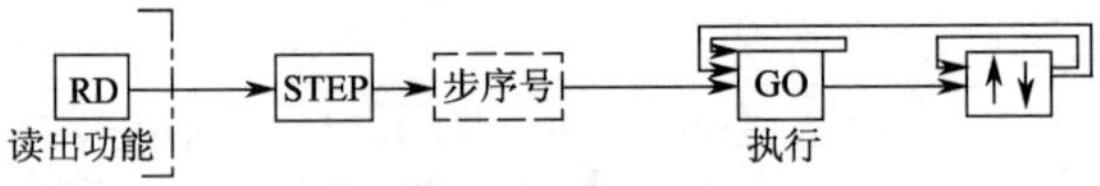

图 7-5 根据步序号读出的基本操作

若还需要显示该指令之前或之后的其他指令，可以按↑、↓或 GO 键可显示下面 4 条指令。

2. 根据指令读出

基本操作如图 7-6 所示，在按 RD/WR 键，使编程器处于读（R）工作方式，然后根据图 7-6 或图 7-7 所示的操作步骤依次按相应的键，该指令就显示在屏幕上。

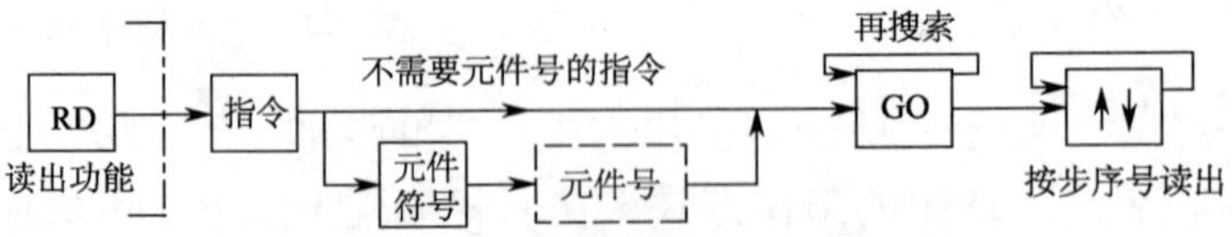

图 7-6 根据指令读出的基本操作

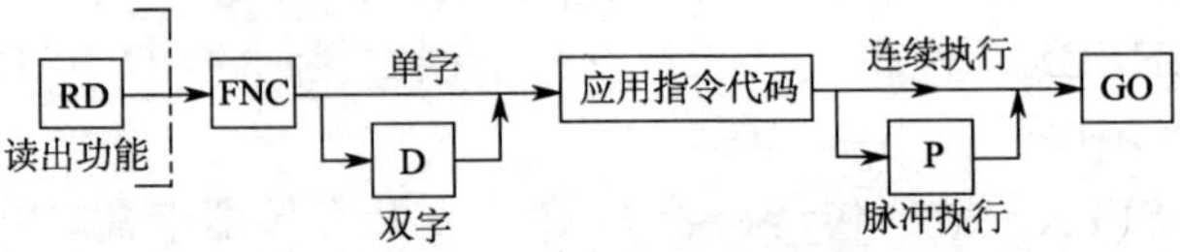

图 7-7 应用指令的读出

【例 7-1】 指定指令 LD　X10，从 PLC 中读出并显示该指令。

按 RD/WR 键，使编程器处于读（R）工作方式，然后按以下顺序按键：

LD→X→1→O→GO

按 GO 键后屏幕上显示出指定的指令步序号，接着再按功能键 GO，屏幕上显示出下一条相同的指令及其步序号。如果用户程序中没有该指令，在屏幕的最后一行显示“NOT FOUND”（未找到）。按↑ 或↓ 键可读出上一条或下一条指令。按 CLEAR 键，屏幕显示原先的内容。

【例 7-2】 读出数据传送指令（D）MOV（P）DO D4 。

MOV 指令的应用指令代码为 12，先按 RD/WR，使编程器处于读（R）工作方式，然后按下列顺序按键：

FUN→D→1→2→P→GO

3．根据元件读出指令

基本操作如图 7-8 所示，在读（R）工作方式下读出含有 X0 的指令操作步骤如下：

SP→X→0→GO

图 7-8　根据元件读出的基本操作

这种方法只限于基本逻辑指令，不能用于应用指令。

4．根据指针查找其所在的步序号

基本操作如图 7-9 所示，在读（R）工作方式下读出 10 号指针的操作步骤如下：

P→1→0→GO

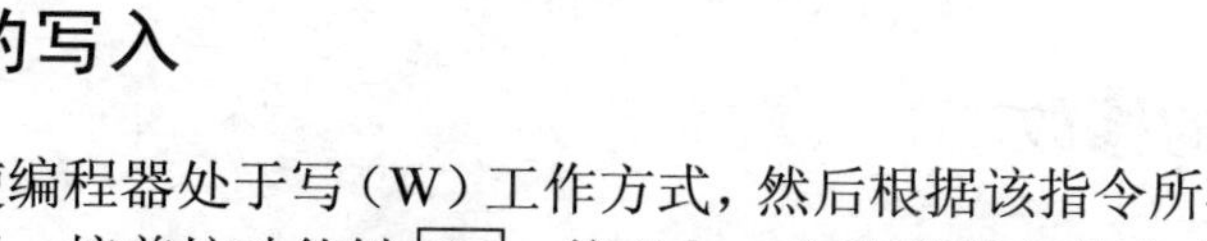

图 7-9　根据指针读出的基本操作

屏幕上将显示指针 P10 及其步序号。读出中断程序指针时，应连续按两次 P/I 键。

7.1.4　指令的写入

按 RD/WR 键，使编程器处于写（W）工作方式，然后根据该指令所在的步序号，按 STEP 键后输入相应的步序号，接着按功能键 GO，使“ ▶ ”移到指定的步序号，这时可以写入指令。如果需要修改刚写入的指令，在按 GO 键之前，按下 CLEAR 键，刚输入的操作码或操作数被清除。按下 GO 键之后，再按↑ 键，回到刚写入的指令再做修改。

1．写入基本逻辑指令

写入指令 LD X12 时，先使编程器处于写（W）工作方式，将光标“ ▶ ”移动到指定的步序号位置，然后按以下顺序按键：

LD→X→1→2→GO

写入LDP、ANP、ORP指令时，在按指令键后还要按P/I键，写入LDF、ANF、ORF指令时，在按指令键后还要按F键。写入INV指令时，按NOP、P/I和GO键。

2. 写入应用指令

基本操作如图7-10所示，按RD/WR键，使编程器处于写（W）工作方式，将光标“▶”移动到指定的步序号为止，在按FNC键，接着按该应用指令的指令代码对应的数字键，然后按SP键，再按相应的操作数键。如果操作数不止一个，每次输入操作数之前，先按一下SP键，输入所有的操作数后，再按GO键，该指令就被写入PLC存储器内。如果操作数为双字，按“FNC”键后，再按D键；如果仅当其控制电路由断开到闭合（上升沿）时才执行该应用指令的操作（脉冲执行）在输入编程代码的数字键后，接着再按P键。

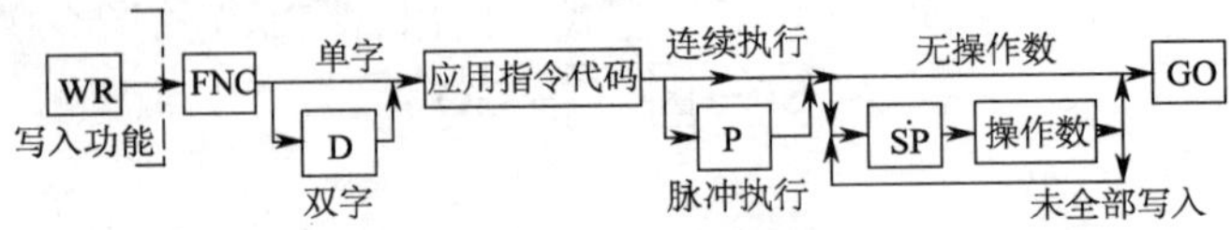

图7-10 应用指令的写入

【例7-3】 写入数据传送指令MOV D0 D4。

MOV指令的应用指令编号为12，写入的操作步骤如下：

FUN→1→2→SP→D→O→SP→D→4→GO

【例7-4】 写入数据传送指令 （D） MOV （P） D0 D4。

操作步骤如下：

FUN→D→1→2→P→SP→D→0→SP→D→4→GO

3. 写入指针

写入指针的基本操作如图7-11所示。如写入中断用的指针，应连续按两次P/I键。

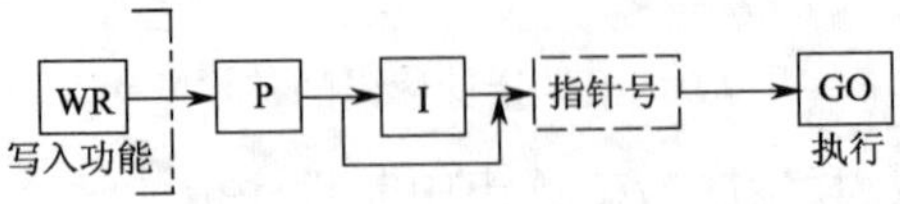

图7-11 写入指针的基本操作

7.1.5 程序的修改

1. 修改指令步序号的指令

【例7-5】 将其步序号原有的指令改写为OUT T0 K15。

根据步序号读出原指令后，按RD/WR键，使编程器处于写（W）工作方式，然后按下列操作步骤按键：

OUT→T→0→SP→K→1→5→GO

如果要修改应用指令中的操作数，读出该指令后，将光标“ ▶ ”移到欲修改的操作数所在的行，然后修改该行的参数。

2．指令的插入

如果需要在某条指令之前插入一条指令，按照前述指令读出的方式，先将某条指令显示在屏幕上，将光标“ ▶ ”指向该指令。然后按 INS/DEL 键，使编程器处于 I（插入）工作方式，接着按照指令写入的方法，将该指令写入，按 GO 键后，写入的指令插在原指令之前，后面的指令依次向后推移。

例如，要在 200 步之前插入指令 AND X4，在 I 工作方式下首先读出 200 步的指令，然后按以下顺序按键：

INS→AND→X→4→GO

3．指令的删除

（1）单条或单个指令的删除

如果需要将某条或某个指针删除，按照指令读出的方法，先将该指令或指针显示在屏幕上，令“ ▶ ”指向该指令。然后按 INS/DEL 键，使编程器处于 D（删除）工作方式，接着按功能键 GO，该指令或指针就被删除。

（2）将用户中间的 NOP 指令全部删除

按 INS/DEL 键，使编程器处于 D 删除工作方式，依次按 NOP 和 GO 键，执行完毕后，用户程序中间的 NOP 指令被全部删除。

（3）删除指定范围内的程序

按 INS/DEL 键，使编程器处于 D（删除）工作方式，接着按下列操作步骤依次按相应的键，该范围内的程序就被删除：

STEP→起始步序号→SP→STEP→终止步序号→GO

7.1.6　对 PLC 编程元件与基本逻辑运算指令通/断状态的监视

使用编程器可对各个位编程元件的状态和各个字编程元件内的数据监视和测试，监视功能可测试和确认联机方式下 PLC 编程元件的动作和控制状态，包括对监视和对基本逻辑运算指令通/断状态的监视。测试是指用编程器对位编程元件的强制置位与复位、对字操作元件内数据的修改，如对 T、C、D、Z、V 当前值的修改，对 T、C 设定值的修改，对文件寄存器的写入等。

1．对位编程元件的监视

基本操作如图 7-12 所示，FX2N 有多个变址寄存器 Z、V，应送它们的元件号。以监视辅助继电器 M135 的状态为例，先按 MNT/TEST 键，使编程器处于 M（监视）工作方式，然后按下列的操作步骤按键：

SP→M→1→5→3→GO

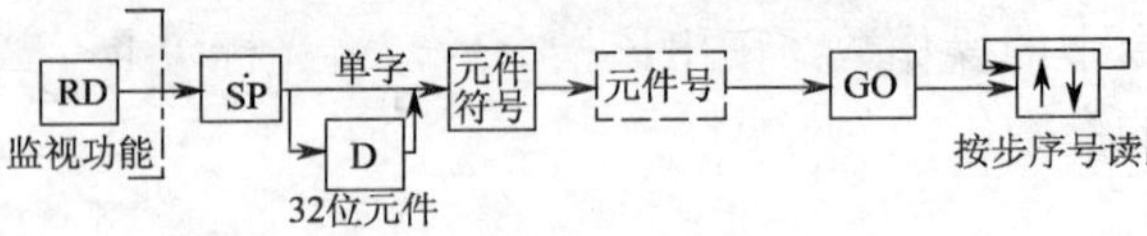

图 7-12 元件监视的基本操作

屏幕上就会显示出 M153 的状态。如果在编程元件左侧有字符“ ■”（图 7-13），表示该编程元件处于 ON 状态；如果没有，表示它处于 OFF 状态，最多可监视 8 个元件。按↑或↓键，可以监视前面或后面元件状态。

2．监视 16 位字编程元件(D、Z、V) 内的数据

以监视数据寄存器 D0 内的数据为例，首先按 MNT/TEST 键，使编程器处于 M（监视）工作方式，接着按下面的顺序按键：

SP→D→0→GO

屏幕上就会显示出数据寄存器 D0 内的数据。在按功能键↓，依次显示 D1、D2、D3 内的数据。此时显示的数据均以十进制数表示，若要以十六进制数表示，可按功能键 HELP ，重复按功能键 HELP ，显示的数据在十进制数和十六进制数之间切换 。

3．监视 32 位字编程元件(D、Z、V) 内的数据

以监视由数据寄存器 D0 和 D1 组成的 32 位数据寄存器内的数据为例，按 MNT/TEST 键，使编程器处于 M（监视）工作方式，接着按下面的顺序按键：

SP→D→D→0→GO

屏幕上就会显示出由数据寄存器 D0 和 D1 组成的 32 位数据寄存器内的数据（图 7-14）。若要以十六进制数表示，可用功能键 HELP 来切换。

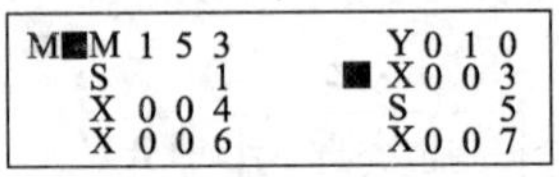

图 7-13 位编程元件的监视

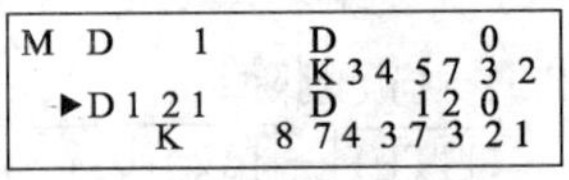

图 7-14 32 位元件的监视

4．对定时器和 16 位计数器的监视

以监视定时器 C99 的运行情况为例，首先按 MNT/TEST 键，使编程器处于 M（监视）工作方式，接着按下面的顺序按键：

SP→C→9→9→GO

屏幕上显示的内容如图 7-15 所示。图中第三行末尾显示的数据 K20 是 C99 的当前计数值，第四行末尾显示的数据 K100 是 C99 的设定值。第四行中的字母 P 表示 C99 输出触点的状态，当其右侧显示“■”时，表示其常开触点闭合；反之，则表示其常开触点断开。第四行中的字母“R”表示 C99 复位电路的状态，当其右侧显示“■”时，表示其复位电路闭合，复位位为 ON 状态；反之，则表示其复位电路断开，复位位为 OFF 状态。非积算定时器没有复位输入，图 7-15 中 T100 的“R”未用。

5．对 32 位计数器的监视

以监视 32 位计数器 C200 的运行情况为例，首先按 MNT/TEST 键，使编程器处于 M（监

视）工作方式，接着按下面的顺序按键：

SP→C→2→0→0→GO

屏幕上显示的内容如图 7-16 所示。第一行显示的 P 和 R 的意义与图 7-15 中的一样，U 的右侧显示“■”时，表示其计数方式为递增（UP），反之为递减计数方式。第二行显示的数据为当前计数值，第三行和第四行显示设定值，如果设定值为常数，直接显示在屏幕的第三行上；如果设定值存放在某数据寄存器内，第三行显示该数据寄存器的元件号，第四行才显示其设定值。按功能键 HELP ，显示的数据在十进制数和十六进制数之间切换。

```
M T  100        K   100
   P  R         K   250
 ▶C    99       K    20
   P■R          K   100
```

图 7-15　定时器计数器的监视

```
M▶C 200         P R U■0
         K   12345685
         K   23456780
```

图 7-16　32 位计数器的监视

6. 通/断检查（Continuity Check）

在监视状态下，根据步序号或指令读出指令，可监视指令中元件触点的通/断和线圈的状态，基本操作如图 7-17 所示。按 GO 键后显示 4 条指令，第一行是指令的指令。若某一行的第 11 列（即元件符号的左侧）显示空格，表示该行指令对应的触点断开，对应的线圈“断电”；若第 11 列显示“■”，表示该行指令对应的触点接通，对应的线圈“通电”。设在M工作方式下，按以下顺序按键：

STEP→1→2→6→GO

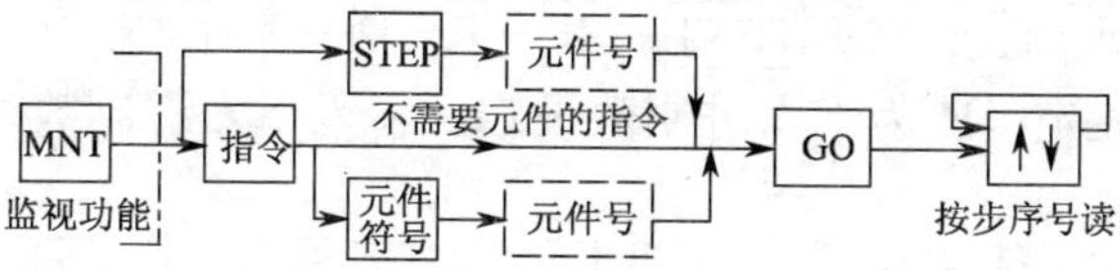

图 7-17　通/断检查的基本操作

屏幕上显示的内容如图 7-18 所示。根据各行是否显示“■”，就可以知道触点和线圈的状态。但是对定时器和计数器来说，若 OUT T 或 OUT C 指令所在行显示“■”，仅表示定时器或计数器分别处于定时或计数工作状态（其线圈“通电”），并不表示其输出常开触点接通。

```
M ▶      126   X  013
         127  ■M  100
         128  ■Y  005
         129   T   15
```

图 7-18　通/断检查

7. 活动步对应的状态继电器的监视

用指令或编程元件的测试功能使 M8047（STL 监视有效）为 ON，先按 MNT/TEST 键，使编程器处于 M（监视）工作方式，再按 STL 键和 GO 键，可以监视最多 8 点为 ON 的状态继电器（S），它们按元件号从大到小的顺序排列。

7.1.7　对编程元件的测试

1. 位编程元件强制 ON/OFF

先按 MNT/TEST 键，使编程器处于监视（M）工作方式，然后按照监视位编程元件的操作步骤，显示出需要强制 ON/OFF 的那个编程元件，接着再按 MNT/TEST 键，使编程器处于测试（T）工作方式，确认 ▶ 指向需要强制 ON 或 OFF 的编程元件以后，按一下 SET 键，即强制该位编程元件为 ON；按一下 RST 键，即强制该位编程元件为 OFF。

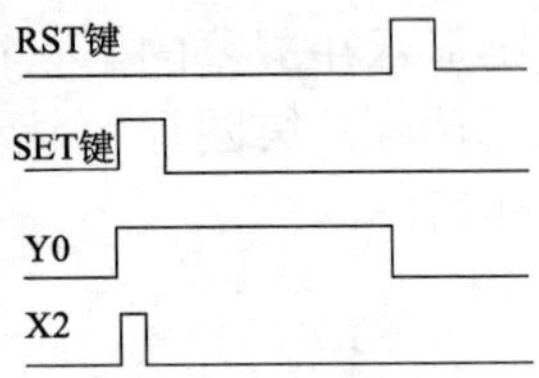

图 7-19　强制 ON/OFF 波形

强制 ON/OFF 的时间与 PLC 的运行状态有关，也与位编程元件的类型有关。一般来说，当 PLC 处于 STOP 状态时，按一下 SET 键，除了输入继电器 X 接通的时间仅一个扫描周期以外，其他位编程元件的 ON 状态一直持续到按下 RST 键为止，其波形示意图如图 7-19 所示（注意，每次只能对"▶"所指的那一个编程元件执行强制 ON/OFF）。

但是，当 PLC 处于 RUN 状态时，除了输入继电器 X 的执行情况与在 STOP 状态时的一样以外，其他位编程元件的执行情况还与梯形图的逻辑运算结果有关。假设扫描用户程序的结果使输出继电器 Y0 为 ON，按 RST 键只能使用 Y0 为 OFF 的时间维持一个扫描周期；反之，假设扫描用户程序的结果使输出继电器 Y0 为 OFF，按 SET 键只能使 Y0 为 ON 的时间维持一个扫描周期。

2．修改 T、C、D、Z、V 的当前值

基本操作如图 7-20 所示，在监视（M）工作方式下，按照监视字编程元件的操作步骤，显示出需要修改的那个字编程元件，再按 MNT/TEST 键，使编程器处于测试（T）工作方式，将定时器 T5 的当前值修改为 K20 的操作如下：

监视 T5→TEST→SP→K→2→0→GO

常数 K 为十进制数设定，H 为十六进制数设定，输入十六进制数时连续按两次 K/H 键。

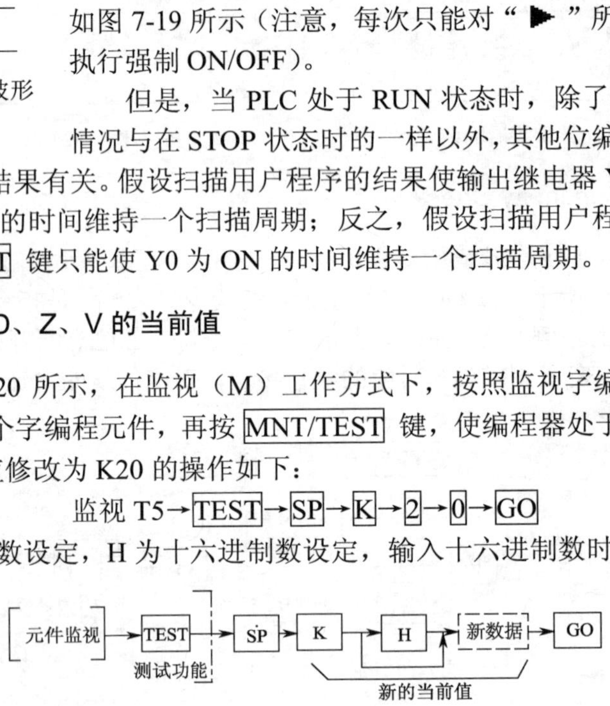

图 7-20　修改字元件数据的基本操作

3．修改定时器和计数器的设定值

基本操作如图 7-21 所示。先按 MNT/TEST 键，使编程元件处于 M（监视）工作方式，然后按照前述监视定时器和计数器的操作步骤，显示待监视的定时器和计数器指令后，再按 TEST 键，使编程器处于 T（测试）工作方式，将定时器 T2 的设定值修改为 K40 的操作如下：

监视 T2→TEST→SP→SP→K→4→0→GO

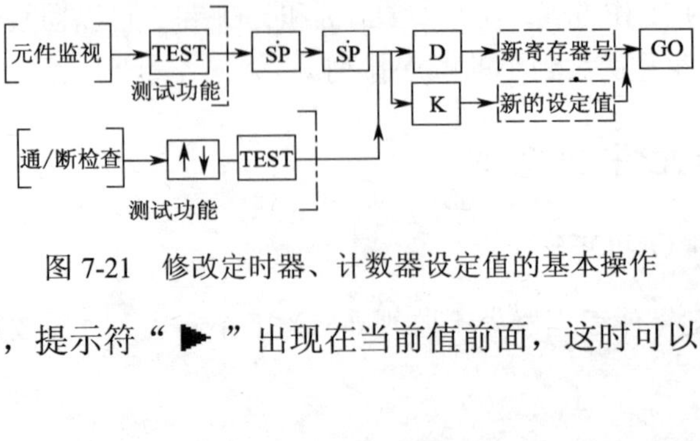

图 7-21　修改定时器、计数器设定值的基本操作

第一次按 SP 键后，提示符"▶"出现在当前值前面，这时可以修改其当前值；第二次

按 SP 键后，提示符“ ▶ ”出现在设定值前面，这时可以修改其设定值；输入新的设定值后按 GO 键，设定值修改完毕。

将 T7 存放设定值的数据寄存器的元件号修改为 D22 的操作如下：

监视 T7→TEST→SP→SP→D→2→2→GO

另一种修改方法是，先对 OUT T7（以修改 T7 的设定值为例）指令作通/断检查，然后按功能键↓ 使 ▶ 指向设定值所在行，接着再按 MNT/TEST 键，便完成了设定值的修改。将 100 步的 OUT T5 指令的设定值修改为 K25 的操作如下：

监视 100 步的指令→↓→TEST→K→2→5→GO

7.1.8　脱机（OFF LINE）编程方式

1．脱机编程

脱机方式编制的程序存放在手持式编程内部的 RAM 中，联机方式输入的程序存放在 PLC 内的 RAM 中，编程器内部 RAM 中的程序不变。编程器内部 RAM 中写入的程序可成批地传送到 PLC 的内部 RAM，也可成批地传送到装在 PLC 上的存储器卡盒。往 ROM 写入器的传送在脱机方式下进行。

手持式编程器内 RAM 的程序用超级电容器作断电保护，充电 1h（小时），可保持 3d（天）以上。因此，可将在实验室里脱机生成的装在编程器 RAM 内的程序，传送给安装在现场的 PLC。

2．进入脱机编程方式的方法

有以下两种方法可以进行脱机（OFF LINE）编程方式。

（1）FX-20P-E 型编程器上电后，按↓键，将闪烁的符号“■”移动到 OFF LINE（HPP）位置上（HPP 是手持式编程器的英文缩写），然后再按 GO 键，就进入脱机（OFF LINE）编程方式。

（2）FX-20P-E 型编程器处于联机（ON LINE）编程方式，按功能键 OTHER ，进入工作方式选择，此时，闪烁的符号“■”处于 OFF LINE MODE 的位置上，接着按 GO 键，就进入脱机（OFF LINE）编程方式。

3．工作方式

FX-20P-E 型编程器处于脱机编程方法时，所编制的用户程序与 PLC 内的用户程序存储器以及 PLC 的运行方式都没有关系。除了联机编程方式中的 M 和 T 两种工作方式不能使用以外，其余的工作方式（R、W、I 和 D）及操作步骤均适用于脱机编程。按 OTHER 键后，即进入工作方式选择的操作。此时，液晶屏幕显示的内容如图 7-22 所示。

```
OFFLINE MODE FX
■1. ONLINE MODE
 2. PROGRAM CHECK
 3. HPP <-> FX
```

图 7-22　屏幕显示内容

在脱机编程方式，可用光标键选择 PLC 的型号（图 7-23），FX2N、FX2NC、FX1N 和 FX1S 之外的其他系列的 PLC 应选择“FX，FX0”。选择好后按 GO 键，出现如图 7-24 所示的确认画面，如果使用的 PC（即 PLC）的型号有变化，按GO 键。要复位参数或返回起始状态时按CLEAR 键。

```
SELECT PC TYPE
■FX, FX0
 FX2N, FX1N,FX1S
```

图 7-23　屏幕显示

```
PC TYPE CHANGED
UPDATE PARAMS?
 OK→[GO]
 NO→[CLEAR]
```

图 7-24　屏幕显示

在脱机编程方式下，可供选择的工作方式有以下 7 种。

（1）ONLINE　MODE。

（2）PROGRAM　CHECK。

（3）HPP〈—〉FX。

（4）PARAMETER。

（5）XYM．．NO．CONV．。

（6）BUZZER　LEVEL。

（7）MODULE。

选择 ONLINE　MODE 时，编程器进入联机编程方式。PROGRAM　CHECK、PARAMETER、XYM.　.NO.　CONV.和 BUZZER　LEVEL 的操作与联机编程方式相同。

4．程序传送

选择 HPP〈-〉FX 时，若 PLC 内没有安装存储器卡盒，屏幕显示的内容如图 7-25 所示。按功能键↑或↓将“■”移到需要的位置上，再按功能键GO，就执行相应的操作。其中“→”表示将编程器（HPP）的 RAM 中的用户程序传送到 PLC 内的用户程序存储器中，这时，PLC 必须处于 STOP 状态。“←”表示将 PLC 内存储器中的用户程序读入编程器内的 RAM 中，“：”表示将编程器内 RAM 中的用户程序与 PLC 的存储器中的用户程序进行比较，PLC 处于 STOP 或 RUN 状态都可以进行后两种操作。

若 PLC 内装了 RAM、EEPROM 或 EPROM 扩展存储器卡盒，屏幕显示的内容类似图 7-26 图中的 ROM 分别为 RAM、EEPROM 和 EPROM，且不能将编程器内 RAM 中的用户程序传送到 PLC 内的 EPROM 中。

```
3. HPP <- >FX
■HPP→RAM
 HPP←RAM
 HPP : RAM
```

图 7-25　屏幕显示内容

```
[ROM WRITE]
■HPP→RAM
 HPP←RAM
 HPP : RAM
```

图 7-26　屏幕显示内容

5．MODUL 功能

MODULE 功能用于 EEPROM 和 EPROM 的写入，先将 FX-20P-RWM 型 ROM 写入器插在编程器上，开机后进入 OFF LINE（脱机）方式，选中 MODULE 功能，按功能键GO 后屏幕显示的内容如图 7-26 所示。

在 MODULE 方式下，共有四种工作方式可供选择。

（1）HPP→ROM

将编程器内 RAM 中的用户程序写入插在 ROM 写入器上的 EPROM 或 EEPROM 内。写操作之前必须先将 EPROM 中的内容全部擦除或先将 EEPROM 的写保护开关置于 OFF 位置。

（2）HPP←ROM

将 EPROM 或 EEPROM 中的用户程序读入编程器内的 RAM。

（3）HPP：ROM

将编程器内 RAM 中的用户程序与插在 ROM 写入器上的 EPROM 或 EEPROM 内的用户程序进行比较。

（4）ERASE CHECK

用来确认存储器卡盒中的 EPROM 是否已被擦除干净。如果 EPROM 中还有数据，将显示“ERASE ERROR”（擦除错误）。如果存储器卡盒中是 EEPROM，将显示“ROM MISCONNECTED”（ROM 连接错误）。

```
 RUN   INPUT
■USE   X002
 DON'  T USE
```

图 7-27　屏幕显示

使用图 7-27 所示的画面，可将 X0～X17 中的一个输入点设置为外部的 RUN 开关，选择“DON'T USE”可取消此功能。

7.2　WOPC-FXGP/WIN-C 编程软件的使用方法

7.2.1　主要功能与系统配置

三菱电动机的 SWOPC-FXGP/WIN-C 是专为 FX 系列 PLC 设计的编程软件，其编程界面和帮助文件均已汉化，占用的存储空间少，安装好后仅占用 1MB 的空间，功能较强，在 Windows 操作系统中运行。

1. SWOPC-FXGP/WIN-C 编程软件的主要功能

（1）可用梯形图、指令表和 SFC（顺序功能图）符号来创建 PLC 的程序，可以给编程元件和程序块加上注释。可将程序存储为文件或用打印机打印出来。

（2）通过串行口通信，可将用户程序和数据寄存器中的值下载到 PLC，可以读出未设置口令的 PLC 中的用户程序，或检查计算机和 PLC 中的用户程序是否相同。

（3）可实现各种监控和测试功能，如梯形图监控、元件监控、强制 ON/OFF，以及改变 T、C、D 的当前值等。

2. 系统配置

可使用与 IBM PC/AT 兼容的个人计算机，CPU 要求 486 以上，内存 8MB 以上，显示器的分辨率 800×600 像素，16 色或更高。

一般用价格便宜的三菱 PLC 编程通信转换接口电缆 SC-09 来连接 PLC 和计算机，用它实现 RS-232 接口（计算机侧）和 RS-422 接口（PLC 侧）的转换。

SWOPC-FXGP/WIN-C 编程软件与手持式编程相比，其功能强大，使用方便，编程电缆的价格比手持式编程器要便宜得多。在选择编程工具时，建议优先考虑 SWOPC-FXGP/WIN-C 编程软件。

3．软件使用的一般性问题

安装好软件后，在桌面上自动生成 FXGP/WIN-C 图标，用鼠标左键双击该图标，可打开编程软件。执行“文件”→“退出”命令，将退出编程软件。

执行“文件”→“新建”命令，可创建一个新的用户程序，在弹出的窗口中选择 PLC 的型号后单击“确认”按钮。

“文件”菜单中的其他命令属于通用的 Windows 软件的操作，不再赘述。

7.2.2 梯形图程序的设计与编辑

1．一般性操作

按住鼠标左键并拖动，可在梯形图内选中同一块电路里的若干个元件，被选中的元件被蓝色的矩形覆盖。使用工具条中的图标或“编辑”菜单中的命令，可实现被选中的元件的剪切、复制和粘贴操作。用“删除”（Delete）键可将选中的元件删除。执行菜单“编辑”→“撤销键入”命令可取消刚刚执行的命令或输入的数据，回到原来的状态。

使用“编辑”菜单中的“行删除”和“行插入”可删除一行或插入一行。

“标签设置”和“跳向标签”菜单命令是为跳到光标指定的电路块的其始步序号设置的。执行“查找→标签设置”命令，光标所在处的电路块的其始步序号被记录下来，最多设置 5 个序号。执行“查找→跳向标签”命令时，将跳至选择的标签设置处。

2．放置元件

使用“视图”菜单中的“功能键”和“功能图”命令，可选择是否显示窗口底部的触点线圈等元件图标（图 7-28）或浮动的元件图标框。

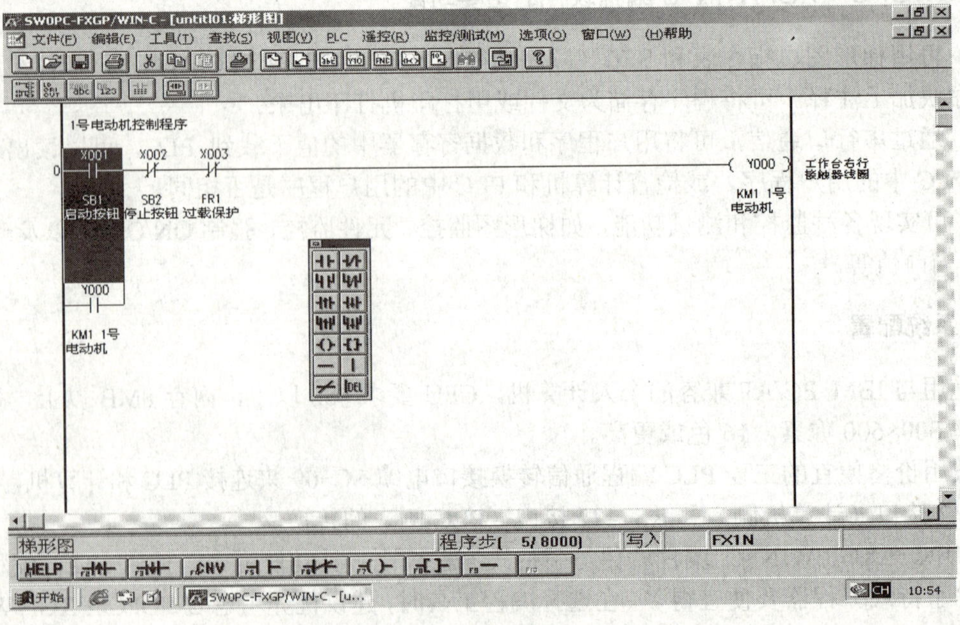

图 7-28 梯形图编辑画面

将光标（深蓝色矩形）放在欲放置元件的位置，用鼠标单击要放置的元件的图标，将弹出“输入元件”对话框，如图 7-29 所示。在文本框中输入元件号，定时器和计数器的元件号和设定值用空格键隔开。可直接输入应用指令的指令助记符和指令中的参数，助记符和参数之间、参数和参数之间用空格分隔开，如输入应用指令“EMOVP D0 D2”，表示在输入信号的上升沿，将 D0 和 D1 中的 32 位数据传送到 D2 和 D3 中。单击图 7-29 中的“参照”按钮，弹出“元件说明”对话框，如图 7-30 所示。“元件范围限制”文本框中显示出各类元件的元件号范围，选中其中某一类元件的范围后，“元件名称”文本框中将显示程序中已有的元件名称。

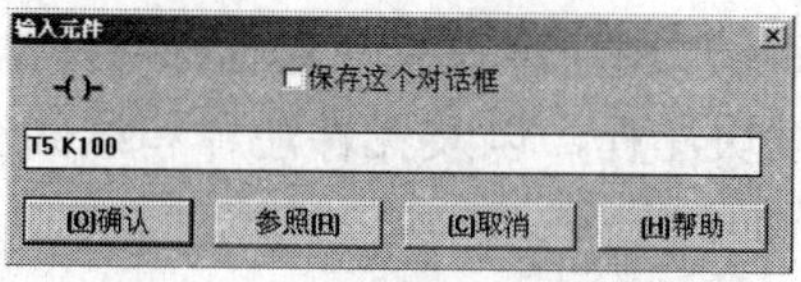

图 7-29 “输入元件”对话框

图 7-30 “元件说明”对话框

放置梯形图中的垂直线时，垂直线从矩形光标左侧中点开始往下画。用“| DEL”图标删除垂直线时，欲删除的垂直线的上端应在矩形光标左侧中点。

用鼠标左键双击某个已存在的触点、线圈或应用指令，在弹出的“输入元件”对话框中可修改其元件号或参数。

用鼠标选中左侧母线的左边要设标号的地方，按计算机键盘的“P”键，在弹出的对话框中设置标号值，单击“确认”按钮完成操作。

放置用方括号表示的应用指令或 RST 等输出指令时，按图 7-29 中的“参照”键，将弹出图 7-31 所示的“指令表”对话框，在“指令”栏输入指令助记符，在“元件”栏中输入该指令的参数。按“指令”文本框右侧的“参照”按钮，将弹出图 7-32 所示的“指令参照”对话框，可用“指令类型”和右边的“指令”列表框选择指令，选中的指令将在左边的“指令”文本框中出现，单击“确认”按钮后该指令将出现在图 7-31 中的“指令”栏中。

选中图 7-32 中的“双字节指令”和“脉冲指令”复选框，可选择相应的应用指令为双字节指令或脉冲执行指令。

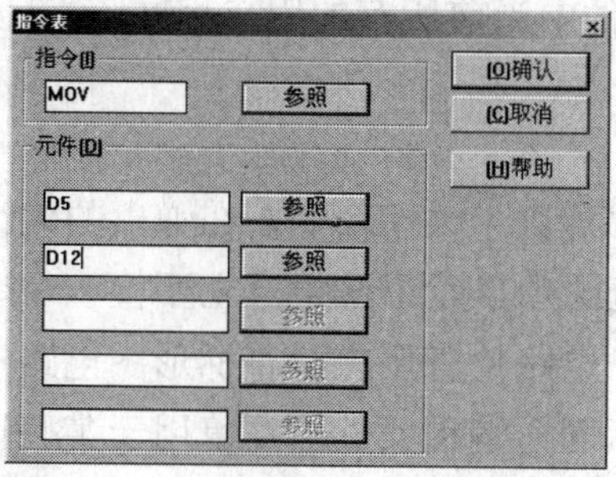

图 7-31 “指令表”对话框

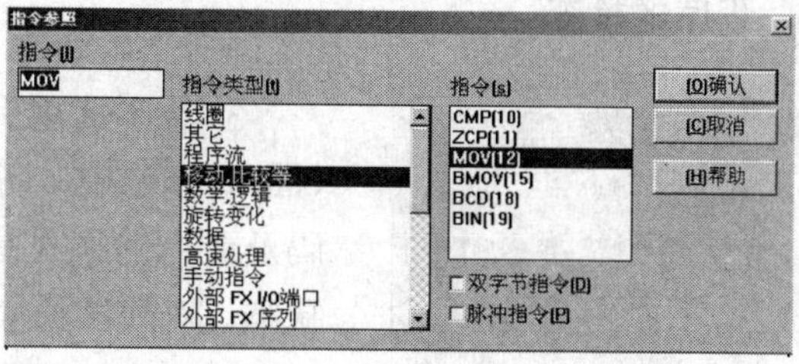

图 7-32 “指令参照”对话框

3．注释

（1）设置元件名

使用“编辑”→“元件名”命令，可设置光标选中的元件的元件名称。例如，“PB1”，元件名只能使用数字和字符，一般由汉语拼音或英文的缩写和数字组成。

（2）设置元件注释

使用“编辑”→“元件注释”菜单命令，可使光标选中的元件加上注释，注释可使用多行汉字。例如“启动按钮”（见图 7-28 和图 7-33）。用类似的方法可以给线圈加上注释，线圈的注释在线圈的右侧（见图 7-28），可以使用多行汉字。

（3）添加程序块注释

使用“工具”→“转换”菜单命令后，用“编辑”→“程序块注释”菜单命令，可在光标指定的程序块的上面加上程序块的注释，如图 7-28 中的“1 号电动机控制程序”。

（4）梯形图注释显示方式的设置

使用“视图”→“显示注释”菜单命令，将弹出“梯形图注释设置”对话框（图 7-34），可选择是否显示元件名称、元件注释、线圈注释和程序块注释，以及元件注释和线圈注释每行的字符数和所占的行数，注释可放在元件的上面或下面。

图 7-33 “输入元件注释”对话框

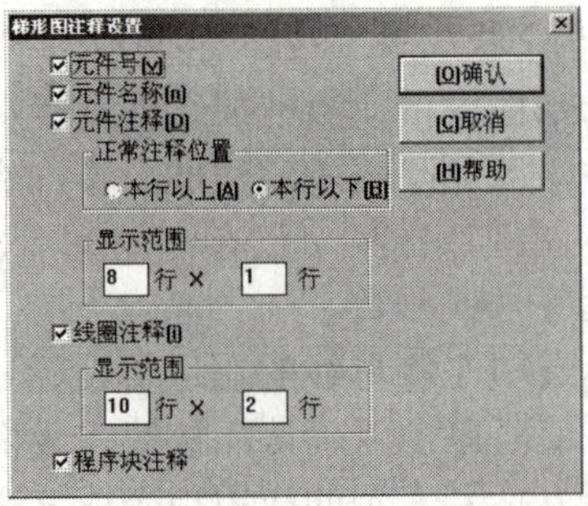

图 7-34 “梯形图注释设置”对话框

4．程序的转换和清除

使用“工具”→“转换”菜单命令，可检查程序是否有语法错误。如果没有错误，梯形图被转换格式并存放在计算机内，同时图中的灰色区域变白。若有错误，将显示“梯形图错误”。

如果在未完成转换的情况下关闭梯形图窗口，新创建的梯形图并未被保存。

使用“工具”→“全部清除”菜单命令可清除编程软件中当前所有的用户程序。

5．程序的检查

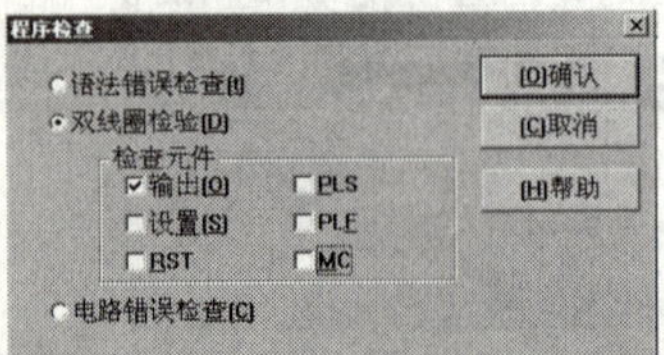

图 7-35 “程序检查”对话框

执行“选项”→“程序检查”菜单命令，在弹出的对话框（图 7-35）中，可选择检查的项目。语法检查主要检查命令代码及命令的格式是否正确，电路检查用来检查梯形图电路中的缺陷。双线圈检查用于显示同一编程元件被重复用于某些输出指令的情况，可设置被检查的指令。同一编程元件的线圈（对应于 OUT 指令）在梯形图中一般只允许出现一次。但是在不同时工作的 STL 电路块中，或在跳步条件相反的跳步区中，同一编程元件的线圈可以分别出现一次。对同一元件一般允许多次使用图 7-35 中除 OUT 指令之外的其他输出类指令。

6. 查找功能

使用“查找”菜单中的“到顶”和“到底”命令，可将光标移至梯形图的开始处或结束处。使用“元件名查找”、“元件查找”、“指令查找”和“触点/线圈查找”命令，可查找到指令所在的电路块，单击“查找”菜单中的“向上”和“向下”按钮，可找到光标的上面或下面其他相同的查找对象。通过“查找”菜单中的“跳至标签”还可以跳到指定的程序步。

7. 视图命令

可以在“视图”菜单中选择显示梯形图、指令表、SFC（顺序功能图）或注释视图。

执行“视图”→“注释视图”→“元件注释/元件名称”菜单命令后，在对话框中选择要显示的元件号，将显示该元件及相邻元件的注释和元件名称。

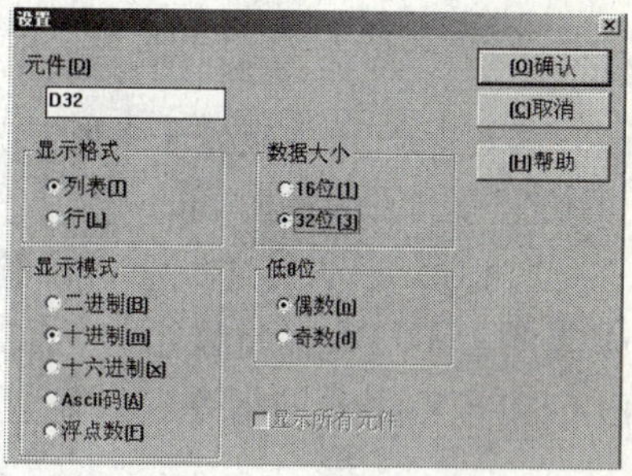

图 7-36 “设置”对话框

用“视图”→“注释视图”菜单指令还可以显示程序块注释视图和线圈注释视图，显示之前可以设置起始的步序号。执行“视图”→“寄存器”菜单命令，弹出如图 7-36 所示的对话框。选择显示格式为“列表”时，可用多种数据格式中的一种来显示所有数据寄存器中的数据。选择显示格式为“行”时，在一行中同时显示同一数据寄存器分别用十进制、十六进制、ASCII 码和二进制表示的值。

执行“视图”→“显示比例”菜单命令可改变梯形图的显示比例。

使用“视图”菜单，还可以查看“触点/线圈列表”、已用元件列表和 TC 设置表。

7.2.3 指令表的生成与编辑

使用“视图”→“指令表”菜单命令，进入指令表编辑状态，可逐行输入指令。

指定了操作的步序号范围之后，在“视图”菜单中用“NOP 覆盖写入”、“NOP 插入”和“NOP 删除”菜单命令，可在指令表程序中作相应的操作。

使用“工具”→“指令”菜单命令，在弹出的“指令表”对话框中（图 7-31），将显示光标所在行的指令，按指令后面的“参照”按钮，出现“指令参照”对话框（图 7-32），可帮助使用者选择指令。

单击图 7-29 中的“参照”按钮，将出现“元件说明”对话框（图 7-30），显示元件的范围和所选元件类型中已存在的元件的名称。

7.2.4 PLC 的操作

对 PLC 进行操作之前，首先应使用编程通信转换接口电缆 SC-09 连接好计算机的 RS-232C 接口和 PLC 的 RS-422 编程器接口，并设置好计算机的通信端口参数。

1. 端口设置

执行“PLC”→“端口设置”菜单命令，可选择计算机与 PLC 通信的 RS-232C 串行口

（COM1～COM4）和通信速率（9 600bps 或 19 200bps）。

2. 文件传送

使用“PLC”→“传送”→“读入”菜单命令将 PLC 中的程序传送到计算机中，执行完读入功能后，计算机中的顺控程序将被读入的程序替代，最好用一个新生成的程序来存放读入的程序。PLC 的实际型号与编程软件中设置的型号必须一致。传送中的“读、写”是相对于计算机而言的。

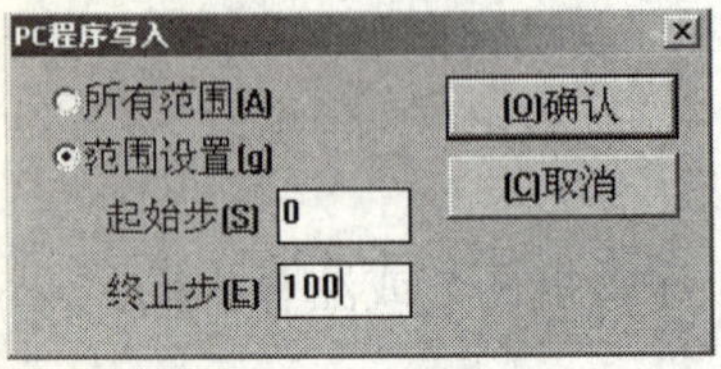

图 7-37　程序写出对话框

使用“PLC”→“传送”→“写出”菜单命令将计算机中的程序发送到 PLC 中，执行写出功能时，PLC 上的 RUN 开关应在“STOP”位置，如果使用了 RAM 或 EEPROM 存储器卡，其写保护开关应处于关断状态。在弹出的对话框中选中“范围设置”单选按钮（图 7-37），可减少写出所需的时间。

“PLC”→“传送”→“校验”菜单命令用来比较计算机和 PLC 中的顺控程序是否相同。如果两者不符合，将显示与 PLC 不相符的指令的步序号。选种某一步序号，可显示计算机和 PLC 中该步序号的指令。

3. 寄存器数据传送

寄存器数据传送的操作与文件传送的操作类似，用来将 PLC 中的寄存器数据读入计算机，将已创建的寄存器数据成批传送到 PLC 中，或将计算机中的寄存器数据与 PLC 中的数据进行比较。

4. 存储器清除

执行“PLC”→“存储器清除”菜单命令，在弹出的窗口中可选择以下选项。

（1）“PLC 存储空间”：清除后顺控程序全为 NOP 指令，参数被设置为默认值。

（2）“数据元件存储空间”：将数据文件缓冲区中的数据清零。

（3）“位元件存储空间”：将位元件 X、Y、M、S、T、C 复位为 OFF 状态。

单击“确认”按钮执行清除操作，特殊数据寄存器的数据不会被清除。

5. PLC 的串口设置

计算机和 PLC 之间使用 RS 通信指令和 RS-232C 通信适配器进行通信时，通信参数用特殊数据寄存器 D8120 来设置，执行“PLC”→“串口设置（D8120）”菜单命令时，在“串口设置（D8120）”对话框中设置与通信有关的参数。执行此命令时设置的参数将传送到 PLC 的 8120 中。

6. PLC 口令修改与删除

（1）设置新口令

执行“PLC”→“口令修改与删除”菜单命令时，在弹出的“PLC 设置”对话框中的“新口令”文本框中输入新口令，单击“确认”按钮或按【Enter】键完成操作。设置口令后，在执行传送操作之前必须先输入正确的口令。

（2）修改口令

在“旧口令”输入文本框中，输入原有口令；在“新口令”输入文本框中输入新的口令，单击“确认”按钮或按【Enter】键，旧口令被新口令代替。

（3）清除口令

在“旧口令”文本框中，输入 PLC 原有的口令；在“新口令”文本框中输入 8 个空格，单击“确认”按钮或按【Enter】键后，口令被清除。执行“PLC”→“PLC 存储器清除”菜单命令后，口令也被清除。

7．遥控运行/停止

执行“PLC”→“遥控运行/停止”菜单命令，在弹出的对话框中选择“运行”或“停止”，单击“确认”按钮后可改变 PLC 的运行模式。

8．PLC 诊断

执行“PLC”→“PLC 诊断”菜单命令，将显示与计算机相连的 PLC 的状况，给出出错信息、扫描周期的当前值、最大值和最小值，以及 PLC 的 RUN/STOP 运行状态。

9．采样跟踪

采样跟踪的目的在于存储与时间相关的元件的动态值，并在时间表中显示，或在 PLC 中设置采样条件，显示基于 PLC 中采样数据的时间表。采样由 PLC 执行，其结果存入 PLC 中，这些数据可被计算机读入并显示出来。

首先执行“PLC”→“采样跟踪”→“参数设置”菜单命令，在弹出的对话框中（图 7-38）设置采样的次数、时间、元件及触发条件。采样次数的范围为 1～512，采样时间为 0～200（以 10ms 为单位）。执行“PLC”→“采样跟踪”→“运行”命令，设置的参数被写入 PLC 中。执行“PLC”→“采样跟踪”→“显示”命令，当 PLC 完成采样后，采样数据被读出并被显示。

执行“采样跟踪”中的“从结果文件中读取”或“写入结果文件”命令，采样的数据可从文件中读取或将采样结果写入文件。

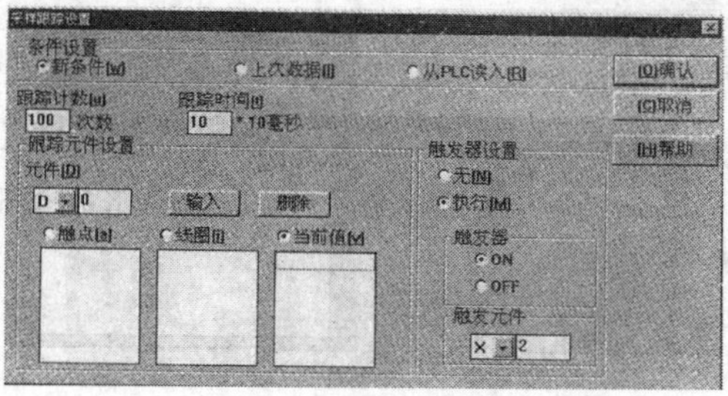

图 7-38　“采样跟踪设置”对话框

7.2.5　PLC 的监控与测试

1．开始监控

在梯形图方式下，执行“监控/测试”→“元件监控”菜单命令后，用绿色表示触点或线圈接通，定时器、计数器和数据寄存器的当前值在元件号的上面显示。

2．元件监控

执行“监控/测试”→“元件监控”菜单命令后，出现元件监控画面（图 7-39），图中绿色的方块表示常开触点闭合、线圈通电。双击左侧的深蓝色矩形光标，出现“设置元件”对话框（图 7-40），输入元件号和要监视的连续的点数（元件数），可监控元件号相邻的若干个元件，可选择显示的数据是 16 位或 32 位的。在监控画面中用鼠标选中某一被监控元件后，按 Delete 键可将它删除，停止对它的监控。使用“视图”→“显示元件设置”菜单命令，可改变元件监控时显示的数据位数和显示格式（如十进制/十六进制）。

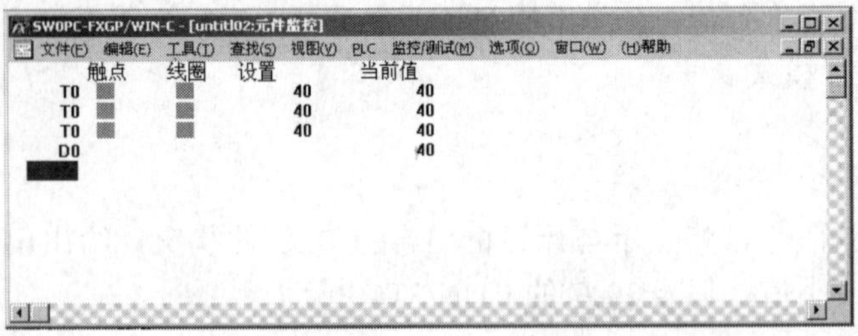

图 7-39　元件监控画面

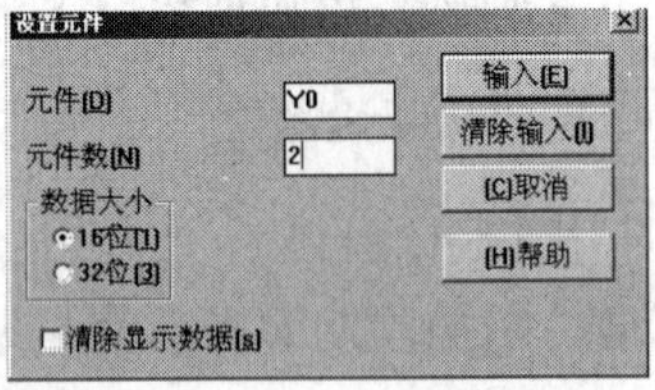

图 7-40　“设置元件”对话框

3．强制 ON/OFF

执行“监控/测试”→“强制 ON/OFF”菜单命令，在弹出的“强制 ON/OFF”对话框（图 7-41）的“元件”栏内输入元件号，选中“设置”（应为置位，Set）后单击“确认”按钮，可令该元件为 ON。选中“重新设置”（应为复位，Reset）后单击“确认”按钮，可令该元件为 OFF。单击“取消”按钮后关闭该对话框。

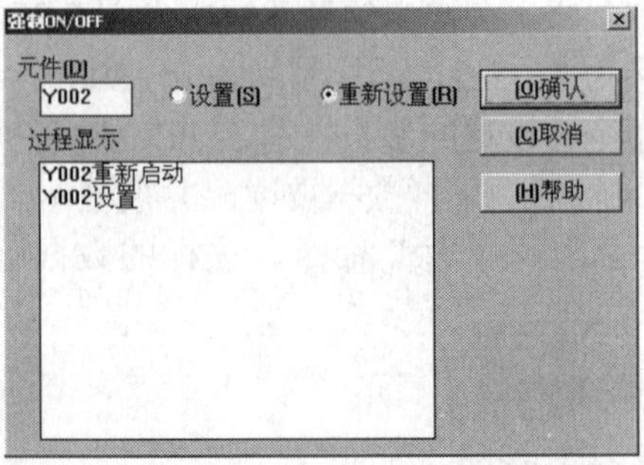

图 7-41　强制 ON/OFF 对话框

4．强制 Y 输出

使用“监控/测试”→“强制 Y 输出”菜单命令与“监控/测试”→“强制 ON/OFF”菜单命令的使用方法相同，在弹出的对话框中，ON 和 OFF 取代了图 7-41 中的“设置”和“重新设置”。

5．改变当前值

执行“监控/测试”→“改变当前值”菜单命令后，在弹出的对话框中输入元件号和新的当前值，单击“确认”按钮后新的值输入 PLC 中。

6．改变计数器或定时器的设定值

该功能仅在监控梯形图时有效，如果光标所在位置为计数器或定时器的线圈，执行“监控/测试”→“改变设置值”菜单命令后，在弹出的对话框中将显示计数器或定时器的元件号和原有的设定值，输入新的设定值，单击“确认”按钮后送入 PLC。用同样的方法可以改变 D、V 或 Z 的当前值。

7.2.6　编程软件与 PLC 的参数设置

“选项”菜单主要用于参数设置，包括口令设置、PLC 型号设置、串行口参数设置、元件范围设置和字体的设置等。使用“注释移动”命令可将程序中的注释复制到注释文件中。“打印文件题头”菜单命令用来设置打印时标题中的信息。

执行“选项”→“PLC 模式设置”菜单命令，在弹出的对话框（图 7-42）中，可以设置将某个输入点（图中为 X0）作为外接 RUN 开关来使用。

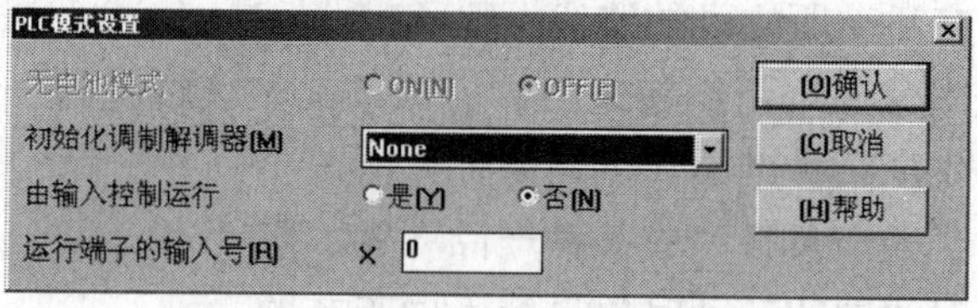

图 7-42　“PLC 模式设置”对话框

执行“选项”→“参数设置”菜单命令，在弹出的对话框（图 7-43）中，可设置实际使用的存储器的容量，设置是否使用以 500 步（500 字）为单位的文件寄存器和注释区，以及由锁存（断电保持）功能的元件的范围。如果没有特殊的要求，单击“缺省”按钮后，可使用默认的设置值。

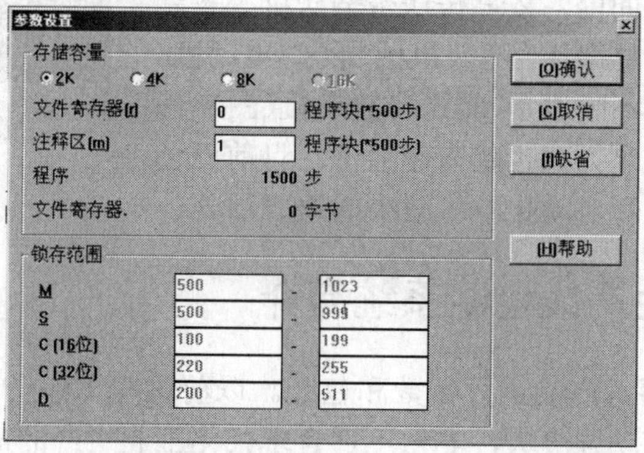

图 7-43　“参数设置”对话框

第 8 章　工厂应用实例

自动装箱生产线控制系统

一、生产线简介

生产线是产品生产过程所经过的路线，即从原料进入生产现场开始，经过加工、运送、装配和检验等一系列生产活动所构成的路线。

狭义的生产线是按对象原则组织起来的，完成产品工艺过程的一种生产组织形式，即按产品专业化原则，配备生产某种产品（零、部件）所需要的各种设备和各工种的工人，负责完成某种产品（零、部件）的全部制造工作，对相同的劳动对象进行不同工艺的加工。

生产线的种类，按范围大小分为产品生产线和零部件生产线，按节奏快慢分为流水生产线和非流水生产线，按自动化程度分为自动化生产线和非自动化生产线。

本章讲解的是用于产品传输的自动化生产线，它广泛应用于企业内部各生产车间内，依靠传送带输送机等来完成用于不同工位之间的物料搬运。随着机械制造、电动机、化工和冶金等工业技术的不断进步，传送带输送机（图 8-1）的功能也在不断完善，控制方式也越来越灵活，目前已经成为物料搬运系统机械化和自动化不可缺少的组成部分。

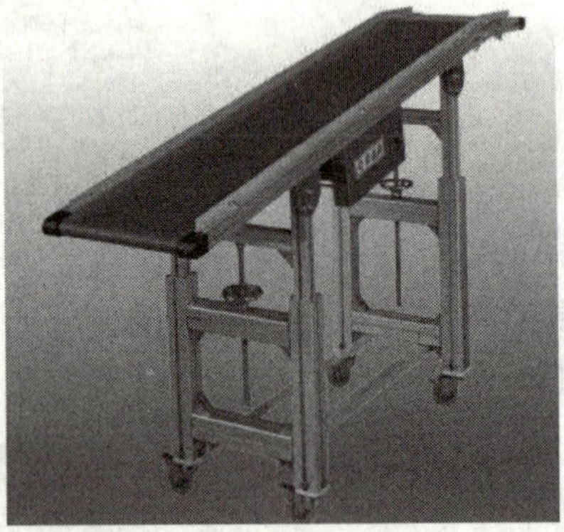

图 8-1　传送带输送机

二、自动装箱生产线控制系统简介

生产过程中，经常要对产品进行计数和包装。以前这些工作全部由人工完成，不仅操作繁杂，而且效率低下，劳动强度大，非常不适合现代化工业生产的需要。

随着自动化水平的不断提高，以前由人工完成的生产操作，现在已经全部可以由相应的自动化生产线来完成。下面主要介绍生产过程中的自动装箱控制系统。

自动装箱生产线控制系统主要由两个传送带控制机构组成，如图 8-2 所示。

其中，传送带 A 用于加工工件的传送，传送带 B 用于包装箱的传送，这两个传送带分别由不同的电动机进行单独控制。加工出来的工件，经传送带 A 运送到传送带前端后，直接掉入传送带 B 上的包装箱中。工件经过光电传感器 SQ1 位置时，系统自动对传送的工件，也就是对落入包装箱中的工件进行计数。当该包装箱内装入额定数量的工件后，启动传送带 B，将已经装满工件的包装箱移到下一个位置，同时将另一个空箱移到该工件接收位置（SQ2）。

在没有使用该自动控制系统之前，加工出来的工件全部由操作工人进行工件的装箱，不仅需要在每条生产线的工位上单独配置 1～2 名操作工，而且装入工件的数量也经常出错。进行自动装箱生产线的项目改造后，多个生产线可共用一个操作工，每个包装箱内的工件数量可精确控制，为企业的生产提高效率，节约成本。

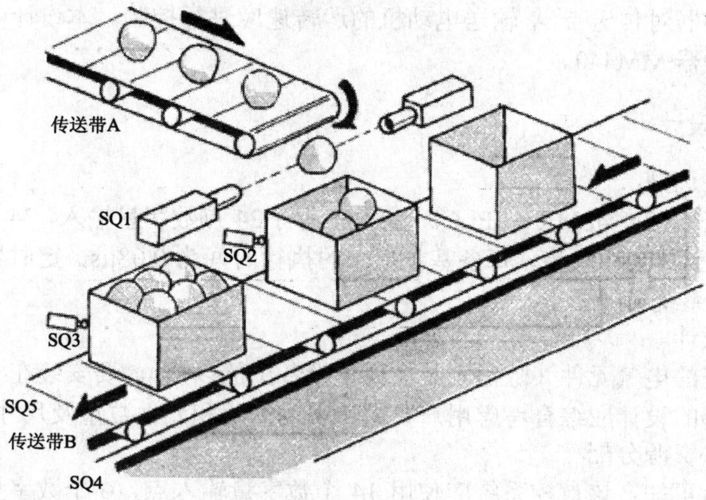

图 8-2　自动装箱生产线示意图

三、自动装箱生产线控制系统设计过程

1. 系统分析

本系统包括自动运行和手动运行两种工作方式。日常生产全部采用自动运行的工作方式。

（1）自动运行

在自动运行的工作方式下，检测到 SQ2 位置存在包装箱后，传送带 A 连续运转，不断地将加工出来的工件传送过来，在 SQ1 传感器位置时进行计数，之后掉入传送带 B 上的包装箱内。此时传送带 B 处于停止状态，当装入工件数目达到额定的数值后，暂停传送带 A 的运转，同时自动启动传送带 B，将装满工件的包装箱移走，同时将下一个空的包装箱传送到 SQ2 位置。

当包装箱行走至 SQ3 位置时，自控系统发出声光提示信息，提醒周围的操作工人将包装箱移走。

如果在 SQ3 位置的包装箱没有被移走，随着传送带 B 的运转，行至 SQ4 位置，系统进行声光报警，同时将传送带 A、B 全部停止运转。只有当操作工人将该故障状况解决后，按下复位按钮，才可继续进行系统的再次自动运行。

无论何时，按下自动停止按钮，两条传送带全部停止运转。

（2）手动运行

手动运行方式下，按下传送带 A 启动按钮，传送带 A 点动，按下传送带 A 停止按钮，传送带 A 停止运转。

手动运行方式下，按下传送带 B 启动按钮，传送带 B 点动，按下传送带 B 停止按钮，传送带 B 停止运转。

2. 设计方案

本自控系统准备采用日本三菱公司的 FX2N PLC 作为控制器，考虑到实验室的设备为FX2N-48 MR，因此整个设计过程是针对该种型号的 PLC 进行设计的。

用户要求，为适应不同设备的生产需要，传送带 A 的运转速度希望可以调节。为此，设计过程中使用变频器对传送带 A 输送电动机的运转速度进行控制。本设计中，采用德国西门子公司的通用变频器 MM440。

3. 系统硬件设计

（1）系统硬件选型

采用三菱公司 FX2N-48MR 型 PLC。该 PLC 具有 24 点数字量输入，24 点数字量输出（继电器）。最大存储容量 16 000 步，每条基本指令的执行时间为 0.08μs，定时器 255 个，计数器 255 个，完全满足系统设计要求。

（2）控制柜设计

整个自控系统的电气元件（除需安装在现场设备上的以外），要安装在一个控制柜中。该控制柜大小、外形的设计应综合考虑用户要求、现场空间和元件数量及尺寸等相关因素。

（3）系统硬件资源分配

通过系统分析可知，该自控系统应使用 14 个数字量输入点，6 个数字量输出点，分别定义如下：为保证系统安全，在停止位置上使用 2 个光电传感器来共同感知包装箱位置，每当其中的 1 个传感器感知到包装箱的到来，都可以使自控系统停止运转。

PLC 分配表如表 8-1 所示。

表 8-1　PLC 分配表

数字量输入点		数字量输出点	
输入地址	注释	输出地址	注释
X0	自动方式	Y0	传送带 A 启动
X1	手动方式	Y1	传送带 B 启动
X2	传送带 A 启动按钮	Y4	运行指示灯
X3	传送带 A 停止按钮	Y5	报警指示灯
X4	传动带 B 启动按钮	Y6	停止指示灯
X5	传送带 B 停止按钮	Y7	报警蜂鸣器
X6	自动启动按钮		
X7	自动停止按钮		
X10	复位按钮		
X12	计数传感器		
X13	包装箱定位传感器		
X14	报警位置传感器		
X15	停止位置传感器		
X16	停止位置传感器		

（4）系统输入/输出原理图设计

该自动控制系统电气原理图共有 6 张，分别为面板布置图、柜内布置图、供电回路图、PLC 配置图、继电器接线图和端子接线图，如图 8-3～图 8-8 所示。

4. 软件设计

（1）系统流程图

自动装箱生产线控制系统流程图，如图 8-9 所示。

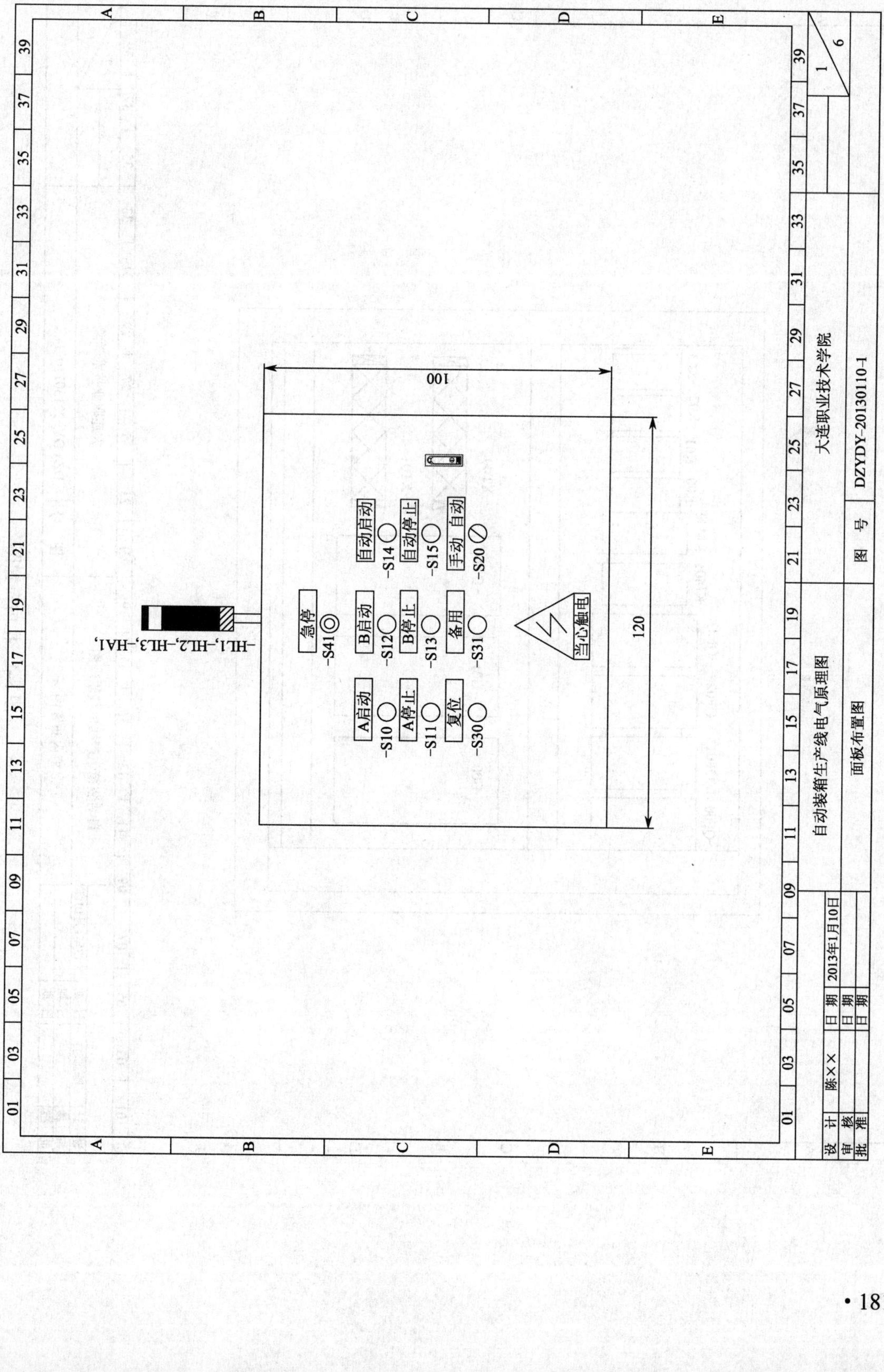
-HL1,-HL2,-HL3,-HA1,
急停
-S41
A启动
-S10
A停止
-S11
复位
-S30
B启动
-S12
B停止
-S13
备用
-S31
自动启动
-S14
自动停止
-S15
手动 自动
-S20
当心触电
100
120
大连职业技术学院
自动装箱生产线电气原理图
面板布置图
图 号
DZYDY-20130110-1
设 计
陈××
日 期
2013年1月10日
审 核
批 准
1
6

图 8-3　面板布置图

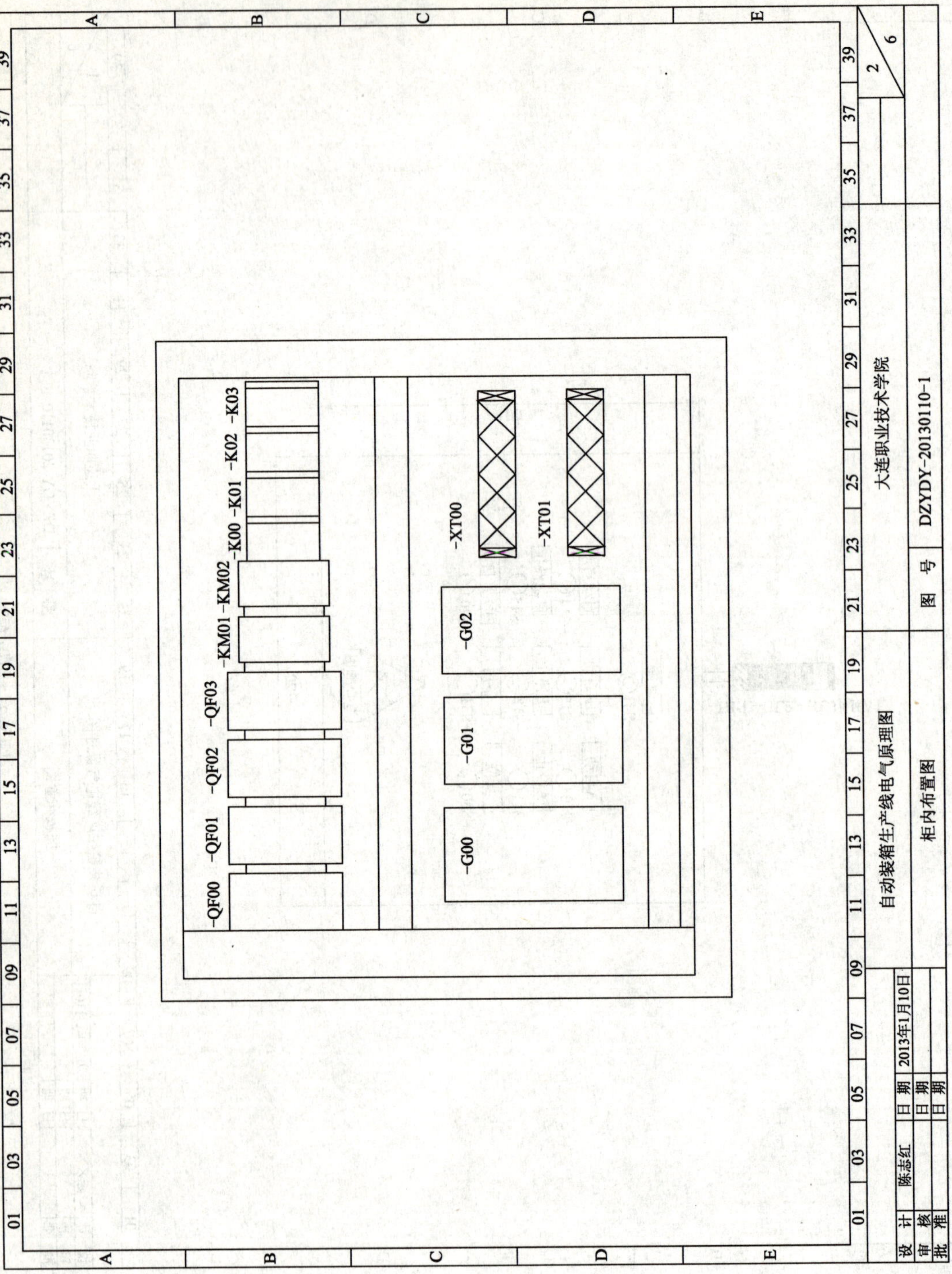
-QF00
-QF01
-QF02
-QF03
-KM01
-KM02
-K00
-K01
-K02
-K03
-XT00
-XT01
-G00
-G01
-G02
设 计 陈志红 日 期 2013年1月10日
审 核 日 期
批 准 日 期
自动装箱生产线电气原理图
柜内布置图
大连职业技术学院
图 号 DZYDY-20130110-1
2
6

图 8-4 柜内布置图

NO.	代 号	名 称	型号规格	数量	COMMENT
1	–QF00	断路器		1	
2	–QF01	断路器		1	
3	–QF02	断路器		1	
4	–QF03	断路器		1	
5	–KM01	交流接触器		1	
6	–KM02	交流接触器		1	
7	–K00	中间继电器		1	
8	–K01	中间继电器		1	
9	–K02	中间继电器		1	
10	–K03	中间继电器		1	
11	–G00	交频器	MM440	1	SIEMENS
12	–G01	PLC	FX2N–48MR	1	MITSUBISHI
13	–G02	直流电源		1	AC–220V/+24V
14	–XT00	端子		20	
15	–XT01	端子		20	
16	–SQ1	接近开关		1	传送带A上
17	–SQ2	接近开关		1	传送带B上
18	–SQ3	接近开关		1	传送带B上
19	–SQ4	接近开关		1	传送带B上
20	–SQ5	接近开关		1	传送带B上
21	–HA1	蜂鸣器		1	24VDC
22	–HL1	指示灯		1	绿色，24 VDC
23	–HL2	指示灯		1	黄色，24 VDC
24	–HL3	指示灯		1	红色，24 VDC
25	–S10	按钮		1	
26	–S11	按钮		1	
27	–S12	按钮		1	
28	–S13	按钮		1	
29	–S14	按钮		1	
30	–S15	按钮		1	
31	–S20	选择按钮		1	
32	–S30	按钮		1	
33	–S31	按钮		1	
34	–S41	急停按钮		1	
35					
36					
37					

图 8-4 柜内布置图（续）

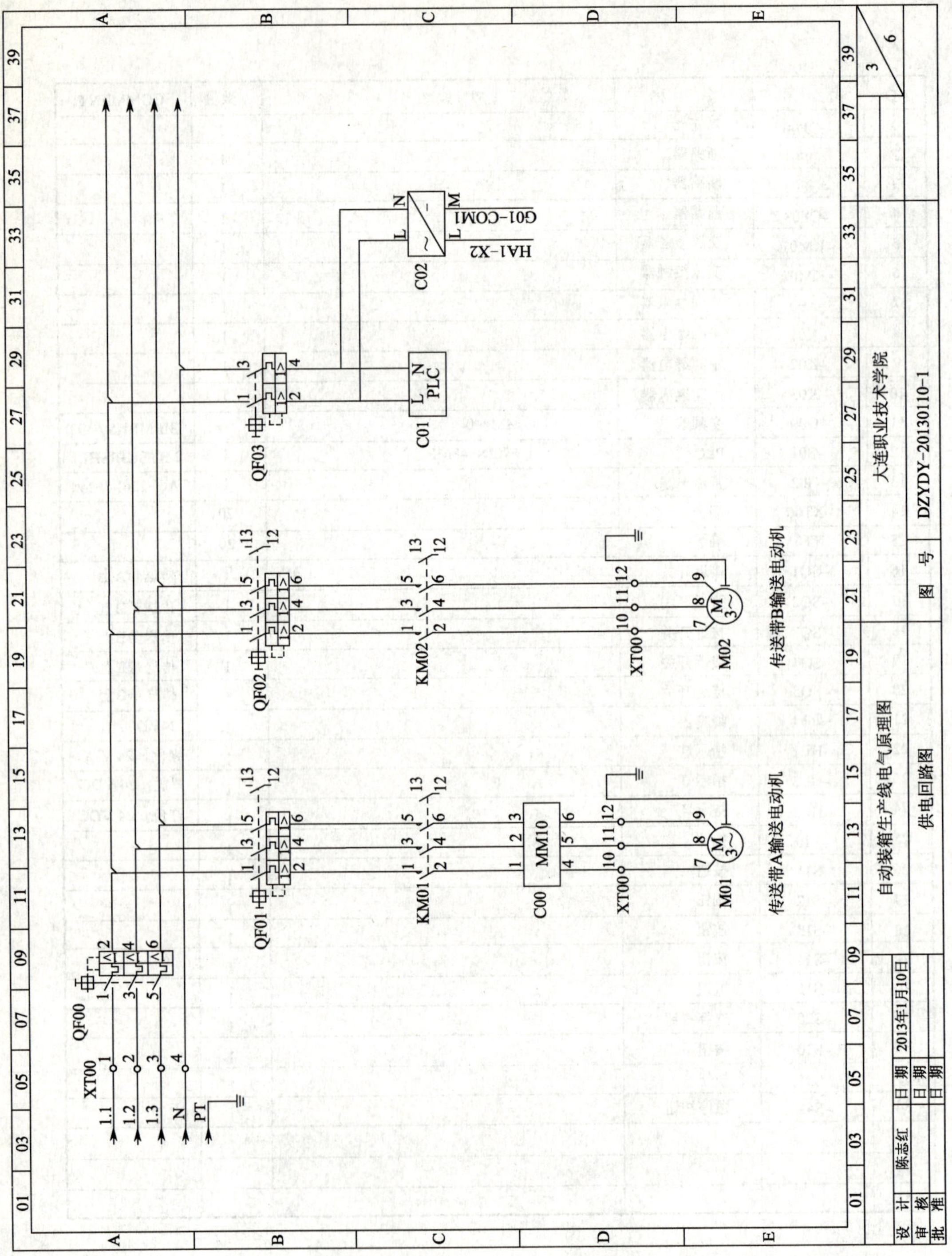
QF00
XT00
1.1
1.2
1.3
N
PT
QF01
QF02
QF03
KM01
KM02
C00
MM10
XT00
M01
M02
传送带A输送电动机
传送带B输送电动机
C01
PLC
C02
HA1-X2
G01-COM1
设计 陈志红 日期 2013年1月10日
审核 日期
批准 日期
自动装箱生产线电气原理图
供电回路图
大连职业技术学院
图号 DZYDY-20130110-1
3
6

图 8-5　供电回路图

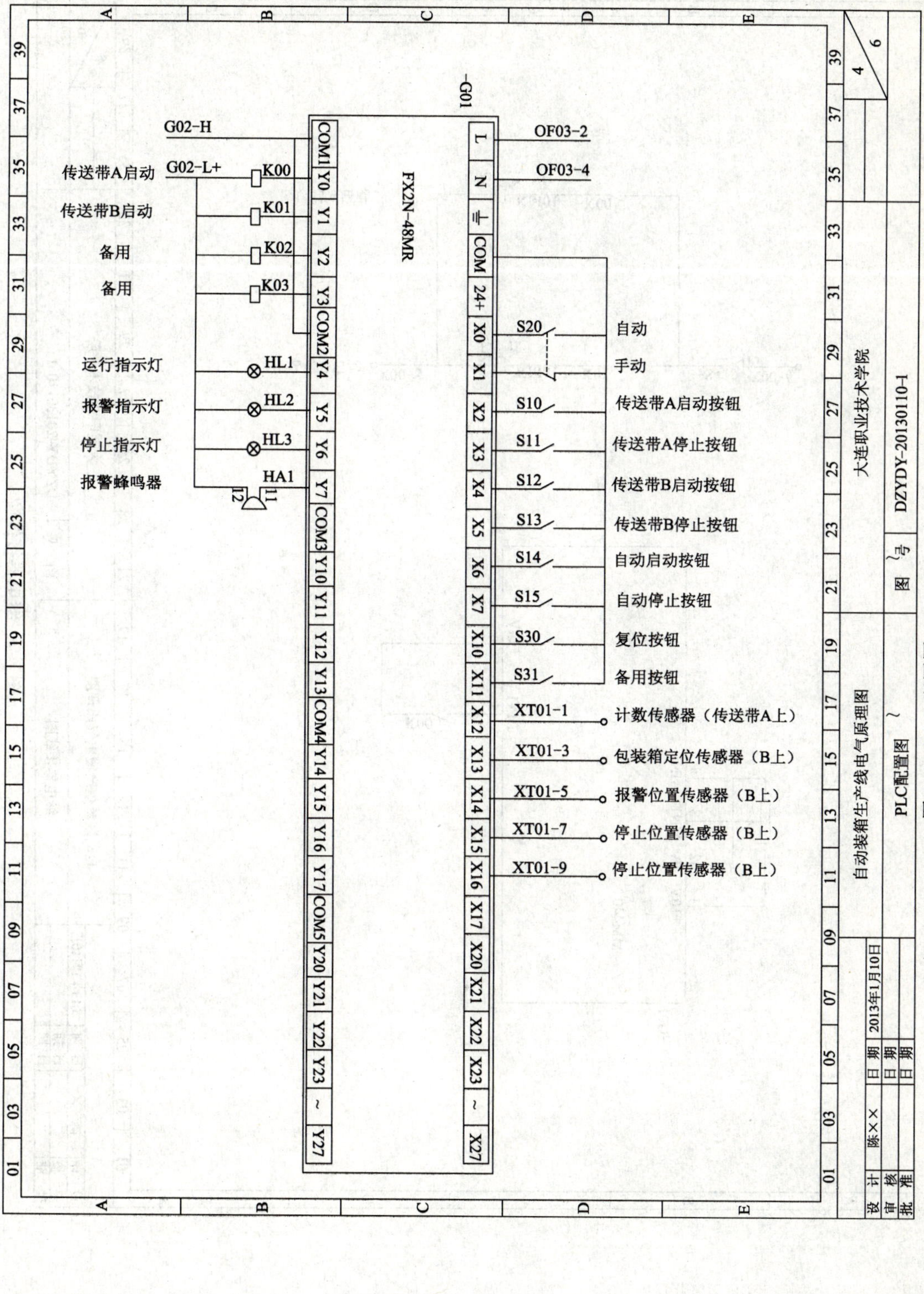
G01
FX2N-48MR
G02-H
G02-L+
传送带A启动
传送带B启动
备用
备用
K00
K01
K02
K03
运行指示灯
报警指示灯
停止指示灯
报警蜂鸣器
HL1
HL2
HL3
HA1
COM1 Y0 Y1 Y2 Y3 COM2 Y4 Y5 Y6 Y7 COM3 Y10 Y11 Y12 Y13 COM4 Y14 Y15 Y16 Y17 COM5 Y20 Y21 Y22 Y23 ~ Y27
L N ⏚ COM 24+ X0 X1 X2 X3 X4 X5 X6 X7 X10 X11 X12 X13 X14 X15 X16 X17 X20 X21 X22 X23 ~ X27
OF03-2
OF03-4
S20 自动
手动
S10 传送带A启动按钮
S11 传送带A停止按钮
S12 传送带B启动按钮
S13 传送带B停止按钮
S14 自动启动按钮
S15 自动停止按钮
S30 复位按钮
S31 备用按钮
XT01-1 计数传感器（传送带A上）
XT01-3 包装箱定位传感器（B上）
XT01-5 报警位置传感器（B上）
XT01-7 停止位置传感器（B上）
XT01-9 停止位置传感器（B上）
大连职业技术学院
DZYDY-20130110-1
自动装箱生产线电气原理图
PLC配置图
图号
设计 陈×× 日期 2013年1月10日
审核 日期
批准 日期
4 6

图 8-6　PLC 配置图

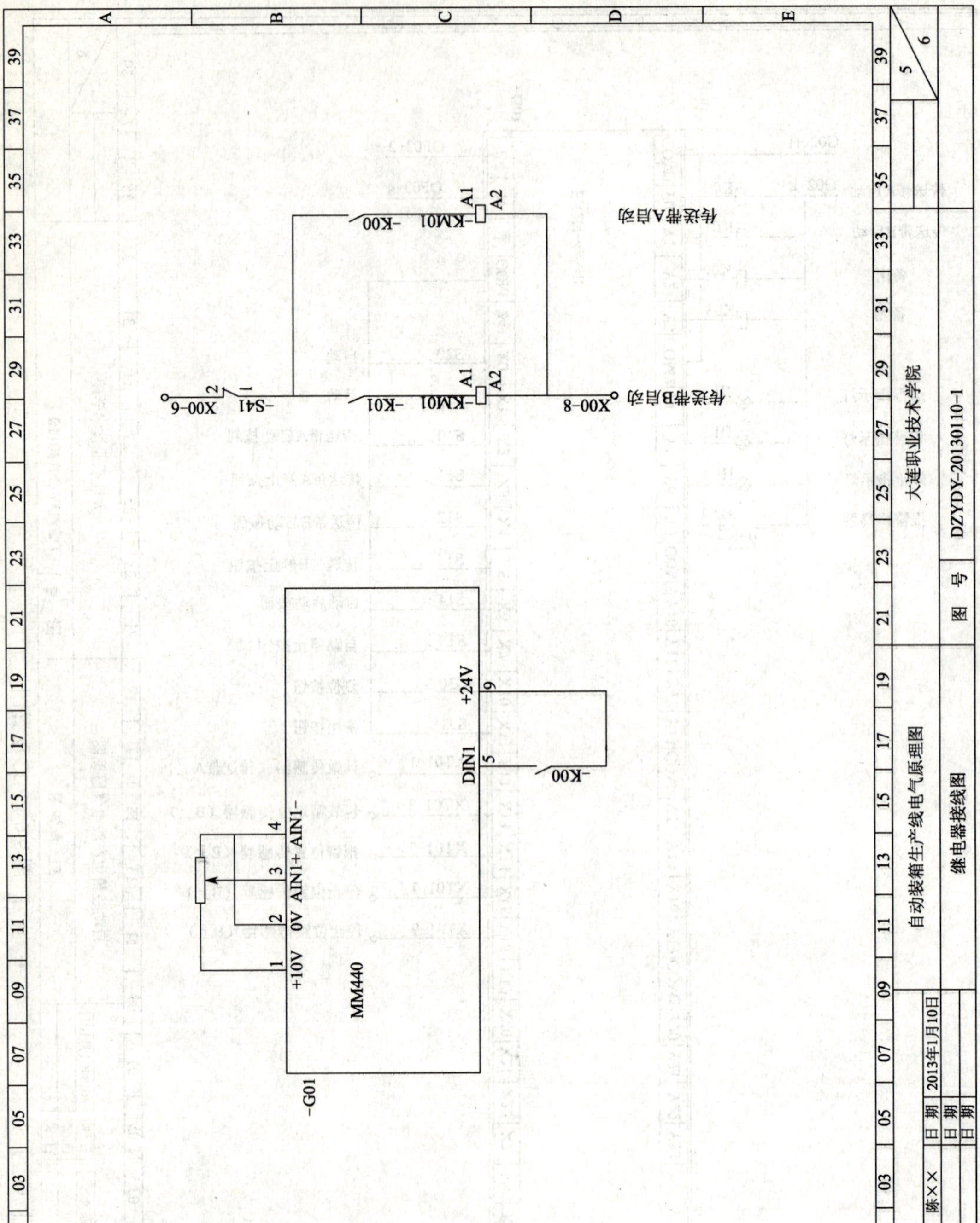

MM440
-G01
+10V
0V
AIN1+
AIN1-
DIN1
+24V
-K00
-K01
-KM01
-S41
X00-6
X00-8
A1
A2
传送带A启动
传送带B启动
自动装箱生产线电气原理图
大连职业技术学院
继电器接线图
图 号
DZYDY-20130110-1
设 计
陈××
日 期
2013年1月10日
审 核
批 准

图 8-7 继电器接线图

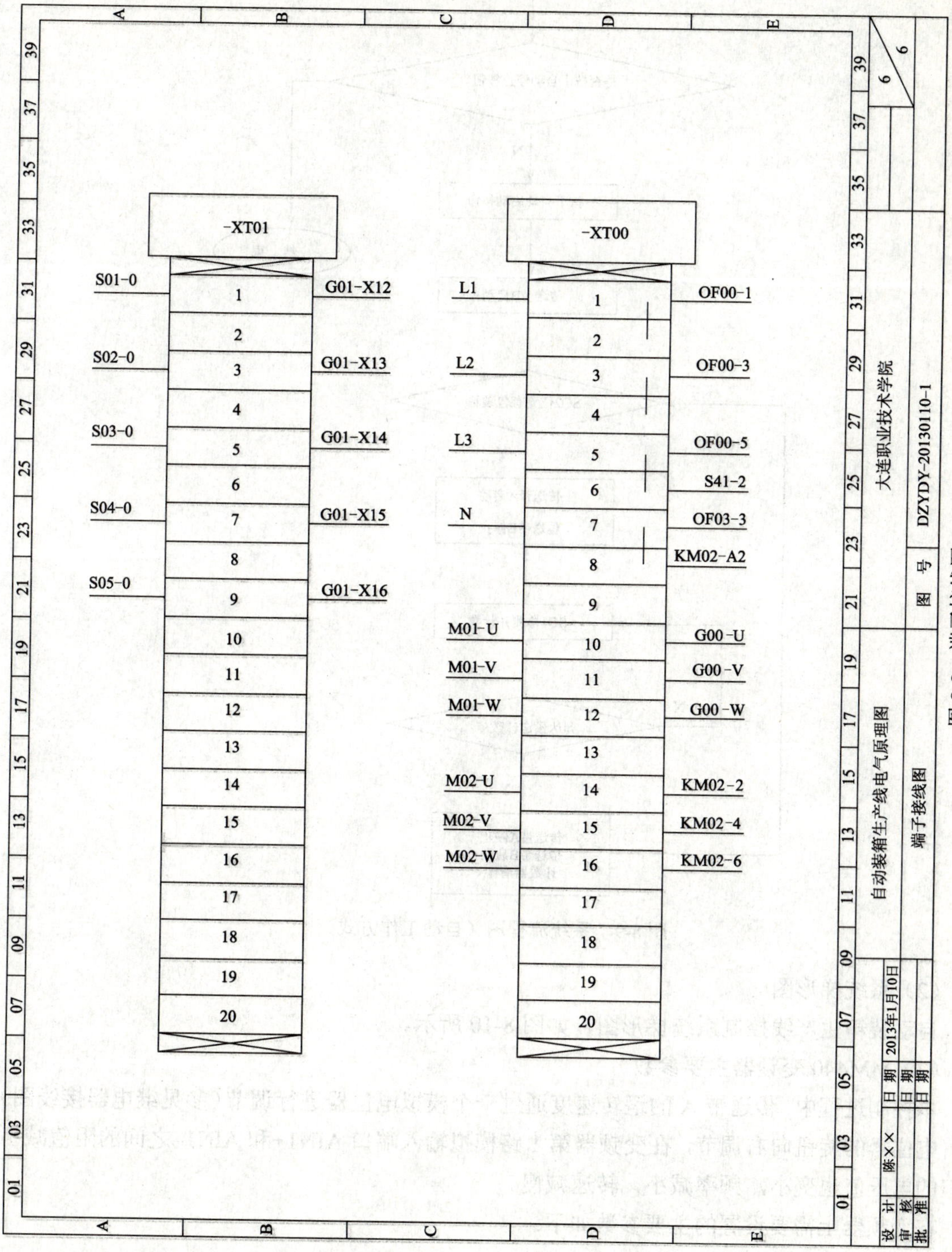
-XT01
S01-0
G01-X12
S02-0
G01-X13
S03-0
G01-X14
S04-0
G01-X15
S05-0
G01-X16
-XT00
L1
OF00-1
L2
OF00-3
L3
OF00-5
S41-2
N
OF03-3
KM02-A2
M01-U
G00-U
M01-V
G00-V
M01-W
G00-W
M02-U
KM02-2
M02-V
KM02-4
M02-W
KM02-6
大连职业技术学院
自动装箱生产线电气原理图
端子接线图
图　号
DZYDY-20130110-1
设 计　陈××　日 期　2013年1月10日
审 核　日 期
批 准　日 期

图 8-8　端子接线图

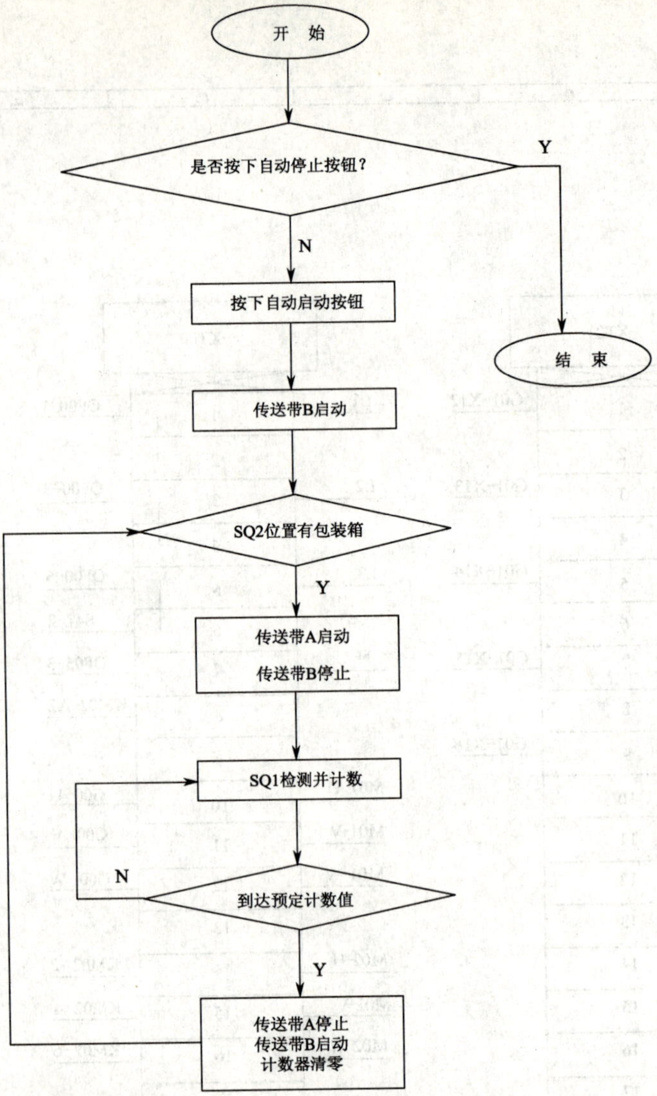

图 8-9 系统流程图（自动工作方式）

（2）系统梯形图

自动装箱生产线控制系统梯形图，如图 8-10 所示。

（3）MM440 变频器主要参数

本控制过程中，传送带 A 的运转速度通过一个模拟电位器进行调节（参见继电器接线图）。随着电位器的旋钮向右调节，在变频器第 1 路模拟输入端口 AIN1+和 AIN1–之间的阻值减小，分担的电压值也变小，频率减小，转速减慢。

在变频器上需要设置的主要参数如下：

P0700=2

P0701=1

P1000=2

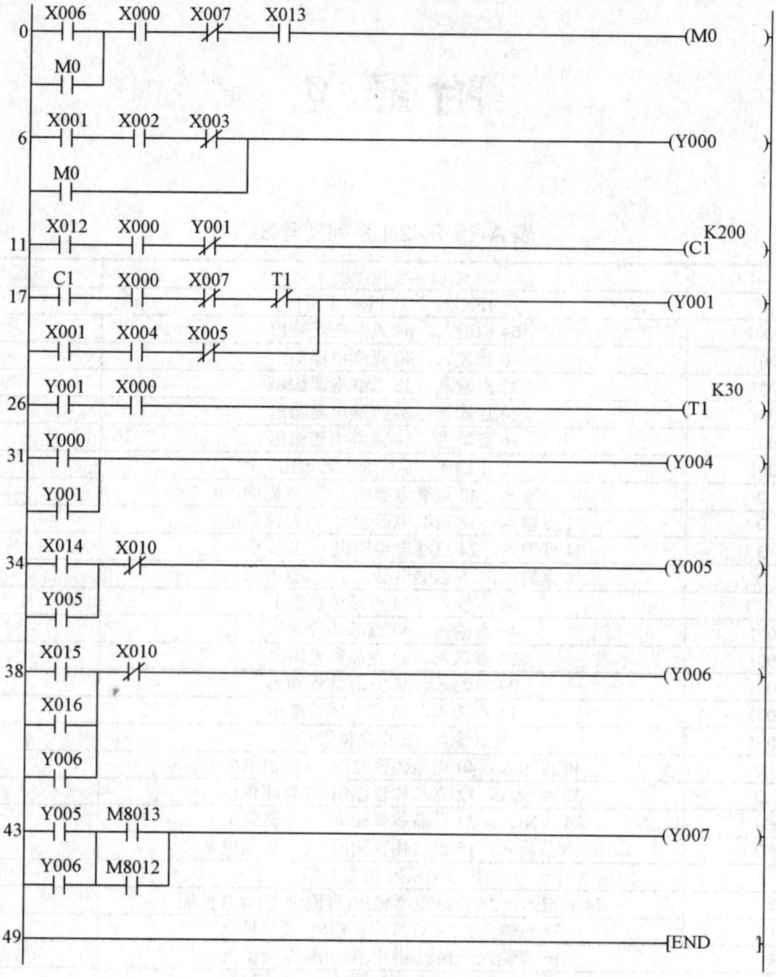

图 8-10　自动装箱生产线控制系统梯形图

四、自动装箱生产线控制系统调试过程

（1）该控制系统按照图纸装配完成，经检查接线无误后通电进行软件空载调试。

（2）软件空载调试成功后，接上电动机等负载，进行系统的带载调试。

（3）调试成功后，可进行系统的自动运行。

五、自动装箱生产线控制系统文档整理

完成设备使用说明书，并进行系统文档的整理。

需要进行归档的文件主要包括以下内容。

（1）电气原理图。

（2）程序清单。

（3）设备使用说明书。

附录 A

表 A-1　FX2N 系列型号表

型　号	功能说明	备　注
[FX2N 系列 PLC 主机]		
FX2N-128MR-001	64 点输入，64 点继电器输出	
FX2N-80MR-001	40 点输入，40 点继电器输出	
FX2N-64MR-001	32 点输入，32 点继电器输出	
FX2N-48MR-001	24 点输入，24 点继电器输出	
FX2N-32MR-001	16 点输入，16 点继电器输出	
FX2N-16MR-001	8 点输入，8 点继电器输出	
FX2N-80MR-D	40 点输入，40 点继电器输出 （直流供电）	
FX2N-64MR-D	32 点输入，32 点继电器输出 （直流供电）	
FX2N-48MR-D	24 点输入，24 点继电器输出 （直流供电）	
FX2N-32MR-D	16 点输入，16 点继电器输出 （直流供电）	
FX2N-128MT-001	64 点输入，64 点晶体管输出	
FX2N-80MT-001	40 点输入，40 点晶体管输出	
FX2N-64MT-001	32 点输入，32 点晶体管输出	
FX2N-48MT-001	24 点输入，24 点晶体管输出	
FX2N-32MT-001	16 点输入，16 点晶体管输出	
FX2N-16MT-001	8 点输入，8 点晶体管输出	
FX2N-80MT-D	40 点输入，40 点晶体管输出 （直流供电）	
FX2N-64MT-D	32 点输入，32 点晶体管输出 （直流供电）	
FX2N-48MT-D	24 点输入，24 点晶体管输出 （直流供电）	
FX2N-32MT-D	16 点输入，16 点晶体管输出 （直流供电）	
[FX2N 系列 PLC 扩展]		
FX2N-48ER	24 点输入，24 点继电器输出(直流供电)混合扩展	
FX2N-48ET	24 点输入，24 点晶体管输出 混合扩展	
FX2N-32ER	16 点输入，16 点继电器输出 混合扩展	
FX2N-32ET	16 点输入，16 点晶体管输出 混合扩展	
FX2N-16EX	16 点输入扩展	
FX2N-16EYR	16 点继电器输出扩展	
FX2N-16EYT	16 点晶体管输出扩展	
FX2N-8ER	4 点输入，4 点继电器输出 混合扩展	
FX2N-8EX	8 点输入扩展	
FX2N-8EYR	8 点继电器输出扩展	
FX2N-8EYT	8 点晶体管输出扩展	
[FX2N 系列 PLC 功能模块]		
FX2N-2AD	2 通道模拟量输入	
FX2N-2DA	2 通道模拟量输出	
FX2N-2LC	2 通道温度控制	
FX2N-4AD	4 通道模拟量输出	
FX2N-4AD-PT	4 通道温度输入，铂金电阻	
FX2N-4AD-TC	4 通道温度输入，热电耦	
FX2N-4DA	4 通道模拟量输出	
FX2N-5A	4 通道模拟量输入，1 通道模拟量输出	
FX2N-8AD	8 通道模拟量输入	
FX2N-1HC	1 通道高速计数	
FX2N-1PG-E	脉冲定位模块(1 通道-100kHz)	
FX2N-10GM	1 轴位置控制单元	
FX2N-10PG	脉冲定位模块(1 通道-1MHz)	
FX2N-20GM	2 轴位置控制单元	

续表

型 号	功 能 说 明	备 注
FX-20P-E-SET0	编程器	
FX0N-3A	2 CHANNEL A/D，1 CHANNEL D/A	
FX0N-65EC	EXTENSION CABLE (60CM)	
F2-40BL	FX2N 电池	
GX-DEVELOPER-C	三菱 PLC 编程软件	
FX-PCS-VPS/WIN-E	控制单元用编程软件	
FX2N-16CCL-M	CC-LINK 主站模块	
FX2N-32CCL	CC-LINK 本地站模块	
FX2N-232IF	RS-232 通信模块 (1 CH)	
FX2N-CNV-IF	电缆适配器(FX2 TO FX2N)	
	[FX2N 系列 PLC 功能扩展板]	
FX2N-8AV-BD	8 路电位器	
FX2N-232-BD	RS-232C 通信板	
FX2N-422-BD	RS-422 通信板	
FX2N-485-BD	RS-485 通信板	
FX2N-CNV-BC	转换适配器	
FX2N-CNV-BD	转换适配器	
	[PLC 存储卡]	
FX-EEPROM-4	4K EEPROM MEMORY CASSETTE	
FX-EEPROM-8	8K EEPROM MEMORY CASSETTE	
FX-EEPROM-16	16K EEPROM MEMORY CASSETTE	
	[通信模块]	
FX2NC-232-ADP	RS232 通信模块	
FX2NC-485-ADP	RS485 通信模块	
FX2NC-CNV-IF	接口适配器	

表 A-2 FX2N 规格性能

项 目		规 格	备 注
运转控制方法		通过储存的程序周期运转	
I/O 控制方法		批次处理方法（当执行 END 指令时）	I/O 指令可以刷新
运转处理时间		基本指令：0.08μs/指令 应用指令：1.52～几百 μs/	
编程语言		逻辑梯形图和指令语句	使用步进梯形图能生成 SFC 类型程序
程式容量		8000 步内置	使用附加寄存器盒可扩展到 16000 步
指令数目		基本顺序指令：27 步进梯形指令：2 应用指令：128	最大可用 298 条应用指令
I/O 配置		最大硬体 I/O 配置 256，依赖于用户的选择（最大软件可设定地址输入 256、输出 256）	
辅助继电器（M 线圈）	一般	500 点	M0～M499
	锁定	2572 点	M384～M3071
	特殊	256 点	M8000～8255
状态继电器（S 线圈）	一般	490 点	S0～S499
	锁定	400 点	S500～S899
	初始	10 点	S0～S9
	信号报警器	100 点	S900～S999
定时器（T）	100ms	范围：0～3276.7s（200 点）	T0～T199
	10ms	范围：0～3276.7s（46 点）	T200～T245
	1ms 保持型	范围：0.001～32.767s（4 点）	T246～T249
	100ms 保持型	范围：0～3276.7s（6 点）	T250～T255
计数器（C）	一般 16 位	范围：0～32767 数（200 点）	C0～C199 类型：16 位上计数器
	锁定 16 位	100 点（子系统）	C100～C199 类型：16 位上计数器
	一般 32 位	范围：–2147483648～+32147483648 数 35 点	C200～C219 类型：32 位上/下计数器
	锁定 32 位	15 点	C220～C234 类型：32 位上/下计数器

续表

项目		规格	备注
高速计数器（C）	单相	范围：–2147483648～+2147483647 数 一般规则：选择计数频率不大于 20kHz.的计数器组合 注意：所有的计数器都锁存。	C235～C240 6 点
	单相 c/w 起始停止输入		C241～C245 5 点
	双相		C246～C250 5 点
	A/B 相		C251～C252 5 点
数据寄存器（D）	一般	200 点	D0～D199 类型：32 位元件的 16 位数据存储寄存器
	锁定	7800 点	D200～D7999 类型：32 位元件的 16 位数据存储寄存器
	文件寄存器	7000 点	D1000～D7999 通过 14 块 500 程式步的参数设置类型：16 位数据存储寄存器
	特殊	256 点	D8000～D8255 类型：16 位数据存储寄存器
	变址	16 点	V0～V7 和 Z0～Z7 类型：16 位数据存储寄存器
指标（P）	用于 CALL	128 点	P0～P127
	用于中断	6 输入点、3 定时器、6 计数器	100*～130* （上升沿触发*=1，下降沿触发*=0，**=时间，单位：ms）
嵌套层次		用于 MC 和 MRC 时 8 点	N0～N7
常数	十进位 K	16 位：–32768～32768 32 位：–2147483648～+2147483647	
	十六进位 H	16 位：–32768～+32768 32 位：–214783648～+2147483647	
	浮点	32 位：$\pm1.175\times10^{-36}$，$\pm3.403\times10^{36}$（不能直接输入）	

附录 B

表 B-1　三菱 FX 系列 PLC 的性能指标与编程元件

项　目		FX1s	FX1N
运算控制方式		存储程序、反复运算	
输入/输出控制方式		批处理方式（在执行 END 指令时），可以使用输入/输出刷新指令	
运算处理速度	基本指令	0.55～0.7μs/指令	
	运用指令	3.7～数百μs/指令	
程序语言		逻辑梯形图和指令表，可以用步进梯形图指令来生成顺序控制指令	
程序容量		内置 2000 步 EEPROM	内置 8000 步 EEPROM
指令数	基本、步进指令	基本（顺控）指令 29 条，步进指令 2 条	
	应用指令	85 条	89 条
I/O 设置		与用户选择有关，最多 30 点	与用户选择有关，最多 128 点
辅助继电器	通用辅助继电器	384 点，**M0～M383**	384 点，**M0～M383**
	锁存辅助继电器	128 点，**M384～M511**	1152 点，**M384～M1535**
	特殊辅助继电器	256 点，**M8000～M8255**	
状态继电器	初始化状态继电器	10 点，**S0～S9**	
	锁存状态继电器	128 点，**S0～S127**	1000 点，**S0～S999**
定时器	100ms 定时器	63 点，0～3276.7s，**T0～T62**	200 点，**T0～T199**
	10ms 定时器	31 点，**T32～T62**(M8208=1 时)	46 点，**T200～T245**
	1ms 定时器	1 点，**T63**，0.001～32.767s	4 点，**T246～T249**
	100ms 积算定时器	—	6 点，**T250～T255**
计数器	16 位通用加计数器	16 点，16 位，加计数器，**C0～C15**	
	16 位锁存加计数器	16 点，16 位，加计数器 **C16～C31**	184 点 16 位，加计数，**C16～C199**
	32 位通用加减计数器	—	20 点 32 位，双向，**C200～C219**
	32 位锁存加减计数器	—	15 点 32 位，双向，**C220～C234**
高数计数器	1 相无启动复位输入	4 点，**C235～C238**（C235 锁存）	
	1 相带启动复位输入	3 点，**C241**（锁存），**C242，C243**（锁存）	
	2 相双向高数计数器	3 点，**C246，C247，C249**（都是锁存）	
	A/B 相高数计数器	3 点，**C251，C252，C253**（都是锁存）	
数据存储器	通用数据存储器	16 位 128 点，**D0～D127**（相邻的两个寄存器可以组成 32 位的寄存器）	
	锁存数据存储器	16 位 128 点，**D128～D255**	16 位 7872 点，**D128～D7999**
	文件寄存器	—	16 位 7000 点，**D1000～D7999**
	外部调节寄存器	2 点，**D8030，D8031**	
	特殊寄存器	16 位，256 点，**D8000～D8255**	
	变址寄存器	16 位，2 点，**V 和 Z**	
跳步指针	跳步和子程序调用	64 点，**P0～P63**	128 点，**P0～P127**
	中断用	4 点，**I00x～I30x**（上升沿触发 x=1，下降沿触发 x=0）	6 点，**I00x～I50x**（上升沿触发 x=1，下降沿触发 x=0）
使用 MC 和 MCRae 嵌套层数		8 点，**N0～N7**	
常数	十进制	K16 位：–32768～32767,32 位：-2147483648～2147483647	
	十六进制	16 位：0～FFFF，32 位：0～FFFFFFFF	

表 B-2　FX2N 系列可编程控制器特殊软元件

编　号	名　称	备　注
PLC 状态		
[M]8000	RUN 监控　a 接点	RUN 时为 ON
[M]8001	RUN 监控　b 接点	RUN 时为 OFF
[M]8002	初始脉冲　a 接点	RUN 后第 1 个扫描周期为 ON

续表

编　号	名　称	备　注
[M]8003	初始脉冲　b 接点	RUN 后第 1 个扫描周期为 OFF
[M]8004	出错	M8060～M8068 检测⑧
[M]8005	电池电压降低	锂电池电压下降
[M]8006	电池电压降低锁存	保持降低信号
[M]8007	瞬停检测	
[M]8008	停电检测	
[M]8009	DC24V 降低	检测 24V 电源异常
D8000	监控定时器	初始值 200ms
[D]8001	PLC 型号和版本	⑤
[D]8002	存储器容量	⑥
[D]8003	存储器种类	⑦
[D]8004	出错特 M 地址	M8060～M8068
[D]8005	电池电压	0.1V 单位
[D]8006	电池电压降低后的电压	3.0V(0.1V 单位)
[D]8007	瞬停次数	电源关闭清除
D8008	停电检测时间	AC 电源型 10ms
[D]8009	下降单元编号	失电单元起始输出编号
时钟		
[M]8010		
[M]8011	10ms 时钟	10ms 周期振荡
[M]8012	100ms 时钟	100ms 周期振荡
[M]8013	1s 时钟	1s 周期振荡
[M]8014	1min 时钟	1min 周期振荡
M8015	计时停止或预置	
M8016	时间显示停止	
M8017	±30s 修正（时钟用）	
[M]8018	内装 RTC 检测	正常时 ON
[M]8019	内装 RTC 出错	
[D]8010	扫描当前值	
[D]8011	最小扫描时间	0.1ms 单位包括常数扫描等待时间
[D]8012	最大扫描时间	
D8013	秒 0～59 预置值或当前值	
D8014	分 0～59 预置值或当前值	
D8015	时 0～23 预置值或当前值	
D8016	日 1～31 预置值或当前值	
D8017	月 1～12 预置值或当前值	
D8018	公历 4 位预置值或当前值	
D8019	星期 0（日）～6（六）预置值或当前值	
标记		
[M]8020	零标记	
[M]8021	借位标记	应用指令运算标记
M8022	进位标记	
[M]8023		
M8024	BMOV 方向指定	FNC15
M8025	HSC 方式	FNC53-55
M8026	RAMP 方式	FNC67
M8027	PR 方式	FNC77
M8028	执行 FROM/TO 指令时允许中断	FNC78,79
[M]8029	执行指令结束标记	应用命令用
[D]8020	调整输入滤波器	初始值 10ms
[D]8021		
[D]8022		
[D]8023		
[D]8024		
[D]8025		

续表

编　号	名　称	备　注
[D]8026		
[D]8027		
[D]8028	Z0(Z)寄存器内容	寻址寄存 Z 的内容
[D]8029	VZ0(Z)寄存器内容	寻址寄存 V 的内容
PLC 方式		
M8030	电池 LED 关灯指令	关闭面板灯④
M8031	非保持存储清除	消除元件的 ON/OFF 和当前值④
M8032	保持存储清除	
M8033	存储保持停止	图像存储保持
M8034	全输出禁止	外部输出均为 OFF
M8035	强制 RUM 方式	
M8036	强制 RUM 指令	
M8037	强制 STOP 指令	
[M]8038	参数设定	
M8039	恒定扫描方式	定周期运行
[D]8030		
[D]8031		
[D]8032		
[D]8033		
[D]8034		
[D]8035		
[D]8036		
[D]8037		
[D]8038		
[D]8039	常数扫描时间	初始值 0（1ms 单位）
步进顺控相关继电器		
M8040	禁止转移	状态间禁止转移
M8041	开始转移①	FNC60(IST)命令用途
M8042	启动脉冲	
M8043	复原完毕①	
M8044	原点条件①	
M8045	禁止全输出复位	
[M]8046	STL 状态工作④	S0～999 工作检测
M8047	STL 监视有效④	D8040～D8047 有效
[M]8048	报警工作④	S900～999 工作检测
M8049	报警有效④	D8049 有效
[D]8040	RUN 监控　a 接点	RUN 时为 ON
[D]8041	RUN 监控　b 接点	RUN 时为 OFF
[D]8042	初始脉冲　a 接点	RUN 后 1 操作为 ON
[D]8043	初始脉冲　b 接点	RUN 后 1 操作为 OFF
[D]8044	出错	M8060～M8068 检测⑧
[D]8045	电池电压降低	锂电池电压下降
[D]8046	电池电压降低锁存	保持降低信号
[D]8047	瞬停检测	
[D]8048	停电检测	
[D]8049	DC 24V 降低	检测 24V 电源异常

续表

编　号	名　称	备　注
中断禁止		
M8050	I00□禁止	输入中断禁止
M8051	I10□禁止	
M8052	I20□禁止	
M8053	I30□禁止	
M8054	I40□禁止	
M8055	I50□禁止	
M8056	I60□禁止	定时中断禁止
M8057	I70□禁止	
M8058	I80□禁止	
M8059	I010～I060 全禁止	计数中断禁止
[D]8050	未使用	
[D]8051		
[D]8052		
[D]8053		
[D]8054		
[D]8055		
[D]8056		
[D]8057		
[D]8058		
[D]8059		
出错检测		
[M]8060	I/O 配置出错	可编程控制器 RUN 继续
[M]8061	PC 硬件出错	可编程控制器停止
[M]8062	PC/PP 通信出错	可编程控制器 RUN 继续
[M]8063	并行连接出错	可编程控制器 RUN 继续②
[M]8064	参数出错	可编程控制器停止
[M]8065	语法出错	可编程控制器停止
[M]8066	电路出错	可编程控制器停止
[M]8067	运算出错	可编程控制器 RUN 继续
M8068	运算出错锁存	M8067 保持
M8069	I/O 总线检查	总线检查开始
[D]8060	出错的 I/O 起始号	
[D]8061	PC 硬件出错代号	存储出错代码。参考下面的出错代码
[D]8062	PC/PP 通信出错代码	
[D]8063	连接通信出错代码	
[D]8064	参数出错代码	
[D]8065	语法出错代码	
[D]8066	电路出错代码	
[D]8067	运算出错代码②	
[D]8068	运算出错产生的步	步编号保持
[D]8069	M8065-7 出错产生步号	②

续表

编 号	名 称	备 注
高速计数器		
M8235	M8□□□被驱动时，1 相高速计数器 C□□□为降序方式，不驱动时为增序方式。(□□□为 235～245)	详细请见编程手册
M8236		
M8237		
M8238		
M8239		
M8240		
M8241		
M8242		
M8243		
M8244		
M8245		
[M]8246	根据 1 相双输入计数器□□□的增、降序，M8□□□为 ON/OFF（□□□为 246～250）	详细请见各通信适配器使用手册
[M]8247		
[M]8248		
[M]8249		
[M]8250		
[M]8251	由于 2 相计数器□□□的增、降序，M8□□□为 ON/OFF（□□□为 251～255）	
[M]8252		
[M]8253		
[M]8254		
[M]8255		

注：① RUN→STOP 时清除。

② STOP→RUN 时清除。

③ 电池后备。

④ END 指令结束时处理。

⑤ 其内容为 24100；24 表示FX2N，100 表示版本 1.00。

⑥ 若内容为 0002，则为 2K 步；0004 为 4K 步；0008 为 8K 步；FX2N的 D8002 可达 0016＝16K。

⑦ 00H＝FX－RAM8　01H＝FX-EPROM-8

02H＝FX-EPROM-4，8，16（保护为 OFF）　0AH＝FX-EPROM-4，8，16（保护为 ON）

D8102 加在以上项目，0016＝16K 步。

⑧ M8062 除外。

⑨ 适用于 ASC、RS、HEX和 CCD。

说明：用 [ ] 括起来的 [M]、[D] 软元件，未使用的软元件或没有记载的未定义的软元件，请不要在程序上运行或写入。

附录 C

表 C-1　FX2N 系列 PLC 基本指令表

符号、名称	功　能	电路表示和目标元件
LD 取	运算开始 常开触点	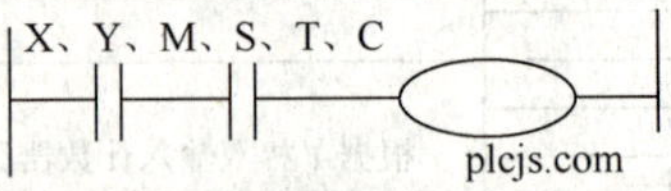
LDI 取反	运算开始 常闭触点	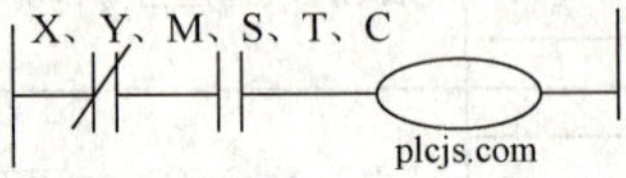
LDP 取上升沿脉冲	运算开始 上升沿触点	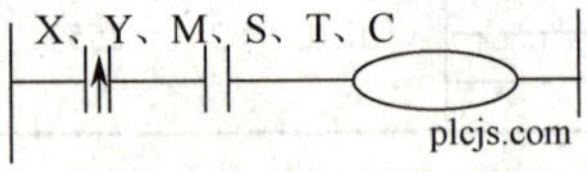
LDF 取下降沿脉冲	运算开始 下降沿触点	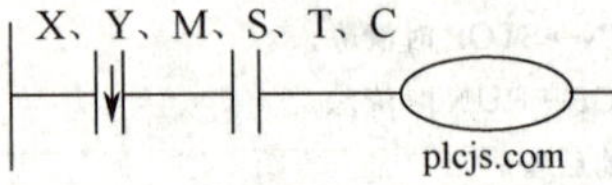
AND 与	串联 常开触点	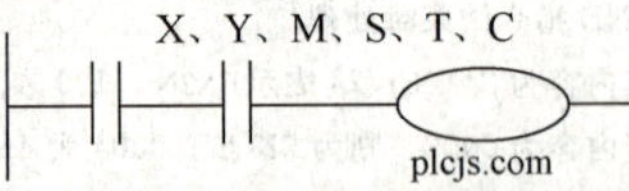
ANI 与非	串联 常闭触点	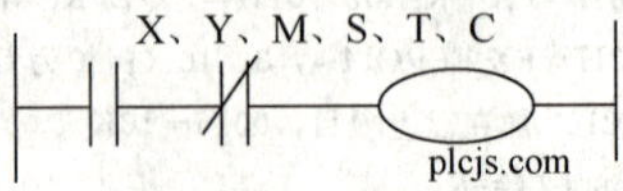
ANDP 与脉冲	串联 上升沿触点	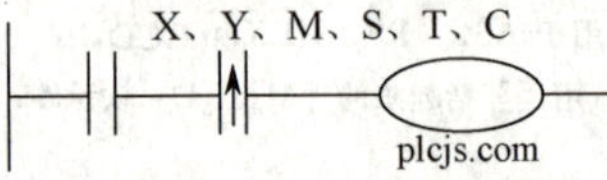
ANDF 与脉冲	串联下降沿触点	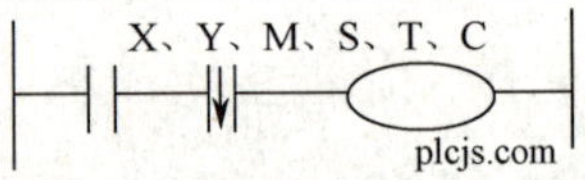

表 C-2　FX2N 应用指令一览表

类别	功能号	指令助记符	功　能	D 指令	P 指令
程序流程	00	CJ	条件跳转	—	O
	01	CALL	调用子程序	—	O
	02	SRET	子程序返回	—	—
	03	IRET	中断返回	—	—
	04	EI	开中断	—	—
	05	DI	关中断	—	—
	06	FEND	主程序结束	—	—
	07	WDT	监视定时器	—	O
	08	FOR	循环区开始	—	—
	09	NEXT	循环区结束	—	—

续表

类别	功能号	指令助记符	功 能	D 指令	P 指令
传送与比较	10	CMP	比较	O	O
	11	ZCP	区间比较	O	O
	12	MOV	传送	O	O
	13	SMOV	移位传送	—	O
	14	CML	取反	O	O
	15	BMOV	块传送	—	O
	16	FMOV	多点传送	O	O
	17	XCH	数据交换	O	O
	18	BCD	求 BCD 码	O	O
	19	BIN	求二进制码	O	O
四则运算与逻辑运算	20	ADD	二进制加法	O	O
	21	SUB	二进制减法	O	O
	22	MUL	二进制乘法	O	O
	23	DIV	二进制除法	O	O
	24	INC	二进制加 1	O	O
	25	DEC	二进制减 1	O	O
	26	WADN	逻辑字与	O	O
	27	WOR	逻辑字或	O	O
	28	WXOR	逻辑字与或	O	O
	29	ENG	求补码	O	O
循环与转移	30	ROR	循环右移	O	O
	31	ROL	循环左移	O	O
	32	RCR	带进位右移	O	O
	33	RCL	带进位左移	O	O
	34	SFTR	位右移	—	O
	35	SFTL	位左移	—	O
	36	WSFR	字右移	—	O
	37	WSFL	字左移	—	O
	38	SFWR	FIFO 写	—	O
	39	SFRD	FIFO 读	—	O
数据处理	40	ZRST	区间复位	—	O
	41	DECO	解码	—	O
	42	ENCO	编码	—	O
	43	SUM	求置 ON 位的总和	O	O
	44	BON	ON 位判断	O	O
	45	MEAN	平均值	O	O
	46	ANS	标志位置	—	—
	47	ANR	标志复位	—	O
	48	SOR	二进制平方根	O	O
	49	FLT	二进制整数与浮点数转换	O	O
高速处理	50	REF	刷新	—	O
	51	REFE	滤波调整	—	O
	52	MTR	矩阵输入	—	—
	53	HSCS	比较置位（高速计数器）	O	—
	54	HSCR	比较复位（高速计数器）	O	—
	55	HSZ	区间比较（高速计数器）	O	—
	56	SPD	脉冲密度	—	—
	57	PLSY	脉冲输出	O	—
	58	PWM	脉宽调制	—	—
	59	PLSR	带加速减速的脉冲输出	O	—
外部设备 SER	80	RS	串行通信指令	—	—
	81	PRUN	八进制位传送	O	O
	82	ASCI	将十六进制数转换成 ASCII 码	—	O
	83	HEX	ASCII 码转换成十六进制数	—	0
	84	CCD	校验码	—	O
	85	VRRD	模拟量读出	—	O

续表

类别	功能号	指令助记符	功　能	D 指令	P 指令
外部设备SER	86	VRSC	模拟量区间	—	O
	87				
	88	PID	PID 运算	—	O
	89				
浮点	110	ECMP	二进制浮点数比较	O	O
	111	EZCP	二进制浮点数区间比较	O	O
	118	EBCD	二进制-十进制浮点数变换	O	O
	119	EBIN	十进制-二进制浮点数变换	O	O
	120	EAAD	二进制浮点数加法	O	O
	121	ESUB	二进制浮点数减法	O	O
	122	EMUL	二进制浮点数乘法	O	O
	123	EDIV	二进制浮点数除法	O	O
	127	ESOR	二进制浮点数开方	O	O
	129	INT	二进制浮点-二进制整数转换	O	O
	130	SIN	浮点数 SIN 演算	O	O
	131	COS	浮点数 COS 演算	O	O
	132	TAN	浮点数 TAN 演算	O	O
	147	SWAP	上下位变换	O	O
时钟运算	160	TCMP	时钟数据比较	—	O
	161	TZCP	时钟数据区间比较	—	O
	162	TADD	时钟数据加法	—	O
	163	TSUB	时钟数据减法	—	O
	166	TRD	时钟数据读出	—	O
	167	TWR	时钟数据写入	—	O
格雷码	170	GRY	格雷码转换	O	O
	171	GBIN	格雷码逆转换	O	O
触点比较	224	LD=	[S1]=[S2]	O	—
	225	LD＞	[S1]＞[S2]	O	—
	226	LD＜	[S1]＜[S2]	O	—
	228	LD＜＞	[S1]≠[S2]	O	—
	229	LD＜=	[S1]≤[S2]	O	—
	230	LD＞=	[S1]≥[S2]	O	—
	232	AND=	[S1]=[S2]	O	—
	233	AND＞	[S1]＞[S2]	O	—
	234	AND＜	[S1]＜[S2]	O	—
	236	AND＜＞	[S1]≠[S2]	O	—
	237	AND＜=	[S1]≤[S2]	O	—
	238	AND＞=	[S1]≥[S2]	O	—
	240	OR=	[S1]=[S2]	O	—
	241	OR＞	[S1]＞[S2]	O	—
	242	OR＜	[S1]＜[S2]	O	—
	244	OR＜＞	[S1]≠[S2]	O	—
	245	OR＜=	[S1]≤[S2]	O	—
	246	OR＞=	[S1]≥[S2]	O	—

参考文献

[1] 谭有广．设备电气控制及维修．北京：机械工业出版社，1999.

[2] 朱家建．单片机与可编程控制器（第二版）．北京：高等教育出版社，1998.

[3] 金永成．单片机与可编程控制器实习指导．北京：高等教育出版社，1999.

[4] FX2N 系列可编程控制器用户手册．三菱电机株式会社，1996.

[5] 王立春．可编程序控制器原理与应用．北京：高等教育出版社，2000.

[6] 许翏．工厂电气控制设备．北京：机械工业出版社，2001.

[7] 廖常初．PLC 原理及应用．北京：机械工业出版社，2003.6.

[8] 孙振强．可编程控制器原理及应用教程．北京：清华大学出版社，2005.

反侵权盗版声明